豫南山区木本绿化植物

孙国山　鄢广运　余　洲
石大强　方忠斌　朱新艳　主编

黄河水利出版社
·郑州·

图书在版编目(CIP)数据

豫南山区木本绿化植物/孙国山等主编. —郑州:黄河水利出版社,2022.8

ISBN 978-7-5509-3358-3

Ⅰ.①豫… Ⅱ.①孙… Ⅲ.①木本植物-园林植物-河南 Ⅳ.①S68

中国版本图书馆 CIP 数据核字(2022)第 149510 号

出 版 社:黄河水利出版社

地址:河南省郑州市顺河路黄委会综合楼 14 层 邮政编码:450003

发行单位:黄河水利出版社

发行部电话:0371-66026940、66020550、66028024、66022620(传真)

E-mail:hhslcbs@126.com

承印单位:广东虎彩云印刷有限公司

开本:787 mm×1 092 mm 1/16

印张:13.5

字数:312 千字 印数:1—1 000

版次:2022 年 8 月第 1 版 印次:2022 年 8 月第 1 次印刷

定价:85.00 元

《豫南山区木本绿化植物》

编 委 会

前　言

桐柏山又称大复山、云蒙山，古称楚山，自古为天下名山，《尚书·禹贡》已载其事，《尔雅》曰："淮出楚山。"千里淮河就发源于桐柏山太白顶北麓，万涓成河，源远流长。明代文人何景明曾于此大发感慨："东南自古衣冠地，桐柏山前淮水春。"桐柏山脉位于豫南山地的西段，河南、湖北两省的边境地带。主脉由西向东，蜿蜒于桐柏县境南侧，为河南、湖北两省的天然分界线。其中，河南占据其主脊北侧的绝大部分，余脉延伸至桐柏县中部、北部和东北部，形成大面积浅山和丘陵。该地区地处北亚热带北部边缘，属季风型大陆性半湿润气候，兼有亚热带和暖温带气候特点，温暖湿润，雨水适中，四季分明。

桐柏山区地处南北气候过渡带，地理位置优越，生态环境良好，区位优势明显，适宜多种植物生长，自然资源丰富，生物物种繁多，兼容并蓄南北方动植物。共有维管植物 178 科 756 属 1 789 种，分别占全省的 89.6%、66.2%、49.4%。脊椎动物 5 纲 55 科 298 种，其中鸟类 200 种，占全省的 93.8%。主要用材林树种有"两松"、马尾松、栎类、杨树、泡桐等，主要经济林树种有板栗、桃、茶树、木瓜等，国家和省重点保护植物有香果树、水杉、青檀等 52 种；国家和省重点保护动物有斑羚、白冠长尾雉、大鲵等 36 种，素有"中原特大天然动植物资源宝库"之称。

本书是在大量调查、走访和查阅资料的基础上编写而成的，共计 75 科 311 种，全面介绍了桐柏山区木本绿化植物种类情况，对了解和掌握木本绿化植物资源现状、生长习性及开展科学研究都具有一定的指导意义和参考价值。

由于作者水平和文献资料有限，不足之处在所难免，争取在今后的工作中臻于完善，敬请专家和同仁批评指正。

编　者

2022 年 7 月

目　录

银杏科

银杏

学名 *Ginkgo biloba* L.

俗名 鸭掌树、鸭脚子、公孙树、白果。

科属 银杏科银杏属。

形态特征：乔木，高达 40 m，胸径可达 4 m；幼树树皮浅纵裂，大树之皮呈灰褐色，深纵裂，粗糙；幼年及壮年树冠圆锥形，老则广卵形；枝近轮生，斜上伸展（雌株的大枝常较雄株开展）；一年生的长枝淡褐黄色，二年生以上变为灰色，并有细纵裂纹；短枝密被叶痕，黑灰色，短枝上亦可长出长枝；冬芽黄褐色，常为卵圆形，先端钝尖。叶扇形，有长柄，淡绿色，无毛，有多数叉状并列细脉，顶端宽 5~8 cm，在短枝上常具波状缺刻，在长枝上常 2 裂，基部宽楔形，柄长 3~10 cm，幼树及萌生枝上的叶常较大而深裂，有时裂片再分裂（这与较原始的化石种类之叶相似），叶在一年生长枝上螺旋状散生，在短枝上 3~8 叶呈簇生状，秋季落叶前变为黄色。球花雌雄异株，单性，生于短枝顶端的鳞片状叶的腋内，呈簇生状；雄球花葇荑花序状，下垂，雄蕊排列疏松，具短梗，花药常 2 个，长椭圆形，药室纵裂，药隔不发；雌球花具长梗，梗端常分两叉，稀 3~5 叉或不分叉，每叉顶生一盘状珠座，胚珠着生其上，通常仅一个叉端的胚珠发育成种子，风媒传粉。种子具长梗，下垂，常为椭圆形、长倒卵形、卵圆形或近圆球形，长 2.5~3.5 cm，径为 2 cm，外种皮肉质，熟时黄色或橙黄色，外被白粉，有臭味；中种皮白色，骨质，具 2~3 条纵脊；内种皮膜质，淡红褐色；胚乳肉质，味甘略苦；子叶 2 枚，稀 3 枚，发芽时不出土，初生叶 2~5 片，宽条形，长约 5 mm，宽约 2 mm，先端微凹，第 4 片或第 5 片起之后生叶扇形，先端具一深裂及不规则的波状缺刻，叶柄长 0.9~2.5 cm；有主根。花期 3~4 月，种子 9~10 月成熟。

生长环境 生长在海拔 1 000 m 以下，在气候温暖湿润，年降水量 700~1 500 mm，土层深厚、肥沃、湿润、排水良好的地区生长最好，在土壤瘠薄干燥、多石山坡过度潮湿的地方生长不良。喜光树种，深根性，对气候、土壤的适应性较宽，能在高温多雨及雨量稀少、冬季寒冷的地区生长，生长缓慢；能生于酸性土壤、石灰性土壤及中性土壤上，不耐盐碱土及过湿的土壤。

绿化用途 树形优美，春夏季叶色嫩绿，秋季变成黄色，颇为美观，可作庭园树及行道树。树体高大，伟岸挺拔，雍容富态，端庄美观，季相分明且有特色。抗病虫害，耐污染，对不良环境条件适应性强，是优良的绿化树种。

松科

华山松

学名 *Pinus armandii* Franch.

俗名 五叶松、青松、果松、五须松、白松。

科属 松科松属。

形态特征 乔木，高达35 m，胸径1 m；幼树树皮灰绿色或淡灰色，平滑，老则呈灰色，裂成方形或长方形厚块片固着于树干上，或脱落；枝条平展，形成圆锥形或柱状塔形树冠；一年生枝绿色或灰绿色（干后褐色），无毛，微被白粉；冬芽近圆柱形，褐色，微具树脂，芽鳞排列疏松。针叶5针一束，稀6~7针一束，长8~15 cm，径1~1.5 mm，边缘具细锯齿，仅腹面两侧各具4~8条白色气孔线；横切面三角形，单层皮下层细胞，树脂道通常3个，中生或背面2个边生、腹面1个中生，稀具4~7个树脂道，则中生与边生兼有；叶鞘早落。雄球花黄色，卵状圆柱形，长约1.4 cm，基部围有近10枚卵状匙形的鳞片，多数集生于新枝下部成穗状，排列较疏松。球果圆锥状长卵圆形，长10~20 cm，径5~8 cm，幼时绿色，成熟时黄色或褐黄色，种鳞张开，种子脱落，果梗长2~3 cm；中部种鳞近斜方状倒卵形，长3~4 cm，宽2.5~3 cm，鳞盾近斜方形或宽三角状斜方形，不具纵脊，先端钝圆或微尖，不反曲或微反曲，鳞脐不明显；种子黄褐色、暗褐色或黑色，倒卵圆形，长1~1.5 cm，径6~10 mm，无翅或两侧及顶端具棱脊，稀具极短的木质翅；子叶10~15枚，针形，横切面三角形，长4~6.4 cm，径约1 mm，先端渐尖，全缘或上部棱脊微具细齿；初生叶条形，长3.5~4.5 cm，宽约1 mm，上下两面均有气孔线，边缘有细锯齿。花期4~5月，球果第2年9~10月成熟。

生长环境 喜温凉而湿润气候，在酸性黄壤、黄褐壤土或钙质土上，组成单纯林或与针叶树、阔叶树种混生。稍耐干燥瘠薄的土地，能生于石灰岩石缝间。阳性树，幼苗略喜一定庇荫。自然分布平均气温多在15 ℃以下，年降水量600~1 500 mm，年平均相对湿度大于70%。耐寒力强，不耐炎热，在高温季节生长不良。喜排水良好，能适应多种土壤，最宜深厚、湿润、疏松的中性或微酸性壤土。不耐盐碱土，耐瘠薄能力不如油松、白皮松。

绿化用途 不仅是风景名树及薪炭林，还能涵养水源、保持水土、防治风沙。高大挺拔，树皮灰绿色，冠形优美，姿态奇特，为良好的绿化风景树。为点缀庭院、公园、校园的珍品。植于假山旁、流水边更富有诗情画意。针叶苍翠，生长迅速，是优良的庭院绿化树种。在园林绿化中可用作造景树、庭荫树、行道树及林带树，亦可用于丛植、群植。

马尾松

学名 *Pinus massoniana* Lamb.

俗名 枞松、山松、青松。

科属 松科松属。

形态特征 乔木，高达45 m，胸径1.5 m；树皮红褐色，下部灰褐色，裂成不规则的鳞状块片；枝平展或斜展，树冠宽塔形或伞形，枝条每年生长一轮，在广东南部则通常生长两轮，淡黄褐色，无白粉，稀有白粉，无毛；冬芽卵状圆柱形或圆柱形，褐色，顶端尖，芽鳞边缘丝状，先端尖或成渐尖的长尖头，微反曲。针叶2针一束，稀3针一束，长12~20 cm，细柔，微扭曲，两面有气孔线，边缘有细锯齿；横切面皮下层细胞单型，第一层连续排列，第二层由个别细胞断续排列而成，树脂道4~8个，在背面边生，或腹面也有2个边生；叶鞘初呈褐色，后渐变成灰黑色，宿存。雄球花淡红褐色，圆柱形，弯垂，长1~1.5 cm，聚生于新枝下部苞腋，穗状，长6~15 cm；雌球花单生或2~4个聚生于新枝近顶端，淡紫红色，一年生小球果圆球形或卵圆形，径约2 cm，褐色或紫褐色，上部珠鳞的鳞脐具向上直立的短刺，下部珠鳞的鳞脐平钝无刺。球果卵圆形或圆锥状卵圆形，长4~7 cm，径2.5~4 cm，有短梗，下垂，成熟前绿色，熟时栗褐色，陆续脱落；中部种鳞近矩圆状倒卵形，或近长方形，长约3 cm；鳞盾菱形，微隆起或平，横脊微明显，鳞脐微凹，无刺，生于干燥环境者常具极短的刺；种子长卵圆形，长4~6 mm，连翅长2~2.7 cm；子叶5~8枚，长1.2~2.4 cm；初生叶条形，长2.5~3.6 cm，叶缘具疏生刺毛状锯齿。花期4~5月，球果第二年10~12月成熟。

生长环境 阳性树种，不耐庇荫，喜光、喜温。适生于年均气温13~22 ℃、年降水量800~1 800 mm、最低温度不到-10 ℃的地方。根系发达，主根明显，有根菌。对土壤要求不严格，喜微酸性土壤，怕水涝，不耐盐碱，在石砾土、沙质土、黏土、山脊和阳坡的冲刷薄地上，以及陡峭的石山岩缝里都能生长。

绿化用途 高大雄伟，姿态古奇，适应性强，抗风力强，耐烟尘，木材纹理细，质坚，能耐水，适宜山涧、谷中、岩际、池畔、道旁配置和山地造林，也适合在庭前、亭旁、假山之间孤植。

油松

学名 *Pinus tabuliformis* Carriere

俗名 短叶松、短叶马尾松、红皮松。

科属 松科松属。

形态特征 乔木，高达25 m，胸径可达1 m以上；树皮灰褐色或褐灰色，裂成不规则较厚的鳞状块片，裂缝及上部树皮红褐色；枝平展或向下斜展，老树树冠平顶，小枝较粗，褐黄色，无毛，幼时微被白粉；冬芽矩圆形，顶端尖，微具树脂，芽鳞红褐色，边缘有丝状缺裂。针叶2针一束，深绿色，粗硬，长10~15 cm，径约1.5 mm，边缘有细锯齿，两面具气孔线；横切面半圆形，二型层皮下层，在第一层细胞下常有少数细胞形成第二层皮下层，树脂道5~8个或更多，边生，多数生于背面，腹面有1~2个，稀角部有1~2个中生树脂道，叶鞘初呈淡褐色，后呈淡黑褐色。雄球花圆柱形，长1.2~1.8 cm，在新枝下部聚生成穗状。球果卵形或圆卵形，长4~9 cm，有短梗，向下弯垂，成熟前绿色，熟时淡黄色或淡褐黄色，常宿存树上近数年之久；中部种鳞近矩圆状倒卵形，长1.6~2 cm，宽约1.4 cm，鳞盾肥厚、隆起或微隆起，扁菱形或菱状多角形，横脊显著，鳞脐凸起有尖刺；种子卵圆形或长卵圆形，淡褐色，有斑纹，长6~8 mm，径4~5 mm，连翅长1.5~1.8 cm；子叶8~12枚，长3.5~5.5 cm；初生叶窄条形，长约4.5 cm，先端尖，边缘有细锯齿。花期4~5月，球果第2年10月成熟。

生长环境 喜光、深根性树种，喜干冷气候，在土层深厚、排水良好的酸性、中性或钙质黄土上均能生长。

绿化用途 树干挺拔苍劲，四季常青，不畏风雪严寒。在行道树上成行种植的株行距：大树成林种植或行道树以6~8 m为好，中年行道树一般采用5~6 m。可与速生树成行混交植于路边，主干挺直，分枝弯曲多姿，杨柳作背景，树冠层次有别，树色变化多。在园林绿化中作为主要景物，以一株即成一景者极多，至于三五株组成美丽景物者更多。其他作为配景、背景、框景等用者屡见不鲜。在园林配植中，除了适于作独植、丛植、纯林群植外，亦宜作混交种植。适于作油松伴生树种的有元宝枫、栎类、桦木、侧柏等。

湿地松

学名 *Pinus elliottii* Engelmann

俗名 美国松、国外松。

科属 松科松属。

形态特征 乔木，在原产地高达30 m，胸径90 cm；树皮灰褐色或暗红褐色，纵裂成鳞状块片剥落；枝条每年生长3~4轮，春季生长的节间较长，夏秋生长的节间较短，小枝粗壮，橙褐色，后变为褐色至灰褐色，鳞叶上部披针形，淡褐色，边缘有睫毛，干枯后宿存数年不落，故小枝粗糙；冬芽圆柱形，上部渐窄，无树脂，芽鳞淡灰色。针叶2~3针一束并存，长18~25 cm，稀达30 cm，径约2 mm，刚硬，深绿色，有气孔线，边缘有锯齿；树脂道2~9个，多内生；叶鞘长约1.2 cm。球果圆锥形或窄卵圆形，长6.5~13 cm，径3~5 cm，有梗，种鳞张开后径5~7 cm，成熟后至第二年夏季脱落；种鳞的鳞盾近斜方形，肥厚，有锐横脊，鳞脐瘤状，宽5~6 mm，先端急尖，长不及1 mm，直伸或微向上弯；种子卵圆形，微具3棱，长6 mm，黑色，有灰色斑点，种翅长0.8~3.3 cm，易脱落。

生长环境 适生于低山丘陵地带，耐水湿，生长势较好，很少受松毛虫危害。对气温适应性较强，能忍耐40 ℃的高温和-20 ℃的低温。在中性以至强酸性红壤丘陵地及沙黏土地均生长良好，而在低洼沼泽地边缘尤佳，较耐旱，在干旱贫瘠低山丘陵能旺盛生长。抗风力强，根系可耐海水灌溉。喜光树种，极不耐阴，向阳低山均可栽培。

绿化用途 苍劲速生，适应性强。园林和风景区中为重要树种应用，可作庭园树或丛植、群植，宜可植于河岸、池边。

杉科

柳杉

学名 *Cryptomeria japonica* var. *sinensis* Miquel

俗名 长叶孔雀松。

科属 杉科柳杉属。

形态特征 乔木，高达 40 m，胸径可达 2 m 多；树皮红棕色，纤维状，裂成长条片脱落；大枝近轮生，平展或斜展；小枝细长，常下垂，绿色，枝条中部的叶较长，常向两端逐渐变短。叶钻形，略向内弯曲，先端内曲，四边有气孔线，长 1~1.5 cm，果枝的叶通常较短，有时长不及 1 cm，幼树及萌芽枝的叶长达 2.4 cm。雄球花单生叶腋，长椭圆形，长约 7 mm，集生于小枝上部，成短穗状花序状；雌球花顶生于短枝上。球果圆球形或扁球形，径 1~2 cm，多为 1.5~1.8 cm；种鳞 20 对左右，上部有 4~5 短三角形裂齿，齿长 2~4 mm，基部宽 1~2 mm，鳞背中部或中下部有一个三角状分离的苞鳞尖头，尖头长 3~5 mm，基部宽 3~14 mm，能育的种鳞有 2 粒种子；种子褐色，近椭圆形，扁平，长 4~6.5 mm，宽 2~3.5 mm，边缘有窄翅。花期 4 月，球果 10 月成熟。

生长环境 中等喜光；喜欢温暖湿润、云雾弥漫、夏季较凉爽的山区气候；喜深厚肥沃的沙质壤土，忌积水。生长在海拔 400~2 500 m 的山谷边、溪边潮湿林中，山坡林中，并有栽培。幼龄能稍耐阴，在温暖湿润的气候和土壤酸性、肥厚而排水良好的山地生长较快；在寒凉较干、土层瘠薄的地方生长不良。根系较浅，侧根发达，主根不明显，抗风力差。对二氧化硫、氯气、氟化氢等有较好的抗性。

绿化用途 常绿乔木，树姿秀丽，纤枝略垂，树形圆整高大，树姿雄伟，最适于列植、对植，或于风景区内大面积群植成林，是一个良好的绿化和环保树种。在庭院和公园中，可于前庭、花坛中孤植或草地中丛植。枝叶密集，性耐阴，是适宜的高篱材料，可作隐蔽和防风之用。庭荫树，公园或作行道树，并作绿化观赏树种。

水杉

学名 *Metasequoia glyptostroboides* Hu & W. C. Cheng

科属 杉科水杉属。

形态特征 乔木，高达 35 m，胸径达 2.5 m；树干基部常膨大；树皮灰色、灰褐色或暗灰色，幼树裂成薄片脱落，大树裂成长条状脱落，内皮淡紫褐色；枝斜展，小枝下垂，幼树树冠尖塔形，老树树冠广圆形，枝叶稀疏；一年生枝光滑无毛，幼时绿色，后渐变成淡褐色，二、三年生枝淡褐灰色或褐灰色；侧生小枝排成羽状，长 4~15 cm，冬季凋落；主枝上的冬芽卵圆形或椭圆形，顶端钝，长约 4 mm，径 3 mm，芽鳞宽卵形，先端圆或钝，长宽几相等，2~2.5 mm，边缘薄而色浅，背面有纵脊。叶条形，长 0.8~3.5 cm，宽 1~2.5 mm，上面淡绿色，下面色较淡，沿中脉有两条较边带稍宽的淡黄色气孔带，每带有 4~8 条气孔线，叶在侧生小枝上列成二列，羽状，冬季与枝一同脱落。球果下垂，近四棱状球形或矩圆状球形，成熟前绿色，熟时深褐色，长 1.8~2.5 cm，径 1.6~2.5 cm，梗长 2~4 cm，其上有交叉对生的条形叶；种鳞木质，盾形，通常 11~12 对，交叉对生，鳞顶扁菱形，中央有一条横槽，基部楔形，高 7~9 mm，能育种鳞有 5~9 粒种子；种子扁平，倒卵形，间或圆形或矩圆形，周围有翅，先端有凹缺，长约 5 mm，径 4 mm；子叶 2 枚，条形，长 1.1~1.3 cm，宽 1.5~2 mm，两面中脉微隆起，上面有气孔线，下面无气孔线；初生叶条形，交叉对生，长 1~1.8 cm，下面有气孔线。花期 2 月下旬，球果 11 月成熟。

生长环境 喜温暖湿润气候，夏季凉爽，冬季有雪而不严寒，并且产地年平均温度在 13 ℃，极端最低气温 -8 ℃，极端最高气温 24 ℃左右，无霜期 230 d；年降水量 1 500 mm，年平均相对湿度 82%。土壤为酸性山地黄壤、紫色土或冲积土，pH 为 4.5~5.5。多生于山谷或山麓附近地势平缓、土层深厚、湿润或稍有积水的地方，耐寒性强，耐水湿能力强，在轻盐碱地上可以生长，喜光性树种，根系发达，生长的快慢常受土壤水分的支配，在长期积水排水不良的地方生长缓慢，树干基部通常膨大和有纵棱。不耐贫瘠和干旱，净化空气，生长快，移栽容易成活。

绿化用途 水杉是“活化石”树种，树冠呈圆锥形，树姿优美挺拔，叶色翠绿鲜明。秋叶转棕褐色。生长迅速，是重要的绿化树种。国家一级重点保护树种。在园林绿化中适于列植，也可丛植、片植，可用于堤岸、湖滨、池畔、庭院等绿化，也可成片栽植营造风景林，并适配常绿地被植物；还可栽于建筑物前或用作行道树。对二氧化硫有一定的抵抗能力，是工矿区绿化的优良树种。

柏科

侧柏

学名 *Platycladus orientalis*（L.）Franco

俗名 黄柏、香柏、扁柏。

科属 柏科侧柏属。

形态特征 乔木，高达 20 余 m，胸径 1 m；树皮薄，浅灰褐色，纵裂成条片；枝条向上伸展或斜展，幼树树冠卵状尖塔形，老树树冠则为广圆形；生鳞叶的小枝细，向上直展或斜展，扁平，排成一平面。叶鳞形，长1~3 mm，先端微钝，小枝中央的叶露出部分呈倒卵状菱形或斜方形，背面中间有条状腺槽，两侧的叶船形，先端微内曲，背部有钝脊，尖头的下方有腺点。雄球花黄色，卵圆形，长约2 mm；雌球花近球形，径约2 mm，蓝绿色，被白粉。球果近卵圆形，长1.5~2 cm，成熟前近肉质，蓝绿色，被白粉，成熟后木质，开裂，红褐色；中间两对种鳞倒卵形或椭圆形，鳞背顶端的下方有一向外弯曲的尖头，上部1对种鳞窄长，近柱状，顶端有向上的尖头，下部1对种鳞极小，长达13 mm，稀退化而不显著；种子卵圆形或近椭圆形，顶端微尖，灰褐色或紫褐色，长6~8 mm，稍有棱脊，无翅或有极窄之翅。花期3~4月，球果10月成熟。

生长环境 喜光，幼时稍耐阴，适应性强，对土壤要求不严格，在酸性、中性、石灰性和轻盐碱土壤上均可生长。耐干旱瘠薄，萌芽能力强，耐寒力中等，耐强太阳光照射，耐高温。浅根性，抗风能力较弱。喜生于湿润、肥沃、排水良好的钙质土壤，耐寒、耐旱、抗盐碱，在平地或悬崖峭壁上都能生长；在干燥、贫瘠的山地上生长缓慢，植株细弱。浅根性，侧根发达，萌芽性强，耐修剪，寿命长，抗烟尘，抗二氧化硫、氯化氢等有害气体。

绿化用途 用于行道、庭园、大门两侧、绿地周围、路边花坛及墙垣内外，均极美观。小苗可做绿篱、隔离带围墙点缀。是绿化常用的植物，对污浊空气具有很强的耐受力。夏绿冬青，不遮光线，不碍视野，尤其在雪中更显生机。侧柏配植于草坪、花坛、山石、林下，可增加绿化层次，丰富观赏美感。耐污染性、耐寒性、耐干旱的特点在园林绿化中，得以很好的发挥，是绿化道路、荒山的首选苗木之一。

圆柏

学名 *Juniperus chinensis* L.

俗名 刺柏、柏树、桧柏。

科属 柏科圆柏属。

形态特征 乔木，高达20 m，胸径达3.5 m；树皮深灰色，纵裂，成条片开裂；幼树的枝条通常斜上伸展，形成尖塔形树冠，老则下部大枝平展，形成广圆形的树冠；树皮灰褐色，纵裂，裂成不规则的薄片脱落；小枝通常直或稍呈弧状弯曲，生鳞叶的小枝近圆柱形或近四棱形，径1~1.2 mm。叶二型，即刺叶及鳞叶；刺叶生于幼树之上，老龄树则全为鳞叶，壮龄树兼有刺叶与鳞叶；生于一年生小枝的一回分枝的鳞叶三叶轮生，直伸而紧密，近披针形，先端微渐尖，长2.5~5 mm，背面近中部有椭圆形微凹的腺体；刺叶三叶交互轮生，斜展，疏松，披针形，先端渐尖，长6~12 mm，上面微凹，有两条白粉带。雌雄异株，稀同株，雄球花黄色，椭圆形，长2.5~3.5 mm，雄蕊5~7对，常有3~4个花药。球果近圆球形，径6~8 mm，两年成熟，熟时暗褐色，被白粉或白粉脱落，有1~4粒种子；种子卵圆形，扁，顶端钝，有棱脊及少数树脂槽；子叶2枚，出土，条形，长1.3~1.5 cm，宽约1 mm，先端锐尖，下面有两条白色气孔带，上面则不明显。

生长环境 喜光树种，较耐阴，喜温凉、温暖气候及湿润土壤。忌积水，耐修剪，易整形。耐寒、耐热，对土壤要求不严格，能生于酸性、中性及石灰质土壤上，对土壤的干旱及潮湿均有一定的抗性。以在中性、深厚而排水良好处生长最佳。深根性，侧根也很发达。生长速度中等而较侧柏略慢，寿命极长。对多种有害气体有一定抗性，是针叶树中对氯气和氟化氢抗性较强的树种。

绿化用途 幼龄树树冠整齐圆锥形，树形优美，大树干枝扭曲，姿态奇古，可以独树成景，是传统的园林树种。圆柏在庭院中用途极广。性耐修剪又有很强的耐阴性，故作绿篱比侧柏优良，下枝不易枯，冬季颜色不变褐色或黄色，且可植于建筑之北侧阴处。古时多配植于庙宇、陵墓作柏林或墓道树。其树形优美，青年期呈整齐的圆锥形，老树则干枝扭曲，古庭院、古寺庙等风景名胜区多有千年古柏，“清”“奇”“古”“怪”，各具幽趣。可以群植草坪边缘作背景，或丛植片林、镶嵌树丛的边缘和建筑附近。在庭园中用途极广。作绿篱、行道树，还可以作桩景、盆景材料。

红豆杉科

粗榧

学名 *Cephalotaxus sinensis* (Rehder et E. H. Wilson) H. L. Li

俗名 中国粗榧、粗榧杉、中华粗榧杉。

科属 红豆杉科三尖杉属。

形态特征 灌木或小乔木，高达 15 m，少为大乔木；树皮灰色或灰褐色，裂成薄片状脱落。叶条形，排列成两列，通常直，稀微弯，长 2~5 cm，宽约 3 mm，基部近圆形，几无柄，上部通常与中下部等宽或微窄，先端通常渐尖或微凸尖，稀凸尖，上面深绿色，中脉明显，下面有 2 条白色气孔带，较绿色边带宽 2~4 倍。雄球花 6~7 朵聚生成头状，径约 6 mm，总梗长约 3 mm，基部及总梗上有多数苞片，雄球花卵圆形，基部有 1 枚苞片，雄蕊 4~11 枚，花丝短，花药 2~4 个。种子通常 2~5 粒着生于轴上，卵圆形、椭圆状卵形或近球形，很少成倒卵状椭圆形，长 1.8~2.5 cm，顶端中央有一小尖头。花期 3~4 月，种子 8~10 月成熟。

生长环境 多生长在海拔 600~2 200 m 的花岗岩、砂岩或石灰岩山地。喜温凉、湿润气候及黄壤、黄棕壤、棕色森林土的山地，属阴性树种，较耐寒，喜生于富含有机质的土壤上。

绿化用途 常绿针叶树种，树冠整齐，针叶粗硬，有较高的观赏价值。在园林绿化中通常与其他树种配植，作基础种植、孤植、丛植、林植等；有很强的耐阴性，也可植于草坪边缘或大乔木下作林下栽植材料；萌芽性强，耐修剪，利用幼树进行修剪造型，作盆栽或孤植造景，老树可制作成盆景观赏；叶粗硬，排列整齐，宜作鲜切花叶材用。对烟尘的抗性较强，适植于工矿区绿化。

红豆杉

学名 *Taxus wallichiana* var. *chinensis* (Pilger) Florin

俗名 紫杉。

科属 红豆杉科红豆杉属。

形态特征 乔木，高达 30 m，胸径达 60~100 cm；树皮灰褐色、红褐色或暗褐色，裂成条片脱落；大枝开展，一年生枝绿色或淡黄绿色，秋季变成绿黄色或淡红褐色，二、三年生枝黄褐色、淡红褐色或灰褐色；冬芽黄褐色、淡褐色或红褐色，有光泽，芽鳞三角状卵形，背部无脊或有纵脊，脱落或少数宿存于小枝的基部。叶排列成两列，条形，微弯或较直，长 1~3 cm，宽 2~4 mm，上部微渐窄，先端常微急尖，稀急尖或渐尖，上面深绿色，有光泽；下面淡黄绿色，有两条气孔带，中脉带上有密生均匀而微小的圆形角质乳头状突起点，常与气孔带同色，稀色较浅。雄球花淡黄色，雄蕊 8~14 枚，花药 4~8 个。种子生于杯状红色肉质的假种皮中，间或生于近膜质盘状的种托之上，常呈卵圆形，上部渐窄，稀倒卵状，长 5~7 mm，径 3.5~5 mm，微扁或圆，上部常具二钝棱脊，稀上部三角状具三条钝脊，先端有突起的短钝尖头，种脐近圆形或宽椭圆形，稀三角状圆形。

生长环境 喜阴、耐旱、抗寒，土壤 pH 在 5.5~7.0。生境性耐阴，密林下亦能生长，多年生，不成林。生于山顶多石或瘠薄的土壤上，多呈灌木状。多散生于阴坡或半阴坡的湿润、肥沃的针阔混交林下。喜凉爽湿润气候，可耐-30 ℃以下的低温，抗寒性强，适宜温度 20~25 ℃，属阴性树种。喜湿润，怕涝，适于在疏松、湿润、排水良好的沙质壤土上种植。

绿化用途 终年常绿，色泽苍翠。春季幼芽嫩绿，秋季红豆满枝。通过人工修剪，可有圆形、伞形、塔形等多种艺术造型，可广泛栽种于道路两侧、庭院、公园及建筑群周围，适宜在风景林中作下木配植和盆栽。在园林绿化、盆景方面也具有十分广阔的发展前景，应用矮化技术制作盆景，造型古朴典雅，枝叶紧凑而不密集，舒展而不松散，红茎、红枝、绿叶、红豆，使其具有观茎、观枝、观叶、观果的多重观赏价值。

南方红豆杉

学名 *Taxus wallichiana* var. *mairei* (Lemee & H. Léveillé) L. K. Fu & Nan Li

俗名 赤柏松、紫杉、紫柏松。

科属 红豆杉科红豆杉属。

形态特征 本变种与红豆杉的区别主要在于叶常较宽长，多呈弯镰状，通常长 2~3.5 cm，宽 3~4 mm，上部常渐窄，先端渐尖，下面中脉带上无角质乳头状突起点，或局部有成片或零星分布的角质乳头状突起点，或与气孔带相邻的中脉带两边有一条至数条角质乳头状突起点，中脉带明晰可见，其色泽与气孔带相异，呈淡黄绿色或绿色，绿色边带亦较宽而明显；种子通常较大，微扁，多呈倒卵圆形，上部较宽，稀柱状矩圆形，长 7~8 mm，径 5 mm，种脐常呈椭圆形。

生长环境 耐阴树种，喜温暖湿润气候，通常生长在山脚腹地较为潮湿处。自然生长在海拔 1 000~1 500 m 以下的山谷、溪边、缓坡腐殖质丰富的酸性土壤上，要求肥力较高的黄壤、黄棕壤，中性土、钙质土也能生长。耐干旱瘠薄，不耐低洼积水。对气候适应能力较强，年均气温 11~16 ℃，最低极值可达-11 ℃。具有较强的萌芽能力，树干上多见萌芽小枝，生长比较缓慢。很少有病虫害，寿命长。

绿化用途 枝叶浓郁，树形优美，种子成熟时果实满枝逗人喜爱。适合在庭园一角孤植点缀，亦可在建筑背阴面的门庭或路口对植，山坡、草坪边缘、池边、片林边缘丛植。宜在风景区用作中、下层树种与各种针阔叶树种配植。

杨柳科

小叶杨

学名 *Populus simonii* Carr.

俗名 南京白杨、河南杨、明杨。

科属 杨柳科杨属。

形态特征 乔木，高达 20 m，胸径 50 cm 以上。树皮幼时灰绿色，老时暗灰色，沟裂；树冠近圆形。幼树小枝及萌枝有明显棱脊，常为红褐色，后变黄褐色，老树小枝圆形，细长而密，无毛。芽细长，先端长渐尖，褐色，有黏质。叶菱状卵形、菱状椭圆形或菱状倒卵形，长 3~12 cm，宽 2~8 cm，中部以上较宽，先端突急尖或渐尖，基部楔形、宽楔形或窄圆形，边缘平整，细锯齿，无毛，上面淡绿色，下面灰绿或微白，无毛；叶柄圆筒形，长 0.5~4 cm，黄绿色或带红色。雄花序长 2~7 cm，花序轴无毛，苞片细条裂，雄蕊 8~9 枚；雌花序长 2.5~6 cm；苞片淡绿色，裂片褐色，无毛，柱头 2 裂。果序长达 15 cm；蒴果小，2 瓣裂，无毛。花期 3~5 月，果期 4~6 月。

生长环境 垂直分布，多生在海拔 2 000 m 以下地区，最高可达 2 500 m；多生长在溪河两侧的河滩沙地，沿溪沟可见。多数散生或栽植于“四旁”。喜光树种，不耐庇荫，适应性强，对气候和土壤要求不严格，耐旱，抗寒，耐瘠薄或弱碱性土壤，在沙荒地和黄土沟谷也能生长，在湿润、肥沃土壤的河岸、山沟和平原上生长最好；在栗钙土上生长不好，在沙壤土、黄土、冲积土、灰钙土上均能生长。山沟、河边、阶地、梁峁上都有分布。在长期积水的低洼地上不能生长。在干旱瘠薄、沙荒茅草地上常形成“小老树”。不耐庇荫。根系发达，固土抗风能力强。

绿化用途 树形美观，叶片秀丽，生长快速，适应性强，是水湿地带“四旁”绿化的良好树种。是良好的防风固沙、保持水土、固堤护岸及绿化观赏树种；城郊可选作行道树和防护林。寿命较短，一般 30 年即转入衰老阶段。

钻天杨

学名 *Populus nigra* var. *italica* (Moench) Koehne

俗名 美杨、美国白杨。

科属 杨柳科杨属。

形态特征 乔木，高达 30 m。树皮暗灰褐色，老时沟裂，黑褐色；树冠圆柱形。侧枝呈 20°~30°角开展，小枝圆，光滑，黄褐色或淡黄褐色，嫩枝有时疏生短柔毛。芽长卵形，先端长渐尖，淡红色，富黏质。长枝叶扁三角形，通常宽大于长，长约 7.5 cm，先端短渐尖，基部截形或阔楔形，边缘钝圆锯齿；短枝叶菱状三角形，或菱状卵圆形，长 5~10 cm，宽 4~9 cm，先端渐尖，基部阔楔形或近圆形；叶柄上部微扁，长 2~4.5 cm，顶端无腺点。雄花序长 4~8 cm，花序轴光滑，雄蕊 15~30 枚；雌花序长 10~15 cm。蒴果 2 瓣裂，先端尖，果柄细长。花期 4 月，果期 5 月。

生长环境 喜光，抗寒，抗旱，耐干旱气候，稍耐盐碱及水湿，在低洼常积水处生长不良。树冠狭窄，作行道树和护田林树种甚宜，也为杨树育种的常用亲本之一。

绿化用途 树形圆柱状，丛植于草地或列植于堤岸、路边，有高耸挺拔之感，常见于园林绿化，也常作行道树、防护林用。可抗氯气、氯化氢、臭氧，并有杀菌作用等。

毛白杨

学名 *Populus tomentosa* Carrière

俗名 白杨、笨白杨、大叶杨。

科属 杨柳科杨属。

形态特征 乔木，高达 30 m。树皮幼时暗灰色，壮时灰绿色，渐变为灰白色，老时基部黑灰色，纵裂，粗糙，干直或微弯，皮孔菱形散生，或 2~4 个连生；树冠圆锥形至卵圆形或圆形。侧枝开展，雄株斜上，老枝下垂；小枝（嫩枝）初被灰毡毛，后光滑。芽卵形，花芽卵圆形或近球形，微被毡毛。长枝叶阔卵形或三角状卵形，长 10~15 cm，宽 8~13 cm，先端短渐尖，基部心形或截形，边缘深齿牙缘或波状齿牙缘，上面暗绿色，光滑，下面密生毡毛，后渐脱落；叶柄上部侧扁，长 3~7 cm，顶端通常有 2 个腺点；短枝叶通常较小，长 7~11 cm，宽 6.5~10.5 cm，卵形或三角状卵形，先端渐尖，上面暗绿色，有金属光泽，下面光滑，具深波状齿牙缘；叶柄稍短于叶片，侧扁，先端无腺点。雄花序长 10~14 cm，雄花苞片约具 10 个尖头，密生长毛，雄蕊 6~12 枚，花药红色；雌花序长 4~7 cm，苞片褐色，尖裂，沿边缘有长毛；子房长椭圆形，柱头 2 裂，粉红色。果序长达 14 cm；蒴果圆锥形或长卵形，2 瓣裂。花期 3 月，果期 4~5 月。

生长环境 喜生长在海拔 1 500 m 以下地区。深根性，耐旱力较强，黏土、壤土、沙壤土或低湿轻度盐碱土均能生长。在水肥条件充足的地方生长最快，20 年生即可成材，速生树种之一。

绿化用途：树干灰白，端直，树形高大广阔，颇具雄伟气概，大形深绿色的叶片在微风吹拂时能发出欢快的响声，给人以豪爽之感。宜作行道树及庭荫树。若孤植或丛植于旷地及草坪上，更能显出其特有的风姿。在广场、街道两侧规则式列植，则气势严整壮观。也是工厂绿化、“四旁”绿化及防护林、用材林的重要树种。材质好，生长快，寿命长，较耐干旱和盐碱，树姿雄壮，冠形优美，是栽植较广的优良庭园绿化或行道树。

加杨

学名 *Populus* × *canadensis* Moench

俗名 加拿大杨、欧美杨、加拿大白杨。

科属 杨柳科杨属。

形态特征 大乔木，高 30 多 m。干直，树皮粗厚，深沟裂，下部暗灰色，上部褐灰色，大枝微向上斜伸，树冠卵形；萌枝及苗茎棱角明显，小枝圆柱形，稍有棱角，无毛，稀微被短柔毛。芽大，先端反曲，初为绿色，后变为褐绿色，富黏质。叶三角形或三角状卵形，长 7~10 cm，长枝和萌枝叶较大，长 10~20 cm，一般长大于宽，先端渐尖，基部截形或宽楔形，无或有 1~2 个腺体，边缘半透明，有圆锯齿，近基部较疏，具短缘毛，上面暗绿色，下面淡绿色；叶柄侧扁而长，苗期带红色。雄花序长 7~15 cm，花序轴光滑，每花有雄蕊 15~25 枚；苞片淡绿褐色，不整齐，丝状深裂，花盘淡黄绿色，全缘，花丝细长，白色，超出花盘；雌花序有花 45~50 朵，柱头 4 裂。果序长达 27 cm；蒴果卵圆形，长约 8 mm，先端锐尖，2~3 瓣裂。雄株多，雌株少。花期 4 月，果期 5~6 月。

生长环境 喜光，喜湿润的气候条件，在多种土壤上都能生长，在土壤肥沃、水分充足的立地条件下生长良好，有较强的耐旱能力，在年降水量 500~900 mm 的地区生长良好，在年降水量 200~1 300 mm 的地区亦能正常生长，耐寒性较差。

绿化用途 树冠阔，叶片大而有光泽，宜作行道树、庭荫树、公路树及防护林等。是平原常见的绿化树种，适合工矿区绿化及“四旁”绿化。孤植、列植都适宜。生长快、繁殖容易、适应性强，可成片造林。

垂柳

学名 *Salix babylonica* L.

俗名 柳树。

科属 杨柳科柳属。

形态特征 乔木，高达 12~18 m，树冠开展而疏散。树皮灰黑色，不规则开裂；枝细，下垂，淡褐黄色、淡褐色或带紫色，无毛。芽线形，先端急尖。叶狭披针形或线状披针形，长 9~16 cm，宽 0.5~1.5 cm，先端长渐尖，基部楔形，两面无毛或微有毛，上面绿色，下面色较淡，锯齿缘；叶柄长 5~10 mm，有短柔毛；托叶仅生在萌发枝上，斜披针形或卵圆形，边缘有齿牙。花序先叶开放，或与叶同时开放；雄花序长 1.5~2 cm，有短梗，轴有毛；

雄蕊2枚，花丝与苞片近等长或较长，基部多少有长毛，花药红黄色；苞片披针形，外面有毛；腺体2个；雌花序长达2~3 cm，有梗，基部有3~4枚小叶，轴有毛；子房椭圆形，无毛或下部稍有毛，无柄或近无柄，花柱短，柱头2~4深裂；苞片披针形，长1.8~2 mm，外面有毛；腺体1个。蒴果长3~4 mm，带绿黄褐色。花期3~4月，果期4~5月。

生长环境 喜光，喜温暖湿润气候及潮湿深厚的酸性及中性土壤。较耐寒，特耐水湿，亦能生于土层深厚的高燥地区。萌芽力强，根系发达，生长迅速，15年生树高达13 m，某些虫害比较严重，寿命较短，树干易老化，30年后渐趋衰老。根系发达，对有毒气体有一定的抗性，并能吸收二氧化硫。

绿化用途 园林绿化中常用的行道树，枝条细长，生长迅速，观赏价值较高，深受各地绿化喜爱。宜配植在水边，如桥头、池畔、河流、湖泊等水系沿岸处。与桃树间植可形成桃红柳绿之景，是园林春景的特色配植方式之一。也可作庭荫树、行道树、公路树。亦适用于工厂绿化，还是固堤护岸的重要树种。

腺柳

学名 *Salix chaenomeloides* Kimura

俗名 彩叶柳。

科属 杨柳科柳属。

形态特征 小乔木。枝暗褐色或红褐色，有光泽。叶椭圆形、卵圆形至椭圆状披针形，长4~8 cm，宽1.8~3.5 cm，先端急尖，基部楔形，稀近圆形，两面光滑，上面绿色，下面苍白色或灰白色，边缘有腺锯齿；叶柄幼时被短茸毛，后渐变光滑，长5~12 mm，先端具腺点；托叶半圆形或肾形，边缘有腺锯齿，早落。雄花序长4~5 cm，粗8 mm；花序梗和轴有柔毛；苞片小，卵形，长约1 mm；雄蕊一般5枚，花丝长为苞片的2倍，基部有毛，花药黄色，球形；雌花序长4~5.5 cm，粗达10 mm；花序梗长达2 cm；轴被茸毛，子房狭卵形，具长柄，无毛，花柱缺，柱头头状或微裂；苞片椭圆状倒卵形，与子房柄等长或稍短；腺体2个，基部连结成假花盘状；背腺小。蒴果卵状椭圆形，长3~7 mm。花期4月，果期5月。

生长环境 多生长在海拔1 000 m以下的山沟水旁。喜光，不耐阴，较耐寒。喜潮湿肥沃的土壤。萌芽力强，耐修剪。

绿化用途 春季草木吐绿，却姹紫嫣红；秋天万山红遍，却青翠欲滴，极具观赏价值。属变色彩叶树种，其树形美观，色彩亮丽，春季新梢叶呈紫红色，初夏呈嫣红色，夏季叶转黄色，秋凉后又转绿色，观赏性极强，可作为绿化树种植于湖泊、池塘周围及河流两岸。

紫枝柳

学名 *Salix heterochroma* Seemen

科属 杨柳科柳属。

形态特征 灌木或小乔木，高达 10 m。枝深紫红色或黄褐色，初有柔毛，后变无毛。叶椭圆形至披针形或卵状披针形，长 4.5~10 cm，宽 1.5~2.7 cm，先端长渐尖或急尖，基部楔形，上面深绿色，下面带白粉，具疏绢毛，全缘或有疏细齿；叶柄长 5~15 mm。雄花序近无梗，长 3~5.5 cm，轴有绢毛；雄蕊 2 枚，花丝具疏柔毛，长为苞片的 2 倍，花药卵状长圆形，黄色；苞片长圆形，黄褐色，两面被绢质长柔毛和缘毛，腺体倒卵圆形，长为苞片的 1/3；雌花序圆柱形，花序梗长约 10 mm，轴具柔毛；子房卵状长圆形，有柄，花柱长为子房的 1/3，柱头 2 裂；苞片披针形至椭圆形，有毛；腺体 1 个，腹生；蒴果卵状长圆形，长约 5 mm，先端尖，被灰色柔毛。花期 4~5 月，果期 5~6 月。

生长环境 生长在海拔 1 450~2 100 m 的林缘、山谷等处，多生于林缘，尚未大面积人工栽培。

绿化用途 为中国特有的植物，优美的观赏树种。冬季枝条紫红色，片林如一片火海，孤植如一团火球，十分美丽和壮观，观枝效果极佳。

旱柳

学名 *Salix matsudana* Koidz.

俗名 杞柳、山杨柳。

科属 杨柳科柳属。

形态特征 乔木，高达 18 m，胸径达 80 cm。大枝斜上，树冠广圆形；树皮暗灰黑色，有裂沟；枝细长，直立或斜展，浅褐黄色或带绿色，后变褐色，无毛，幼枝有毛。芽微有短柔毛。叶披针形，长 5~10 cm，宽 1~1.5 cm，先端长渐尖，基部窄圆形或楔形，上面绿色，无毛，有光泽，下面苍白色或带白色，有细腺锯齿缘，幼叶有丝状柔毛；叶柄短，长 5~8 mm，在上面有长柔毛；托叶披针形或缺，边缘有细腺锯齿。花序与叶同时开放；雄花序圆柱形，长 1.5~2.5 cm，粗 6~8 mm，多少有花序梗，轴有长毛；雄蕊 2 枚，花丝基部有长毛，花药卵形，黄色；苞片卵形，黄绿色，先端钝，基部多少有短柔毛；腺体 2 个；雌花序较雄花序短，长达 2 cm，粗 4 mm，有 3~5 枚小叶生于短花序梗上，轴有长毛；子房长椭圆形，近无柄，无毛，无花柱或很短，柱头卵形，近圆裂；苞片同雄花；腺体 2 个，背生和腹生。果序长达 2 cm。花期 4 月，果期 4~5 月。

生长环境 喜光，耐寒，湿地、旱地皆能生长，以湿润而排水良好的土壤上生长最好；根系发达，抗风能力强，生长快，易繁殖。

绿化用途 枝条柔软，树冠丰满，是北方常用的庭荫树、行道树。常栽培在河湖岸边或孤植于草坪、对植于建筑两旁。亦用作公路树、防护林及沙荒造林、农村“四旁”绿化等，是早春蜜源树种。树形美，易繁殖，深受人们的喜爱。其柔软嫩绿的枝条、丰满的树冠及稍加修剪的树姿，更加美观。枝条、插干易成活，亦可播种繁殖，绿化宜用雄株。宜沿河湖岸边及低湿处、草地上栽植。

胡桃科

胡桃

学名 *Juglans regia* L.

俗名 核桃、青龙衣、山核桃。

科属 胡桃科胡桃属。

形态特征 乔木，高达 20 m；树干较别的种类矮，树冠广阔；树皮幼时灰绿色，老时则灰白色而纵向浅裂；小枝无毛，具光泽，被盾状着生的腺体，灰绿色，后来带褐色。奇数羽状复叶长 25~30 cm，叶柄及叶轴幼时被有极短腺毛及腺体；小叶通常 5~9 枚，稀 3 枚，椭圆状卵形至长椭圆形，长 6~15 cm，宽 3~6 cm，顶端钝圆或急尖、短渐尖，基部歪斜、近于圆形，边缘全缘或在幼树上者具稀疏细锯齿，上面深绿色，无毛，下面淡绿色，侧脉 11~15 对，腋内具簇短柔毛，侧生小叶具极短的小叶柄或近无柄，生于下端者较小，顶生小叶常具长 3~6 cm 的小叶柄。雄性葇荑花序下垂，长 5~10 cm，稀达 15 cm。雄花的苞片、小苞片及花被片均被腺毛；雄蕊 6~30 枚，花药黄色，无毛。雌性穗状花序通常具 1~3 雌花。雌花的总苞被极短腺毛，柱头浅绿色。果序短，俯垂，具 1~3 枚果实；果实近于球状，直径 4~6 cm，无毛；果核稍具皱曲，有 2 条纵棱，顶端具短尖头；隔膜较薄，内里无空隙；内果皮壁内具不规则的空隙或无空隙而仅具皱曲。花期 5 月，果期 10 月。

生长环境 生长在海拔 400~1 800 m 山坡及丘陵地带，平原及丘陵地区常见栽培。

绿化用途 叶大荫浓，且有清香，可用作庭荫树及行道树。树冠庞大雄伟，枝叶茂密，绿荫覆地，加之灰白洁净的树干，亦颇宜人，是良好的庭荫树。孤植、丛植于草地或园中隙地。因其花、果、叶的挥发气味具有杀菌、杀虫的保健功效，也可成片、成林栽植于风景疗养区。与扁桃、腰果、榛子并列为世界四大干果。

化香树

学名 *Platycarya strobilacea* Sieb. et Zucc.

俗名 花木香、还香树。

科属 胡桃科化香树属。

形态特征 落叶小乔木，高 2~6 m；树皮灰色，老时则不规则纵裂。二年生枝条暗褐色，具细小皮孔；芽卵形或近球形，芽鳞阔，边缘具细短睫毛；嫩枝被有褐色柔毛，不久即脱落而无毛。叶长 15~30 cm，叶总柄显著短于叶轴，叶总柄及叶轴初时被稀疏的褐色短柔毛，后来脱落而近无毛，具 7~23 枚小叶；小叶纸质，侧生小叶无叶柄，对生或生于下端者偶尔有互生，卵状披针形至长椭圆状披针形，长 4~11 cm，宽 1.5~3.5 cm，不等边，上方一侧较下方一侧为阔，基部歪斜，顶端长渐尖，边缘有锯齿，顶生小叶具长2~3 cm的小叶柄，基部对称，圆形或阔楔形，小叶上面绿色，近无毛或脉上有褐色短柔毛，下面浅绿色，初时脉上有褐色柔毛，后来脱落，或在侧脉腋内、在基部两侧毛不脱落，甚或毛全不脱落，毛的疏密依不同个体及生境而变异较大。两性花序和雄花序在小枝顶端排列成伞房状花序束，直立；两性花序通常1条，着生于中央顶端，长5~10 cm，雌花序位于下部，长1~3 cm，雄花序部分位于上部，有时无雄花序而仅有雌花序；雄花序通常3~8条，位于两性花序下方四周，长4~10 cm。雄花苞片阔卵形，顶端渐尖而向外弯曲，外面的下部、内面的上部及边缘生短柔毛，长2~3 mm；雄蕊6~8枚，花丝短，稍生细短柔毛，花药阔卵形，黄色。雌花苞片卵状披针形，顶端长渐尖、硬而不外曲，长2.5~3 mm；花被2，位于子房两侧并贴于子房，顶端与子房分离，背部具翅状的纵向隆起，与子房一同增大。果序球果状，卵状椭圆形至长椭圆状圆柱形，长2.5~5 cm，直径2~3 cm；宿存苞片木质，略具弹性，长7~10 mm；果实小坚果状，背腹压扁状，两侧具狭翅，长4~6 mm，宽3~6 mm。种子卵形，种皮黄褐色，膜质。5~6月开花，7~8月果成熟。

生长环境 常与山苍子、杜鹃花、短柄枹、黄檀、竹等组成次生林。海拔1 000 m以下较常见，喜光性树种，喜温暖湿润气候和深厚肥沃中性壤土，在pH为4.5~6.5可以生长。耐干旱瘠薄，速生，萌芽性强。

绿化用途 枝叶茂密、树姿优美，可作为风景树大片造林，亦可作庭荫树。羽状复叶，穗状花序，果序呈球果状，直立枝端经久不落，在落叶阔叶树种中具有特殊的观赏价值，在园林绿化中可作为点缀树种应用。

美国山核桃

学名 *Carya illinoinensis* (Wangenheim) K. Koch

俗名 薄壳山核桃、薄皮山核桃。

科属 胡桃科山核桃属。

形态特征 大乔木，高可达50 m，胸径可达2 m，树皮粗糙，深纵裂。芽黄褐色，被柔毛，芽鳞镊合状排列。小枝被柔毛，后来变无毛，灰褐色，具稀疏皮孔。奇数羽状复叶长25~35 cm，叶柄及叶轴初被柔毛，后来几乎无毛，具9~17枚小叶；小叶具极短的小叶柄，卵状披针形至长椭圆状披针形，有时呈长椭圆形，通常稍呈镰状弯曲，长7~18 cm，宽2.5~4 cm，基部歪斜，楔形或近圆形，顶端渐尖，边缘具单锯齿或重锯齿，初被腺体及柔毛，后来毛脱落而常在脉上有疏毛。雄性葇荑花序3条1束，几乎无总梗，长8~14 cm，自去年生小枝顶端或当年生小枝基部的叶痕腋内生出。雄蕊的花药有毛。雌性穗状花序直立，花序轴密被柔毛，具3~10雌花。雌花子房长卵形，总苞的裂片有毛。果实矩圆状或长椭圆形，长3~5 cm，直径2.2 cm左右，有4条纵棱，外果皮4瓣裂，革质，内果皮平滑，灰褐色，有暗褐色斑点，顶端有黑色条纹；基部不完全2室。5月开花，9~11月果成熟。

生长环境 喜温暖湿润气候，年平均温度 15 ℃为宜，较耐寒。花期遇低温会影响开花授粉和花的发育。一般在开花前春梢生长期要求适量雨水，4 月下旬至 5 月中旬开花期，忌连续阴雨，6~9 月为果实和裸芽发育时期，要求雨量充足而均匀。幼年期要求阴凉环境，育苗须人工遮阴。成年树在向阳干瘠的阳坡生长不良。土壤以疏松而富含腐殖质的砾质壤土为宜，以黄泥土及砂岩、板岩、页岩上发育的黄泥土为最好，红壤、沙土不适宜生长。

绿化用途 树体高大，根深叶茂，树姿雄伟壮丽。在适生地区是优良的行道树和庭荫树，还可片植作风景林，也适于河流沿岸、湖泊周围及平原地区“四旁”绿化。生长迅速，树体高大，枝叶茂密，树姿优美，又是很好的城乡绿化树种。

胡桃楸

学名 *Juglans mandshurica* Maxim.

俗名 山核桃、核桃楸。

科属 胡桃科胡桃属。

形态特征 乔木，高达 20 余 m；枝条扩展，树冠扁圆形；树皮灰色，具浅纵裂；幼枝被有短茸毛。奇数羽状复叶生于萌发条上者长可达 80 cm，叶柄长 9~14 cm，小叶 15~23 枚，长 6~17 cm，宽 2~7 cm；生于孕性枝上者集生于枝端，长达 40~50 cm，叶柄长 5~9 cm，基部膨大，叶柄及叶轴被有短柔毛或星芒状毛；小叶 9~17 枚，椭圆形至长椭圆形或卵状椭圆形至长椭圆状披针形，边缘具细锯齿，上面初被有稀疏短柔毛，后来除中脉外其余无毛，深绿色，下面色淡，被贴伏的短柔毛及星芒状毛；侧生小叶对生，无柄，先端渐尖，基部歪斜，截形至近于心脏形；顶生小叶基部楔形。雄性葇荑花序长 9~20 cm，花序轴被短柔毛。雄花具短花柄；苞片顶端钝，小苞片 2 枚位于苞片基部，花被片 1 枚位于顶端而与苞片重叠、2 枚位于花的基部两侧；雄蕊 12 枚，稀 13 枚或 14 枚，花药长约 1 mm，黄色，药隔急尖或微凹，被灰黑色细柔毛。雌性穗状花序具 4~10 朵雌花，花序轴被有茸毛。雌花长 5~6 mm，被有茸毛，下端被腺质柔毛，花被片披针形或线状披针形，被柔毛，柱头鲜红色，背面被贴伏的柔毛。果序长 10~15 cm，俯垂，通常具 5~7 果实，序轴被短柔毛。果实球状、卵状或椭圆状，顶端尖，密被腺质短柔毛，长 3.5~7.5 cm，径 3~5 cm；果核长 2.5~5 cm，表面具 8 条纵棱，其中 2 条较显著，各棱间具不规则皱曲及凹穴，顶端具尖头；内果皮壁内具多数不规则空隙，隔膜内亦具 2 空隙。花期 5 月，果期 8~9 月。

生长环境 喜光，在土层深厚、肥沃、排水良好的山中下腹或河岸腐殖质多的湿润疏松土地上生长良好，在过于干燥或常年积水过湿的立地条件下，则生长不良；耐寒，能耐 -40 ℃的严寒。根蘖和萌芽能力强，不耐庇荫。多生长在土质肥厚、湿润、排水良好的沟谷两旁或山坡的阔叶林中。

绿化用途 枝干粗壮，具阳刚之气；叶长面大而舒展，具美人之姿；果缀枝头青绿可人，堪与碧桃媲美；单植或丛植均可作观赏树种，是极具观赏价值的乡土绿化树种。

湖北枫杨

学名 *Pterocarya hupehensis* Skan

科属 胡桃科枫杨属。

形态特征 乔木，高10~20 m；小枝深灰褐色，无毛或被稀疏的短柔毛，皮孔灰黄色，显著；芽显著具柄，裸出，黄褐色，密被盾状着生的腺体。奇数羽状复叶，长20~25 cm，叶柄无毛，长5~7 cm；小叶5~11枚，纸质，侧脉12~14对，叶缘具单锯齿，上面暗绿色，被细小的疣状凸起及稀疏的腺体，沿中脉具稀疏的星芒状短毛，下面浅绿色，在侧脉腋内具1束星芒状短毛，侧生小叶对生或近于对生，具长1~2 mm的小叶柄，长椭圆形至卵状椭圆形，下部渐狭，基部近圆形，歪斜，顶端短渐尖，中间以上的各对小叶较大，长8~12 cm，宽3.5~5 cm，下端的小叶较小，顶生1枚小叶长椭圆形，基部楔形，顶端急尖。雄花序长8~10 cm，3~5条各由去年生侧枝顶端以下的叶痕腋内的诸裸芽发出，具短而粗的花序梗。雄花无柄，花被片仅2枚或3枚发育，雄蕊10~13枚。雌花序顶生，下垂，长20~40 cm。雌花的苞片无毛或具疏毛，小苞片及花被片均无毛而仅被有腺体。果序长达30~45 cm，果序轴近于无毛或有稀疏短柔毛；果翅阔，椭圆状卵形，长10~15 mm，宽12~15 mm。

生长环境 多生长在海拔700~2 000 m的沟谷、河溪两侧湿润之地的疏林中。喜温暖湿润气候，稍耐寒。喜光，不耐庇荫。对土壤要求不严格，在酸性、中性和轻度盐碱土上均能适应，喜生于深厚、肥沃、湿润的沟谷、溪水、河流沿岸，耐水湿，不喜长期积水及水位过高。

绿化用途 树冠宽广，树叶茂密，生长快，适应性强，果实奇特，果序长挂果持久，是美丽的园林绿化树种。绿荫浓密，叶色鲜亮艳丽，形态优美典雅。其春季长叶，冬季落叶，4月、5月开花、结果，其挂果期为5~11月，长达半年之久，果实颜色随生长期及季节变化而变化，浅绿、嫩绿直至发黄、发黑。可作行道树、庭荫树使用，也可作固堤护岸、防风沙固沙树种使用。

枫杨

学名 *Pterocarya stenoptera* C. DC.

俗名 枰柳、麻柳、枰伦树。

科属 胡桃科枫杨属。

形态特征 大乔木，高达30 m，胸径达1 m；幼树树皮平滑，浅灰色，老时则深纵裂；小枝灰色至暗褐色，具灰黄色皮孔；芽具柄，密被锈褐色盾状着生的腺体。叶多为偶数或稀奇数羽状复叶，长8~16 cm，叶柄长2~5 cm，叶轴具翅至翅不甚发达，与叶柄一样被有疏或密的短毛；小叶10~16枚，无小叶柄，对生或稀近对生，长椭圆形至长椭圆状披针形，长8~12 cm，宽2~3 cm，顶端常钝圆或稀急尖，基部歪斜，上方一侧楔形至阔楔形，下方一侧圆形，边缘有向内弯的细锯齿，上面被有细小的浅色疣状凸起，沿中脉及侧脉被有极短的星芒状毛，下面幼时被有散生的短柔毛，成长后脱落而仅留有极稀疏的腺体及侧脉腋内留有1丛星芒状毛。雄性葇荑花序长6~10 cm，单独生于去年生枝条上叶痕腋内，花序轴常有稀疏的星芒状毛。雄花常具1枚发育的花被片，雄蕊5~12枚。雌性葇荑花序顶生，长10~15 cm，花序轴密被星芒状毛及单毛，下端不生花的部分长达3 cm，具2枚长达5 mm的不孕性苞片。雌花几乎无梗，苞片及小苞片基部常有细小的星芒状毛，并密被腺体。果序长20~45 cm，果序轴常被有宿存的毛。果实长椭圆形，长6~7 mm，基部常有宿存的星芒状毛；果翅狭，条形或阔条形，长12~20 mm，宽3~6 mm，具近于平行的脉。花期4~5月，果熟期8~9月。

生长环境 生长在海拔1 500 m以下的沿溪涧河滩、阴湿山坡地的林中。喜深厚、肥沃、湿润的土壤，喜光树种，不耐庇荫，耐湿性强，不耐长期积水和水位太高之地。深根性树种，主根明显，侧根发达。萌芽力很强，生长很快。对有害气体二氧化硫及氯气的抗性弱。受害后叶片迅速由绿色变为红褐色至紫褐色，易脱落。初期生长较慢，后期生长速度加快。

绿化用途 树冠广展，枝叶茂密，生长快速，根系发达，为河床两岸良好的绿化树种，还可防治水土流失。既可以作为行道树，也可成片种植或孤植于草坪及坡地，均可形成一定景观。挂果期长达半年，且果实的颜色会随季节的变化而变化，其树姿、冠、枝、叶、果实等都极具观赏价值。

青钱柳

学名 *Cyclocarya paliurus* (Batal.) Iljinsk.

俗名 摇钱树、麻柳、青钱李。

科属 胡桃科青钱柳属。

形态特征 乔木，高达10~30 m；树皮灰色；枝条黑褐色，具灰黄色皮孔。芽密被锈褐色盾状着生的腺体。奇数羽状复叶长约20 cm，具7~9枚小叶；叶轴密被短毛或有时脱落而近于无毛；叶柄长3~5 cm，密被短柔毛或逐渐脱落而无毛；小叶纸质；两侧生小叶近于对生或互生，具0.5~2 mm长的密被短柔毛的小叶柄，长椭圆状卵形至阔披针形，长5~14 cm，宽2~6 cm，基部歪斜，阔楔形至近圆形，顶端钝或急尖，稀渐尖；顶生小叶具长约1 cm的小叶柄，长椭圆形至长椭圆状披针形，长5~12 cm，宽4~6 cm，基部楔形，顶端钝或急尖；叶缘具锐锯齿，侧脉10~16对，上面被有腺体，仅沿中脉及侧脉有短柔毛，下面网脉明显凸起，被有灰色细小鳞片及盾状着生的黄色腺体，沿中脉和侧脉生短柔毛，侧脉腋内具簇毛。雄性葇荑花序长7~18 cm，3条或稀2~4条成一束生于长3~5 mm的总梗上，总梗自一年生枝条的叶痕腋内生出；花序轴密被短柔毛及盾状着生的腺体。雄花具长约1 mm的花梗。雌性葇荑花序单独顶生，花序轴常密被短柔毛，老时毛常脱落而成无毛，在其下端不生雌花的部分常有1长约1 cm的被锈褐色毛的鳞片。果序轴长25~30 cm，无毛或被柔毛。果实扁球形，径约7 mm，果梗长1~3 mm，密被短柔毛，果实中部围有水平方向的径达2.5~6 cm的革质圆盘状翅，顶端具4枚宿存的花被片及花柱，果实及果翅全部被有腺体，在基部及宿存的花柱上则被稀疏的短柔毛。花期4~5月，果期7~9月。

生长环境 常生长在海拔500~2 500 m的山地湿润的森林中。喜光，幼苗稍耐阴；要求深厚土壤，喜风化岩湿润土质；耐旱，萌芽力强，生长中速。

绿化用途 落叶速生乔木，树木高大挺拔，枝叶美丽多姿，其果实像一串串的铜钱，从10月至第2年5月挂在树上，迎风摇曳，别具一格，颇具观赏性，可作为园林绿化和用材树种，观赏价值较高。

桦木科

千金榆

学名 *Carpinus cordata* Bl.

俗名 千金鹅耳枥、半拉子。

科属 桦木科鹅耳枥属。

形态特征 乔木，高约15 m；树皮灰色；小枝棕色或橘黄色，具沟槽，初时疏被长柔毛，后变无毛。叶厚纸质，卵形或矩圆状卵形，较少倒卵形，长8~15 cm，宽4~5 cm，顶端渐尖，具刺尖，基部斜心形，边缘具不规则的刺毛状重锯齿，上面疏被长柔毛或无毛，下面沿脉疏被短柔毛，侧脉15~20对；叶柄长1.5~2 cm，无毛或疏被长柔毛。果序长5~12 cm，直径约4 cm；序梗长约3 cm，无毛或疏被短柔毛；序轴密被短柔毛及稀疏的长柔毛；果苞宽卵状矩圆形，长15~25 mm，宽10~13 mm，无毛，外侧的基部无裂片，内侧的基部具一矩圆形内折的裂片，全部遮盖着小坚果，中裂片外侧内折，其边缘的上部具疏齿，内侧的边缘具明显的锯齿，顶端锐尖。小坚果矩圆形，长4~6 mm，直径约2 mm，无毛，具不明显的细肋。

生长环境 生长在海拔500~2 500 m的较湿润、肥沃的阴山坡或山谷杂木林中。

绿化用途 叶色翠绿，树姿美观，果序奇特，具有观赏价值，可用于公园、绿地、小区绿化，适合孤植于草地、路边或三五株点缀栽培观赏。用千金榆制作盆景，在春季植株萌芽之前，挖取老桩，最好选择主干低矮、株型虬曲的植株，发芽后不易成活。

鹅耳枥

学名 *Carpinus turczaninowii* Hance

俗名 北鹅耳枥、穗子榆。

科属 桦木科鹅耳枥属。

形态特征 乔木，高 5~10 m；树皮暗灰褐色，粗糙，浅纵裂；枝细瘦，灰棕色，无毛；小枝被短柔毛。叶卵形、宽卵形、卵状椭圆形或卵菱形，有时卵状披针形，长 2. 5~5 cm，宽 1. 5~3. 5 cm，顶端锐尖或渐尖，基部近圆形或宽楔形，有时微心形或楔形，边缘具规则或不规则的重锯齿，上面无毛或沿中脉疏生长柔毛，下面沿脉通常疏被长柔毛，脉腋间具髯毛，侧脉 8~12 对；叶柄长 4~10 mm，疏被短柔毛。果序长 3~5 cm；序梗长 10~15 mm，序梗、序轴均被短柔毛；果苞变异较大，半宽卵形、半卵形、半矩圆形至卵形，长 6~20 mm，宽 4~10 mm，疏被短柔毛，顶端钝尖或渐尖，有时钝，内侧的基部具一个内折的卵形小裂片，外侧的基部无裂片，中裂片内侧边缘全缘或疏生不明显的小齿，外侧边缘具不规则的缺刻状粗锯齿或具 2~3 个齿裂。小坚果宽卵形，长约 3 mm，无毛，有时顶端疏生长柔毛，无或有时上部疏生树脂腺体。

生长环境 生长在海拔 500~2 000 m 的山坡或山谷林中，山顶及贫瘠山坡亦能生长。

绿化用途 枝叶茂密，叶形秀丽，颇美观，宜庭园观赏种植。

华榛

学名 *Corylus chinensis* Franch.

科属 桦木科榛属。

形态特征 乔木，高可达 20 m；树皮灰褐色，纵裂；枝条灰褐色，无毛；小枝褐色，密被长柔毛和刺状腺体，很少无毛无腺体，基部通常密被淡黄色长柔毛。叶椭圆形、宽椭圆形或宽卵形，长 8~18 cm，宽 6~12 cm，顶端骤尖至短尾状，基部心形，两侧显著不对称，边缘具不规则的钝锯齿，上面无毛，下面沿脉疏被淡黄色长柔毛，有时具刺状腺体，侧脉 7~11 对；叶柄长 1~2. 5 cm，密被淡黄色长柔毛及刺状腺体。雄花序 2~8 枚排成总状，长 2~5 cm；苞鳞三角形，锐尖，顶端具 1 枚易脱落的刺状腺体。果实 2~6 枚簇生成头状，长 2~6 cm，直径 1~2. 5 cm；果苞管状，于果的上部缢缩，较果长 2 倍，外面具纵肋，疏被长柔毛及刺状腺体，很少无毛和无腺体，上部深裂，具 3~5 枚镰状披针形的裂片，裂片通常又分叉成小裂片。坚果球形，长 1~2 cm，无毛。

生长环境 生长在海拔 2 000~3 500 m 的湿润山坡林中。在平均气温为 7~17 ℃、年降水量为 760~1 320 mm 的条件下生长，喜腐殖质丰富的酸性土壤。在林中单株零星生长，无根蘖发生。喜温凉、湿润的气候环境和肥沃、深厚、排水良好的中性或酸性黄壤和棕壤土。阳性树种，常与其他阔叶树种组成混交林，居于林分上层或生于林缘。根系发达，生长较快，在疏林下天然更新良好，幼树稍耐阴。

绿化用途 适应范围广，是公路护坡等环境恶劣地块的绿化首选用苗。抗污染能力强，生长快，叶长革质，表面有蜡质层，对二氧化硫、氯化氢、氟化物及汽车尾气等有害气体有较强抗性。对粉尘的吸滞能力强，能使空气得到净化。部分品种可作植被恢复及园林绿化树种。

壳斗科

槲栎

学名 *Quercus aliena* Blume

俗名 大叶栎树、白栎树、虎朴、板栎树。

科属 壳斗科栎属。

形态特征 落叶乔木，高达 30 m；树皮暗灰色，深纵裂。小枝灰褐色，近无毛，具圆形淡褐色皮孔；芽卵形，芽鳞具缘毛。叶片长椭圆状倒卵形至倒卵形，长 10~20 cm，宽 5~14 cm，顶端微钝或短渐尖，基部楔形或圆形，叶缘具波状钝齿，叶背被灰棕色细茸毛，侧脉每边 10~15 条，叶面中脉侧脉不凹陷；叶柄长 1~1.3 cm，无毛。雄花序长 4~8 cm，雄花单生或数朵簇生于花序轴，微有毛，花被 6 裂，雄蕊通常 10 枚；雌花序生于新枝叶腋，单生或 2~3 朵簇生。壳斗杯形，包着坚果约 1/2，直径 1.2~2 cm，高 1~1.5 cm；小苞片卵状披针形，长约 2 mm，排列紧密，被灰白色短柔毛。坚果椭圆形至卵形，直径 1.3~1.8 cm，高 1.7~2.5 cm，果脐微突起。花期 4~5 月，果期 9~10 月。

生长环境 生长在海拔 100~2 000 m 的向阳山坡，常与其他树种组成混交林或成小片纯林。

绿化用途 叶片大且肥厚，叶形奇特、美观，叶色翠绿油亮、枝叶稠密，观叶树种。适宜浅山风景区造景之用。

锐齿槲栎

学名 *Quercus aliena* var. *acuteserrata* Maximowicz ex Wenzig

俗名 尖齿槲栎、锐齿栎。

科属 壳斗科栎属。

形态特征 落叶乔木，高达 30 m；树皮暗灰色，深纵裂。小枝灰褐色，近无毛，具圆形淡褐色皮孔；芽卵形，芽鳞具缘毛。叶片长椭圆状倒卵形至倒卵形，长 10~20 cm，宽 5~14 cm，顶端微钝或短渐尖，基部楔形或圆形，叶缘具粗大锯齿，齿端尖锐，内弯，叶背密被灰色细茸毛，叶片形状变异较大；叶柄长 1~1.3 cm，无毛。雄花序长 4~8 cm，雄花单生或数朵簇生于花序轴，微有毛，花被 6 裂，雄蕊通常 10 枚；雌花序生于新枝叶腋，单生或 2~3 朵簇生。壳斗杯形，包着坚果约 1/2，直径 1.2~2 cm，高 1~1.5 cm；小苞片卵状披针形，长约 2 mm，排列紧密，被灰白色短柔毛。坚果椭圆形至卵形，直径 1.3~1.8 cm，高 1.7~2.5 cm，果脐微突起。花期 3~4 月，果期 10~11 月。

生长环境 生长在海拔 100~2 700 m 的山地杂木林中，或形成小片纯林。喜光，耐寒，能耐-24 ℃极端低温，较喜阴湿的土壤。在湿润、肥沃、深厚、排水良好的土壤中生长最好，适生于中性至微酸性的轻壤、中壤、重壤及部分黏土、褐土、黄棕壤，在土层厚度 50 cm 以上生长较好。

绿化用途 不仅是重要的硬木原料，也因其高大奇特的树形、美丽的叶片而被广泛用于观赏树种。在欧洲、北美洲和大洋洲，锐齿槲栎是森林的主要树种，是高价值树种和文化树种，被称为“圣灵橡树”。

白栎

学名 *Quercus fabri* Hance

科属 壳斗科栎属。

形态特征 落叶乔木或灌木状，高达 20 m，树皮灰褐色，深纵裂。小枝密生灰色至灰褐色茸毛；冬芽卵状圆锥形，芽长 4~6 mm，芽鳞多数，被疏毛。叶片倒卵形、椭圆状倒卵形，长 7~15 cm，宽 3~8 cm，顶端钝或短渐尖，基部楔形或窄圆形，叶缘具波状锯齿或粗钝锯齿，幼时两面被灰黄色星状毛，侧脉每边 8~12 条，叶背支脉明显；叶柄长 3~5 mm，被棕黄色茸毛。雄花序长 6~9 cm，花序轴被茸毛，雌花序长 1~4 cm，生 2~4 朵花，壳斗杯形，包着坚果约 1/3，直径 0.8~1.1 cm，高 4~8 mm；小苞片卵状披针形，排列紧密，在口缘处稍伸出。坚果长椭圆形或卵状长椭圆形，直径 0.7~1.2 cm，高 1.7~2 cm，无毛，果脐突起。花期 4 月，果期 10 月。

生长环境 生长在海拔 50~1 900 m 的丘陵、山地杂木林中。喜光，喜温暖气候，较耐阴；喜深厚、湿润、肥沃土壤，也较耐干旱瘠薄，在肥沃、湿润处生长最好。萌芽力强。在湿润、肥沃、深厚、排水良好的中性至微酸性沙壤土上生长最好，排水不良或积水地不宜种植。

绿化用途 叶片大且肥厚，叶形奇特、美观，叶色翠绿油亮、枝叶稠密，属于美丽的观叶树种。萌芽力强，树形优美，秋季其叶片季相变化明显，具有较高的观赏价值，可作为园林绿化树种。宜孤植、丛植或群植。

青冈栎

学名 *Cyclobalanopsis glauca*（Thunberg）Oersted

俗名 紫心木、青冈、花梢树。

科属 壳斗科青冈属。

形态特征 常绿乔木，高达 20 m，胸径达 1 m。小枝无毛。叶片革质，倒卵状椭圆形或长椭圆形，长 6~13 cm，宽 2~5.5 cm，顶端渐尖或短尾状，基部圆形或宽楔形，叶缘中部以上有疏锯齿，侧脉每边 9~13 条，叶背支脉明显，叶面无毛，叶背有整齐平伏白色单毛，老时渐脱落，常有白色鳞片；叶柄长 1~3 cm。雄花序长 5~6 cm，花序轴被苍色茸毛。果序长 1.5~3 cm，着生果 2~3 个。壳斗碗形，包着坚果 1/3~1/2，直径 0.9~1.4 cm，高 0.6~0.8 cm，被薄毛；小苞片合生成 5~6 条同心环带，环带全缘或有细缺刻，排列紧密。坚果卵形、长卵形或椭圆形，直径 0.9~1.4 cm，高 1~1.6 cm，无毛或被薄毛，果脐平坦或微凸起。花期 4~5 月，果期 10 月。

生长环境 生长在海拔 60~2 600 m 的山坡或沟谷，组成常绿阔叶林与落叶混交。幼龄稍耐侧方庇荫。喜生于微碱性或中性的石灰岩土壤上，在酸性土壤上也生长良好。深根性直根系，耐干燥，可生长在多石砾的山地。萌芽力强，可采用萌芽更新。幼树稍耐阴，大树喜光，为中喜光树种。适应性强，对土壤要求不严格。

绿化用途 良好的园林观赏树种，可与其他树种混交成林，或作境界树、背景树，也可作“四旁”绿化、工厂绿化、防火林、防风林、绿篱、绿墙等树种。

栓皮栎

学名 *Quercus variabilis* Blume

俗名 软木栎、粗皮青冈、白麻栎。

科属 壳斗科栎属。

形态特征 落叶乔木，高达 30 m，胸径达 1 m 以上，树皮黑褐色，深纵裂，木栓层发达。小枝灰棕色，无毛；芽圆锥形，芽鳞褐色，具缘毛。叶片卵状披针形或长椭圆形，长 8~15 cm，宽 2~6 cm，顶端渐尖，基部圆形或宽楔形，叶缘具刺芒状锯齿，叶背密被灰白色星状茸毛，侧脉每边 13~18 条，直达齿端；叶柄长 1~3 cm，无毛。雄花序长达 14 cm，花序轴密被褐色茸毛，花被 4~6 裂，雄蕊 10 枚或较多；雌花序生于新枝上端叶腋，花柱 30 壳斗杯形，包着坚果 2/3，连小苞片直径 2. 5~4 cm，高约 1. 5 cm；小苞片钻形，反曲，被短毛。坚果近球形或宽卵形，径约 1. 5 cm，顶端圆，果脐突起。花期 3~4 月，果期第 2 年 9~10 月。

生长环境 常生长在海拔 800 m 以下的阳坡。喜光树种，幼苗能耐阴。深根性，根系发达，萌芽力强。适应性强，抗风、抗旱、耐瘠薄，在酸性、中性及钙质土壤上均能生长，在土层深厚肥沃、排水良好的壤土或沙壤土上生长最好。

绿化用途 根系发达，适应性强，叶色季相变化明显，是良好的绿化观赏树种，也是营造防风林、水源涵养林及防护林的优良树种。

麻栎

学名 *Quercus acutissima* Carr.

俗名 栎、橡碗树。

科属 壳斗科栎属。

形态特征 落叶乔木，高达 30 m，胸径达 1 m，树皮深灰褐色，深纵裂。幼枝被灰黄色柔毛，后渐脱落，老时灰黄色，具淡黄色皮孔。冬芽圆锥形，被柔毛。叶片形态多样，通常为长椭圆状披针形，长 8~19 cm，宽 2~6 cm，顶端长渐尖，基部圆形或宽楔形，叶缘有刺芒状锯齿，叶片两面同色，幼时被柔毛，老时无毛或叶背面脉上有柔毛，侧脉每边 13~18 条；叶柄长 1~3 cm，幼时被柔毛，后渐脱落。雄花序常数个集生于当年生枝下部叶腋，有花1~3朵，花柱30，壳斗杯形，包着坚果约1/2，连小苞片直径2~4 cm，高约1.5 cm；小苞片钻形或扁条形，向外反曲，被灰白色茸毛。坚果卵形或椭圆形，直径1.5~2 cm，高1.7~2.2 cm，顶端圆形，果脐突起。花期3~4月，果期第2年9~10月。

生长环境 喜光，深根性，对土壤条件要求不严格，耐干旱瘠薄，亦耐寒、耐旱；宜酸性土壤，亦适石灰岩钙质土，是荒山瘠地造林的先锋树种。与其他树种混交能形成良好的干形，深根性，萌芽力强，不耐移植。抗污染、抗尘土、抗风能力都较强。寿命可达500~600年。

绿化用途 树形高大，树冠伸展，浓荫葱郁，因其根系发达，适应性强，可作庭荫树、行道树，若与枫香、苦槠、青冈等混植，可构成风景林。抗火、抗烟能力较强，也是营造防风林、防火林、水源涵养林的乡土树种。对二氧化硫的抗性和吸收能力较强，对氯气、氟化氢的抗性较强。

榆科

黑弹树

学名 *Celtis bungeana* Bl.

俗名 小叶朴、黑弹朴。

科属 榆科朴属。

形态特征 落叶乔木，高达10 m，树皮灰色或暗灰色；当年生小枝淡棕色，老后色较深，无毛，散生椭圆形皮孔，去年生小枝灰褐色；冬芽棕色或暗棕色，鳞片无毛。叶厚纸质，狭卵形、长圆形、卵状椭圆形至卵形，长3~7 cm，宽2~4 cm，基部宽楔形至近圆形，稍偏斜至几乎不偏斜，先端尖至渐尖，中部以上疏具不规则浅齿，有时一侧近全缘，无毛；叶柄淡黄色，长5~15 mm，上面有沟槽，幼时槽中有短毛，老后脱净；萌发枝上的叶形变异较大，先端可具尾尖且有糙毛。果单生叶腋，果柄较细软，无毛，长10~25 mm，果成熟时蓝黑色，近球形，直径6~8 mm；核近球形，肋不明显，表面极大部分近平滑或略具网孔状凹陷，直径4~5 mm。花期4~5月，果期10~11月。

生长环境 多生长在海拔150~2 300 m的路旁、山坡、灌丛或林边。喜光，耐阴，喜肥厚、湿润、疏松的土壤，耐干旱瘠薄，耐轻度盐碱，耐水湿。

绿化用途 树形美观，树冠圆满宽广，绿荫浓郁，是城乡绿化的良好树种，适宜公园、庭园作庭荫树，也可作街道、公路行道树，居民区、学校、厂矿、街头绿地及农村“四旁”绿化，也是河岸防风固堤树种，还可制作树桩盆景。

珊瑚朴

学名 *Celtis julianae* Schneid.

俗名 棠壳子树。

科属 榆科朴属。

形态特征 落叶乔木，高达 30 m，树皮淡灰色至深灰色；当年生小枝、叶柄、果柄老后深褐色，密生褐黄色茸毛，去年生小枝色更深，毛常脱净，毛孔不十分明显；冬芽褐棕色，内鳞片有红棕柔毛。叶厚纸质，宽卵形至尖卵状椭圆形，长 6～12 cm，宽 3.5～8 cm，基部近圆形或两侧稍不对称，一侧圆形，一侧宽楔形，先端具突然收缩的短渐尖至尾尖，叶面粗糙至稍粗糙，叶背密生短柔毛，近全缘至上部以上具浅钝齿；叶柄长 7～15 mm，较粗壮；萌发枝上的叶面具短糙毛，叶背在短柔毛中也夹有短糙毛。果单生叶腋，果梗粗壮，长 1～3 cm，果椭圆形至近球形，长 10～12 mm，金黄色至橙黄色；核乳白色，倒卵形至倒宽卵形，长 7～9 mm，上部有两条较明显的肋，两侧或仅下部稍压扁，基部尖至略钝，表面略有网孔状凹陷。花期 3～4 月，果期 9～10 月。

生长环境 生长在海拔 300～1 300 m 的山坡或山谷林中或林缘。

绿化用途 树体高大，红花红果，是优良的观赏树、行道树及工厂绿化、“四旁”绿化的树种，发展潜力很大。抗烟尘及有毒气体，病虫害少，叶茂荫浓，是优秀的行道树、庭荫树。

大叶朴

学名 *Celtis koraiensis* Nakai

俗名 大叶白麻子、白麻子。

科属 榆科朴属。

形态特征 落叶乔木，高达 15 m；树皮灰色或暗灰色，浅微裂；当年生小枝老后褐色至深褐色，散生小而微凸、椭圆形的皮孔；冬芽深褐色，内部鳞片具棕色柔毛。叶椭圆形至倒卵状椭圆形，少为倒广卵形，长 7～12 cm，宽 3.5～10 cm，基部稍不对称，宽楔形至近圆形或微心形，先端具尾状长尖，长尖常由平截状先端伸出，边缘具粗锯齿，两面无毛，或仅叶背疏生短柔毛或在中脉和侧脉上有毛；叶柄长 5～15 mm，无毛或生短毛；在萌发枝上的叶较大，且具较多和较硬的毛。果单生叶腋，果梗长 1.5～2.5 cm，果近球形至球状椭圆形，直径约 12 mm，成熟时橙黄色至深褐色；核球状椭圆形，直径约 8 mm，有 4 条纵肋，表面具明显网孔状凹陷，灰褐色。花期 4～5 月，果期 9～10 月。

生长环境 多生长在海拔 100～1 500 m 的山坡、沟谷林中。阳性树种，在北部暖温带能正常生长，喜欢温暖，稍耐阴，耐寒冷，对土壤适性广，适合在微碱性、中性直至微酸性土壤上生长。

绿化用途 树体高大，冠形美观，树体强健，春天、夏天荫浓，在园林绿化中最适合孤植或簇植，常孤植于草坪或空旷地内，培养成双干和多干的风景树。树形稳定，也可将其培养成造型树，也可列植在街道两旁，雄伟壮观。能抵抗多种有毒气体，有很强的吸滞粉尘能力，常栽植在街道、街头绿地、工厂、公园或庭院、广场、校园和道路两旁。

朴树

学名 *Celtis sinensis* Pers.

俗名 黄果朴、白麻子、朴榆。

科属 榆科朴属。

形态特征 落叶乔木，高达 20 m。树皮平滑，灰色。一年生枝被密毛。叶互生，革质，宽卵形至狭卵形，长 3~10 cm，宽 1.5~4 cm，先端急尖至渐尖，基部圆形或阔楔形，偏斜，中部以上边缘有浅锯齿，3 出脉，上面无毛，下面沿脉及脉腋疏被毛。花杂性（两性花和单性花同株），1~3 朵生于当年枝的叶腋；花被片 4 枚，被毛；雄蕊 4 枚，柱头 2 个。核果单生或 2 个并生，近球形，直径 4~5 mm，熟时红褐色，果核有穴和突肋。花期 4~5 月，果期 9~11 月。

生长环境 多生长在海拔 100~1 500 m 的路旁、山坡、林缘处。喜光，稍耐阴，耐寒。适宜温暖湿润气候，适生于肥沃、平坦之地。对土壤要求不严格，有一定耐干旱能力，亦耐水湿及瘠薄土壤，适应力较强。对土地要求不严格。除低洼积水地不能种植外，其他土地均可种植。适应不同的土壤，有微酸性、微碱性、中性和石灰性土壤，在种植前就选用土质疏松、肥沃、排水良好的土地种植为好。

绿化用途 树冠圆满宽广，树荫浓密繁茂，适合公园、庭院、街道、公路等作为庭荫树，是很好的绿化树种，也可以用来防风固堤。有极强的适应性，且寿命长，因整体形态古雅别致，是人们所喜爱和接受的盆景与行道树种，栽植于草坪、空旷地或街道两旁。对二氧化硫、氯气等有毒气体具有极强的吸附性，对粉尘也有极强的吸滞能力，具有明显的绿化效果，在城市、工矿区、农村等地得到了广泛的应用。

青檀

学名 *Pteroceltis tatarinowii* Maxim.

俗名 翼朴、檀树、摇钱树。

科属 榆科青檀属。

形态特征 乔木，高达 20 m 或 20 m 以上，胸径达 70 cm 或 1 m 以上；树皮灰色或深灰色，不规则的长片状剥落；小枝黄绿色，干时变栗褐色，疏被短柔毛，后渐脱落，皮孔明显，椭圆形或近圆形；冬芽卵形。叶纸质，宽卵形至长卵形，长 3~10 cm，宽 2~5 cm，先端渐尖至尾状渐尖，基部不对称，楔形、圆形或截形，边缘有不整齐的锯齿，基部 3 出脉，侧出的一对近直伸达叶的上部，侧脉 4~6 对，叶面绿，幼时被短硬毛，后脱落常残留有圆点，光滑或稍粗糙，叶背淡绿，在脉上有稀疏的或较密的短柔毛，脉腋有簇毛，其余近光滑无毛；叶柄长 5~15 mm，被短柔毛。翅果状坚果近圆形或近四方形，直径 10~17 mm，黄绿色或黄褐色，翅宽，稍带木质，有放射线条纹，下端截形或浅心形，顶端有凹缺，果实外面无毛或多少被曲柔毛，常有不规则的皱纹，有时具耳状附属物，具宿存的花柱和花被，果梗纤细，长 1~2 cm，被短柔毛。花期 3~5 月，果期 8~10 月。

生长环境 常生于海拔 100~1 500 m 的山谷溪边石灰岩山地疏林中，在村旁、公园有栽培。阳性树种，常生于山麓、林缘、沟谷、河滩、溪旁及峭壁石隙等处，成小片纯林或与其他树种混生。适应性较强，喜钙，喜生于石灰岩山地，能在花岗岩、砂岩地区生长。较耐干旱瘠薄，根系发达，常在岩石隙缝间盘旋伸展。生长速度中等，萌蘖性强，寿命长。喜光，抗干旱、耐盐碱、耐土壤瘠薄，耐寒，-35 ℃无冻梢。不耐水湿。根系发达，对有害气体抗性较强。

绿化用途 珍贵的乡土树种，树形美观，树冠球形，树皮暗灰色，片状剥落，千年古树蟠龙穹枝，形态各异，秋叶金黄，季相分明，极具观赏价值。可孤植、片植于庭院、山岭、溪边，也可作为行道树成行栽植，是优良园林景观树种；寿命长，耐修剪，也是优良的盆景观赏树种。

榔榆

学名 *Ulmus parvifolia* Jacq.

俗名 小叶榆。

科属 榆科榆属。

形态特征 落叶乔木，或冬季叶变为黄色或红色宿存至第二年新叶开放后脱落，高达 25 m，胸径可达 1 m；树冠广圆形，树干基部有时成板状根，树皮灰色或灰褐色，裂成不规则鳞状薄片剥落，露出红褐色内皮，近平滑，微凹凸不平；当年生枝密被短柔毛，深褐色；冬芽卵圆形，红褐色，无毛。叶质地厚，披针状卵形或窄椭圆形，稀卵形或倒卵形，中脉两侧长宽不等，长 1.7~8 cm，宽 0.8~3 cm，先端尖或钝，基部偏斜，楔形或一边圆，叶面深绿色，有光泽，除中脉凹陷处有疏柔毛外，余处无毛，侧脉不凹陷，叶背色较浅，幼时被短柔毛，后变无毛或沿脉有疏毛，或脉腋有簇生毛，边缘从基部至先端有钝而整齐的单锯齿，稀重锯齿（如萌发枝的叶），侧脉每边 10~15 条，细脉在两面均明显，叶柄长 2~6 mm，仅上面有毛。花秋季开放，3~6 数在叶腋簇生或排成簇状聚伞花序，花被上部杯状，下部管状，花被片 4，深裂至杯状花被的基部或近基部，花梗极短，被疏毛。翅果椭圆形或卵状椭圆形，长 10~13 mm，宽 6~8 mm，除顶端缺口柱头面被毛外，余处无毛。果翅稍厚，基部的柄长约 2 mm，两侧的翅较果核部分为窄，果核部分位于翅果的中上部，上端接近缺口，花被片脱落或残存，果梗较管状花被为短，长 1~3 mm，有疏生短毛。花果期 8~10 月。

生长环境 生长在平原、丘陵、山坡及谷地。喜光，耐干旱，在酸性、中性及碱性土上均能生长，以气候温暖、土壤肥沃、排水良好的中性土壤为适宜的生境。对有毒气体、烟尘抗性较强。

绿化用途 树形优美，姿态潇洒，枝叶细密，具有较高的观赏价值。干略弯，树皮斑驳雅致，小枝婉垂，秋日叶色变红，是良好的观赏及工厂绿化、“四旁”绿化树种，常孤植成景，适宜种植于池畔、亭榭附近，也可配于山石之间。萌芽力强，为制作盆景的好材料。抗性较强，还可选作厂矿区绿化树种。

榆树

学名 *Ulmus pumila* L.

俗名 家榆、榆钱、春榆。

科属 榆科榆属。

形态特征 落叶乔木，高达 25 m，胸径 1 m，在干瘠之地长成灌木状；幼树树皮平滑，灰褐色或浅灰色，大树之皮暗灰色，不规则深纵裂，粗糙；小枝无毛或有毛，淡黄灰色、淡褐灰色或灰色，稀淡褐黄色或黄色，有散生皮孔，无膨大的木栓层及凸起的木栓翅；冬芽近球形或卵圆形，芽鳞背面无毛，内层芽鳞的边缘具白色长柔毛。叶椭圆状卵形、长卵形、椭圆状披针形或卵状披针形，长 2~8 cm，宽 1. 2~3. 5 cm，先端渐尖或长渐尖，基部偏斜或近对称，一侧楔形至圆，另一侧圆至半心脏形，叶面平滑无毛，叶背幼时有短柔毛，后变无毛或部分脉腋有簇生毛，边缘具重锯齿或单锯齿，侧脉每边 9~16 条，叶柄长 4~10 mm，通常仅上面有短柔毛。花先叶开放，在去年生枝的叶腋成簇生状。翅果近圆形，稀倒卵状圆形，长 1. 2~2 cm，除顶端缺口柱头面被毛外，余处无毛，果核部分位于翅果的中部，上端不接近或接近缺口，成熟前后其色与果翅相同，初淡绿色，后白黄色，宿存花被无毛，4 浅裂，裂片边缘有毛，果梗较花被为短，长 1~2 mm，被短柔毛。花果期 3~6 月。

生长环境 生长在海拔 1 000~2 500 m 以下的山坡、山谷、川地、丘陵及沙岗等处。阳性树种，喜光，耐旱，耐寒，耐瘠薄，不择土壤，适应性很强。根系发达，抗风力、保土力强。萌芽力强，耐修剪。生长快，寿命长。耐干冷气候及中度盐碱，不耐水湿。具抗污染性，叶面滞尘能力强。在土壤深厚、肥沃、排水良好的冲积土及黄土高原生长良好。可作荒漠、平原、丘陵及荒山、砂地及滨海盐碱地的造林或“四旁”绿化树种。

绿化用途 树干通直，树形高大，绿荫较浓，适应性强，生长快，是城市绿化、行道树、庭荫树、工厂绿化、营造防护林的重要树种。在干瘠、严寒之地常呈灌木状，有用作绿篱者。其老茎残根萌芽力强，可制作盆景。

榉树

学名 *Zelkova serrata* (Thunb.) Makino

俗名 光叶榉、鸡油树。

科属 榆科榉属。

形态特征 乔木，高达 30 m，胸径达 100 cm；树皮灰白色或褐灰色，呈不规则的片状剥落；当年生枝紫褐色或棕褐色，疏被短柔毛，后渐脱落；冬芽圆锥状卵形或椭圆状球形。叶薄纸质至厚纸质，大小、形状变异很大，卵形、椭圆形或卵状披针形，长 3~10 cm，宽 1.5~5 cm，先端渐尖或尾状渐尖，基部有的稍偏斜，圆形或浅心形，稀宽楔形，叶面绿，干后绿或深绿，稀暗褐色，稀带光泽，幼时疏生糙毛，后脱落变平滑，叶背浅绿，幼时被短柔毛，后脱落或仅沿主脉两侧残留有稀疏的柔毛，边缘有圆齿状锯齿，具短尖头，侧脉 7~14 对；叶柄粗短，长 2~6 mm，被短柔毛；托叶膜质，紫褐色，披针形，长 7~9 mm。雄花具极短的梗，径约 3 mm，花被裂至中部，花被片 6~7 枚，不等大，外面被细毛，退化子房缺；雌花近无梗，径约 1.5 mm，花被片 4~5 枚，外面被细毛，子房被细毛。核果几乎无梗，淡绿色，斜卵状圆锥形，上面偏斜，凹陷，直径 2.5~3.5 mm，具背腹脊，网肋明显，表面被柔毛，具宿存的花被。花期 4 月，果期 9~11 月。

生长环境 多垂直分布在海拔 500 m 以下的山地、平原，阳性树种，喜光，喜温暖环境。耐烟尘及有害气体。适生于深厚、肥沃、湿润的土壤，对土壤的适应性强，酸性、中性、碱性土及轻度盐碱土上均可生长，深根性，侧根广展，抗风力强。忌积水，不耐干旱和贫瘠。生长慢，寿命长。

绿化用途 树姿端庄，高大雄伟，秋叶变成褐红色，是观赏秋叶的优良树种。可孤植、丛植于公园和广场的草坪、建筑旁作庭荫树；与常绿树种混植作风景林；列植于人行道、公路旁作行道树，降噪防尘。侧枝萌发能力强，主干截干后，可以形成大量的侧枝，是制作盆景的上佳植物材料，将其种植于园林绿化中或与假山、景石搭配，均能提高其观赏价值。

刺榆

学名 *Hemiptelea davidii* (Hance) Planch.

俗名 榆树、刺榔树、刺叶子。

科属 榆科刺榆属。

形态特征 小乔木，高可达 10 m，或呈灌木状；树皮深灰色或褐灰色，不规则的条状深裂；小枝灰褐色或紫褐色，被灰白色短柔毛，具粗而硬的棘刺；刺长 2~10 cm；冬芽常 3 个聚生于叶腋，卵圆形。叶椭圆形或椭圆状矩圆形，稀倒卵状椭圆形，长 4~7 cm，宽 1.5~3 cm，先端急尖或钝圆，基部浅心形或圆形，边缘有整齐的粗锯齿，叶面绿色，幼时被毛，后脱落，残留有稍隆起的圆点，叶背淡绿，光滑无毛，或在脉上有稀疏的柔毛，侧脉 8~12 对，排列整齐，斜直出至齿尖；叶柄短，长 3~5 mm，被短柔毛；托叶矩圆形、长矩圆形或披针形，长 3~4 mm，淡绿色，边缘具睫毛。小坚果黄绿色，斜卵圆形，两侧扁，长 5~7 mm，在背侧具窄翅，形似鸡头，翅端渐狭呈缘状，果梗纤细，长 2~4 mm。花期 4~5 月，果期 9~10 月。

生长环境 常生长在海拔 2 000 m 以下的坡地次生林中。耐瘠薄、干旱，抗低温、风沙，适合各种土质生长，适应性强，萌蘖能力强，生长速度较慢，可在荒山、荒坡、沙地等立地条件恶劣的地带生长。

绿化用途 可作为防沙治沙绿化树种，发挥防风固沙、保持水土、涵养水源等作用；在干旱瘠薄地带，可广泛栽植；园林绿化中有时也作为绿篱栽植，经过整形修剪，可用作种植区的围护及建筑基础种植，还可作为绿地的屏障视线、分隔空间、其他景物的背景。

桑科

构树

学名 *Broussonetia papyrifera*（Linnaeus）L'Heritier ex Ventenat

俗名 构桃树、构乳树、楮树。

科属 桑科构属。

形态特征 乔木，高10~20 m；树皮暗灰色；小枝密生柔毛。叶螺旋状排列，广卵形至长椭圆状卵形，长6~18 cm，宽5~9 cm，先端渐尖，基部心形，两侧常不相等，边缘具粗锯齿，不分裂或3~5裂，小树之叶常有明显分裂，表面粗糙，疏生糙毛，背面密被茸毛，基生叶脉三出，侧脉6~7对；叶柄长2.5~8 cm，密被糙毛；托叶大，卵形，狭渐尖，长1.5~2 cm，宽0.8~1 cm。花雌雄异株；雄花序为柔荑花序，粗壮，长3~8 cm，苞片披针形，被毛，花被4裂，裂片三角状卵形，被毛，雄蕊4枚，花药近球形，退化雌蕊小；雌花序球形头状，苞片棍棒状，顶端被毛，花被管状，顶端与花柱紧贴，子房卵圆形，柱头线形，被毛。聚花果直径1.5~3 cm，成熟时橙红色，肉质；瘦果具与果等长的柄，表面有小瘤，龙骨双层，外果皮壳质。花期4~5月，果期6~7月。

生长环境 喜光，适应性强，耐干旱瘠薄，也能生于水边，多生于石灰岩山地，也能在酸性土及中性土上生长；耐烟尘，抗大气污染力强。

绿化用途 外貌虽较粗野，枝叶茂密且有抗性强、生长快、繁殖容易等许多优点，果实酸甜，可食用，是城乡绿化的重要树种，适合用作矿区及荒山坡地绿化，可作庭荫树及防护林用。抗二氧化硫和氯气能力强，可在大气污染严重区域栽植。

柘

学名 *Maclura tricuspidata* Carriere

俗名 柘树、构棘、柘藤。

科属 桑科柘属。

形态特征 落叶灌木或小乔木，高1~7 m；树皮灰褐色，小枝无毛，略具棱，有棘刺，刺长5~20 mm；冬芽赤褐色。叶卵形或菱状卵形，偶为三裂，长5~14 cm，宽3~6 cm，先端渐尖，基部楔形至圆形，表面深绿色，背面绿白色，无毛或被柔毛，侧脉4~6对；叶柄长1~2 cm，被微柔毛。雌雄异株，雌雄花序均为球形头状花序，单生或成对腋生，具短总花梗；雄花序直径0.5 cm，雄花有苞片2枚，附着于花被片上，花被片4，肉质，先端肥厚，内卷，内面有黄色腺体2个，雄蕊4枚，与花被片对生，花丝在花芽时直立，退化雌蕊锥形；雌花序直径1~1.5 cm，花被片与雄花同数，花被片先端盾形，内卷，内面下部有2个黄色腺体，子房埋于花被片下部。聚花果近球形，直径约2.5 cm，肉质，成熟时橘红色。花期5~6月，果期6~7月。

生长环境 喜光亦耐阴。耐寒，喜钙土，耐干旱瘠薄，多生于山脊的石缝中，适生性很强。生于较荫蔽湿润的地方，则叶形较大，质较嫩；生于干燥瘠薄之地，根系发达，生长较慢。

绿化用途 叶秀果丽，适应性强，可在公园的边角、背阴处、街头绿地作庭荫树或刺篱。繁殖容易、经济用途广泛，是风景区绿化、荒滩保持水土的先锋树种。

无花果

学名 *Ficus carica* L.

俗名 阿驲、阿驿、映日果。

科属 桑科榕属。

形态特征 落叶灌木，高3~10 m，多分枝；树皮灰褐色，皮孔明显；小枝直立，粗壮。叶互生，厚纸质，广卵圆形，长宽近相等，10~20 cm，通常3~5裂，小裂片卵形，边缘具不规则钝齿，表面粗糙，背面密生细小钟乳体及灰色短柔毛，基部浅心形，基生侧脉3~5条，侧脉5~7对；叶柄长2~5 cm，粗壮；托叶卵状披针形，长约1 cm，红色。雌雄异株，雄花和瘿花同生于一榕果内壁，雄花生内壁口部，花被片4~5枚，雄蕊3枚，有时1或5枚，瘿花花柱侧生，短；雌花花被与雄花同，子房卵圆形，光滑，花柱侧生，柱头2裂，线形。榕果单生叶腋，大而梨形，直径3~5 cm，顶部下陷，成熟时紫红色或黄色，基生苞片3，卵形；瘦果透镜状。花果期5~7月。

生长环境 喜温暖湿润气候，耐瘠，抗旱，不耐寒，不耐涝。以向阳、土层深厚、疏松肥沃、排水良好的沙质壤土或黏质壤土栽培为宜。

绿化用途 树势优雅，是庭院、公园的观赏树木，叶片大，呈掌状裂，叶面粗糙，具有良好的吸尘效果，如与其他植物配植在一起，还可以形成良好的防噪声屏障。能抵抗有毒气体和大气污染，是化工污染区绿化的好树种。适应性强，抗风、耐旱、耐盐碱，在干旱的沙荒地区栽植，可以起到防风固沙、绿化荒滩的作用。

薜荔

学名 *Ficus pumila* L.

俗名 凉粉子、木莲、凉粉果。

科属 桑科榕属。

形态特征 攀缘或匍匐灌木，叶两型，不结果枝节上生不定根，叶卵状心形，长约2.5 cm，薄革质，基部稍不对称，尖端渐尖，叶柄很短；结果枝上无不定根，革质，卵状椭圆形，长5~10 cm，宽2~3.5 cm，先端急尖至钝形，基部圆形至浅心形，全缘，上面无毛，背面被黄褐色柔毛，基生叶脉延长，网脉3~4对，在表面下陷，背面凸起，网脉甚明显，呈蜂窝状；叶柄长5~10 mm；托叶2，披针形，被黄褐色丝状毛。榕果单生叶腋，瘿花果梨形，雌花果近球形，长4~8 cm，直径3~5 cm，顶部截平，略具短钝头或为脐状凸起，基部收窄成一短柄，基生苞片宿存，三角状卵形，密被长柔毛，榕果幼时被黄色短柔毛，成熟黄绿色或微红；总梗粗短；雄花，生榕果内壁口部，多数，排为几行，有柄，花被片2~3枚，线形，雄蕊2枚，花丝短；瘿花具柄，花被片3~4枚，线形，花柱侧生，短；雌花，生另一植株榕果内壁，花柄长，花被片4~5枚。瘦果近球形，有黏液。花果期5~8月。

生长环境 在山区、丘陵、平原土壤湿润肥沃的地区都有野生分布，多攀附在村庄前后、山脚以及沿河、公路两侧的古树、大树上和古石桥、庭院围墙等。耐贫瘠，抗干旱，对土壤要求不严格，适应性强，幼株耐阴。

绿化用途 叶质厚，深绿发亮，寒冬不凋。园林栽培宜将其攀缘岩坡、墙垣和树上，郁郁葱葱，可增强自然情趣。不定根发达，攀缘及生存适应能力强，在园林绿化方面可用于垂直绿化、护坡、护堤，既可保持水土，又有观赏价值。

桑树

学名 *Morus alba* L.

俗名 桑。

科属 桑科桑属。

形态特征 乔木或灌木，高3~10 m或更高，胸径可达50 cm，树皮厚，灰色，具不规则浅纵裂；冬芽红褐色，卵形，芽鳞覆瓦状排列，灰褐色，有细毛；小枝有细毛。叶卵形或广卵形，长5~15 cm，宽5~12 cm，先端急尖、渐尖或圆钝，基部圆形至浅心形，边缘锯齿粗钝，有时叶为各种分裂，表面鲜绿色，无毛，背面沿脉有疏毛，脉腋有簇毛；叶柄长1.5~5.5 cm，具柔毛；托叶披针形，早落，外面密被细硬毛。花单性，腋生或生于芽鳞腋内，与叶同时生出；雄花序下垂，长2~3.5 cm，密被白色柔毛，雄花，花被片宽椭圆形，淡绿色，花丝在芽时内折，花药2室，球形至肾形，纵裂；雌花序长1~2 cm，被毛，总花梗长5~10 mm，被柔毛，雌花无梗，花被片倒卵形，顶端圆钝，外面和边缘被毛，两侧紧抱子房，无花柱，柱头2裂，内面有乳头状突起。聚花果卵状椭圆形，长1~2.5 cm，成熟时红色或暗紫色。花期4~5月，果期5~8月。

生长环境 喜温暖湿润气候，稍耐阴。气温12 ℃以上开始萌芽，生长适宜温度为

25~30 ℃，超过 40 ℃则受到抑制，降到 12 ℃以下则停止生长。耐旱，不耐涝，耐瘠薄。对土壤的适应性强。

绿化用途 树冠宽阔，树叶茂密，秋季叶色变黄，颇为美观，且能抗烟尘及有毒气体，适于城市、工矿区及农村“四旁”绿化。适应性强，为良好的绿化及经济树种。是良好的“四旁”绿化和城郊防护林树种，果实能吸引鸟类，宜构成鸟语花香的自然景观，为绿化先锋树种，在园林绿化中有着广泛的应用前景。

鸡桑

学名 *Morus australis* Poir.

俗名 山桑、壓桑、小叶桑。

科属 桑科桑属。

形态特征 灌木或小乔木，树皮灰褐色，冬芽大，圆锥状卵圆形。叶卵形，长 5~14 cm，宽 3.5~12 cm，先端急尖或尾状，基部楔形或心形，边缘具粗锯齿，不分裂或 3~5 裂，表面粗糙，密生短刺毛，背面疏被粗毛；叶柄长 1~1.5 cm，被毛；托叶线状披针形，早落。雄花序长 1~1.5 cm，被柔毛，雄花绿色，具短梗，花被片卵形，花药黄色；雌花序球形，长约 1 cm，密被白色柔毛，雌花花被片长圆形，暗绿色，花柱很长，柱头 2 裂，内面被柔毛。聚花果短椭圆形，直径约 1 cm，成熟时红色或暗紫色。花期 3~4 月，果期 4~5 月。

生长环境 常生长在海拔 500~1 000 m 的石灰岩山地或林缘及荒地。

绿化用途 用作庭荫树。

桑寄生科

槲寄生

学名 *Viscum coloratum*（Kom.）Nakai

俗名 冬青、寄生子、台湾槲寄生。

科属 桑寄生科槲寄生属。

形态特征 灌木，高 0.3~0.8 m；茎、枝均圆柱状，二歧或三歧、稀多歧分枝，节稍膨大，小枝的节间长 5~10 cm，粗 3~5 mm，干后具不规则皱纹。叶对生，稀 3 枚轮生，厚革质或革质，长椭圆形至椭圆状披针形，长 3~7 cm，宽 0.7~1.5 cm，顶端圆形或圆钝，基部渐狭；基出脉 3~5 条；叶柄短。雌雄异株；花序顶生或腋生于茎叉状分枝处；雄花序聚伞状，总花梗几无或长达 5 mm，总苞舟形，长 5~7 mm，通常具花 3 朵，中央的花具 2 枚苞片或无；雄花花蕾时卵球形，长 3~4 mm，萼片 4 枚，卵形；花药椭圆形，长2.5~3 mm。雌花序聚伞式穗状，总花梗长2~3 mm或几无，具花3~5朵，顶生的花具2枚苞片或无，交叉对生的花各具1枚苞片；苞片阔三角形，长约1.5 mm，初具细缘毛，稍后变全缘；雌花花蕾时长卵球形，长约2 mm；花托卵球形，萼片4枚，三角形，长约1 mm；柱头乳头状。果球形，直径6~8 mm，具宿存花柱，成熟时淡黄色或橙红色，果皮平滑。花期4~5月，果期9~11月。

生长环境 生长在海拔500~1 400 m的阔叶林中，寄生于榆、杨、柳、桦、栎、梨、李、苹果等植物上。

绿化用途 以其优良的特性形成了特殊的景观，是北方地区少见的常绿植物之一，在早春季节，其肥厚的对生叶片十分可爱，给寒冷的北方带来一丝生机。在冰雪覆盖之际，单调的背景增添了绿意，是良好的早春观叶植物。

马兜铃科

木通马兜铃

学名 *Aristolochia manshuriensis* Kom.

俗名 关木通、马木通。

科属 马兜铃科马兜铃属。

形态特征 木质藤本，长达10余m；嫩枝深紫色，密生白色长柔毛；茎皮灰色，老茎基部直径2~8 cm，表面散生淡褐色长圆形皮孔，具纵皱纹或老茎具增厚又呈长条状纵裂的木栓层。叶革质，心形或卵状心形，长15~29 cm，宽13~28 cm，顶端钝圆或短尖，基部心形至深心形，湾缺深1~4.5 cm，边全缘，嫩叶上面疏生白色长柔毛，以后毛渐脱落，下面密被白色长柔毛，亦渐脱落而变稀疏；基出脉5~7条，侧脉每边2~3条，第三级小脉近横出，彼此平行而明显；叶柄长6~8 cm，略扁。花单朵，稀2朵聚生于叶腋；花梗长1.5~3 cm，常向下弯垂，初被白色长柔毛，以后无毛，中部具小苞片；小苞片卵状心形或心形，长约1 cm，绿色，近无柄；花被管中部马蹄形弯曲，下部管状，长5~7 cm，直径1.5~2.5 cm，弯曲之处至檐部与下部近相等，外面粉红色，具绿色纵脉纹；檐部圆盘状，直径4~6 cm或更大，内面暗紫色而有稀疏乳头状小点，外面绿色，有紫色条纹，边缘浅3裂，裂片平展，阔三角形，顶端钝而稍尖；喉部圆形并具领状环；花药长圆形，成对贴生于合蕊柱基部，并与其裂片对生；子房圆柱形，长1~2 cm，具6棱，被白色长柔毛；合蕊柱顶端3裂；裂片顶端尖，边缘向下延伸并向上翻卷，皱波状。蒴果长圆柱形，暗褐色，有6棱，长9~11 cm，直径3~4 cm，成熟时6瓣开裂；种子三角状心形，长、宽均6~7 mm，干时灰褐色，背面平凸状，具小疣点。花期6~7月，果期8~9月。

生长环境 生长在海拔100~2 200 m阴湿的阔叶和针叶混交林中。喜凉爽气候，耐严寒，在 18~28 ℃的温度范围内生长较好，可耐-20 ℃低温。喜疏荫、微潮偏干的土壤环境。

绿化用途 耐低温，适合布置庭院，是栽种篱栅、绿廊、棚架旁的良好材料。园林中用于立体绿化。

领春木科

领春木

学名 *Euptelea pleiosperma* J. D. Hooker & Thomson

俗名 水桃、正心木。

科属 领春木科领春木属。

形态特征 落叶灌木或小乔木，高 2~15 m；树皮紫黑色或棕灰色；小枝无毛，紫黑色或灰色；芽卵形，鳞片深褐色，光亮。叶纸质，卵形或近圆形，少数椭圆卵形或椭圆披针形，长 5~14 cm，宽 3~9 cm，先端渐尖，有一突生尾尖，长 1~1.5 cm，基部楔形或宽楔形，边缘疏生顶端加厚的锯齿，下部或近基部全缘，上面无毛或散生柔毛后脱落，仅在脉上残存，下面无毛或脉上有伏毛，脉腋具丛毛，侧脉 6~11 对；叶柄长 2~5 cm，有柔毛后脱落。花丛生；花梗长 3~5 mm；苞片椭圆形，早落；雄蕊 6~14 枚，长 8~15 mm，花药红色，比花丝长，药隔附属物长 0.7~2 mm；心皮 6~12，子房歪形，长 2~4 mm，柱头面在腹面或远轴，斧形，具微小黏质突起，有 1~3 胚珠。翅果长 5~10 mm，宽 3~5 mm，棕色，子房柄长 7~10 mm，果梗长 8~10 mm；种子 1~3 粒，卵形，长 1.5~2.5 mm，黑色。花期 4~5 月，果期 7~8 月。

生长环境 生长在海拔 900~3 600 m 的溪边杂木林中。

绿化用途 花果成簇，红艳夺目，树形优美，树干通直，是优美的庭园树种。为典型的东亚植物区系成分的特征种，第三纪孑遗植物和稀有珍贵的古老树种，对于研究古植物区系和古代地理气候有重要的学术价值。

连香树科

连香树

学名 *Cercidiphyllum japonicum* Sieb. et Zucc.

俗名 五君树。

科属 连香树科连香树属。

形态特征 落叶大乔木，高 10~20 m，少数达 40 m；树皮灰色或棕灰色；小枝无毛，短枝在长枝上对生；芽鳞片褐色。叶生短枝上的近圆形、宽卵形或心形，生长枝上的椭圆形或三角形，长 4~7 cm，宽 3.5~6 cm，先端圆钝或急尖，基部心形或截形，边缘有圆钝锯齿，先端具腺体，两面无毛，下面灰绿色带粉霜，掌状脉 7 条直达边缘；叶柄长 1~2.5 cm，无毛。雄花常 4 朵丛生，近无梗；苞片在花期红色，膜质，卵形；花丝长 4~6 mm，花药长 3~4 mm；雌花 2~6 朵，丛生；花柱长 1~1.5 cm，上端为柱头面。蓇葖果 2~4 个，荚果状，长 10~18 mm，宽 2~3 mm，褐色或黑色，微弯曲，先端渐细，有宿存花柱；果梗长 4~7 mm；种子数粒，扁平四角形，长 2~2.5 mm（不连翅长），褐色，先端有透明翅，长 3~4 mm。花期 4 月，果期 8 月。

生长环境 生于山谷边缘或林中开阔地的杂木林中，海拔 650~2 700 m。深根性，抗风，耐湿，生长缓慢，结实稀少。萌蘖性强。于根基部常萌生多枝。冬芽于 3 月上旬萌动，下旬至 4 月上旬为展叶期，10 月中旬以后叶开始变色，到 11 月中下旬落叶。花于 4 月中旬开放，至 5 月上旬为凋谢期；果实于 9~10 月成熟。

绿化用途 属性优美，新叶带紫色，秋叶黄色或红色，可作绿化树种。连香树是孑遗植物，为稀有珍贵树种。树体高大，树姿优美，叶形奇特，为圆形，大小与银杏叶相似，而得名山白果；叶色季相变化丰富，即春天为紫红色、夏天为翠绿色、秋天为金黄色、冬天为深红色，是典型的彩叶树种，且落叶迟，到农历腊月末才开始落叶，发芽又早，次年正月即开始发芽，极具观赏价值，是园林绿化、景观配植的优良树种。

毛茛科

粗齿铁线莲

学名 *Clematis grandidentata*（Rehder & E. H. Wilson）W. T. Wang

俗名 毛木通、线木通。

科属 毛茛科铁线莲属。

形态特征 落叶藤本。小枝密生白色短柔毛，老时外皮剥落。一回羽状复叶，有 5 枚小叶，有时茎端为 3 出叶；小叶片卵形或椭圆状卵形，长 5~10 cm，宽 3.5~6.5 cm，顶端渐尖，基部圆形、宽楔形或微心形，常有不明显 3 裂，边缘有粗大锯齿状牙齿，上面疏生短柔毛，下面密生白色短柔毛至较疏，或近无毛。腋生聚伞花序常有 3~7 花，或成顶生圆锥状聚伞花序多花，较叶短；花直径 2~3.5 cm；萼片 4，开展，白色，近长圆形，长 1~1.8 cm，宽约 5 mm，顶端钝，两面有短柔毛，内面较疏至近无毛；雄蕊无毛。瘦果扁卵圆形，长约 4 mm，有柔毛，宿存花柱长达 3 cm。花期 5~7 月，果期 7~10 月。

生长环境 生长在海拔 900~1 800 m 的山坡或山沟灌丛中。

绿化用途 园林栽培中可用木条、竹材等搭架让铁线莲新生的茎蔓缠绕其上生长，构成塔状；也可栽培于绿廊支柱附近，让其攀附生长；还可布置在稀疏的灌木篱笆中，任其攀爬，将灌木绿篱变成花篱。也可布置于墙垣、棚架、阳台、门廊等处，显得优雅别致。

钝萼铁线莲

学名 *Clematis peterae* Hand. - Mazz.

俗名 柴木通、线木通、细木通。

科属 毛茛科铁线莲属。

形态特征 木质藤本。一回羽状复叶，有 5 枚小叶，偶尔基部一对为 3 小叶；小叶片卵形或长卵形，少数卵状披针形，长 3~9 cm，宽 2~4.5 cm，顶端常锐尖或短渐尖，少数长渐尖，基部圆形或浅心形，边缘疏生一至数个以至多个锯齿状牙齿或全缘，两面疏生短柔毛至近无毛。圆锥状聚伞花序多花；花序梗、花梗密生短柔毛，花序梗基部常有 1 对叶状苞片；花直径 1.5~2 cm，萼片 4，开展，白色，倒卵形至椭圆形，长 0.7~1.1 cm，顶端钝，两面有短柔毛，外面边缘密生短茸毛；雄蕊无毛；子房无毛。瘦果卵形，稍扁平，无毛或近花柱处稍有柔毛，长约 4 mm，宿存花柱长达 3 cm。花期 6~8 月，果期 9~12 月。

生长环境 性耐寒，可耐 -10 ℃低温，耐旱，较喜光照，不耐暑热强光，喜深厚肥沃、排水良好的碱性壤土及轻沙质壤土。根系为黄褐色肉质根，不耐水渍。

绿化用途 品种繁多，花色丰富，常见颜色有玫瑰红、粉红、紫色和白色等，有重瓣和单瓣之分，花期 5~6 月。多做高档盆花栽培，布置于墙垣、棚架、阳台、门廊等处，显得优雅别致。

山木通

学名 *Clematis finetiana* Lévl. et Vant.

俗名 冲倒山、千金拔、天仙菊。

科属 毛茛科铁线莲属。

形态特征 木质藤本，无毛。茎圆柱形，有纵条纹，小枝有棱。三出复叶，基部有时为单叶；小叶片薄革质或革质，卵状披针形、狭卵形至卵形，长 3~9 cm，宽 1.5~3.5 cm，顶端锐尖至渐尖，基部圆形、浅心形或斜肾形，全缘，两面无毛。花常单生，或为聚伞花序、总状聚伞花序，腋生或顶生，有 1~3 花，少数 7 朵以上而成圆锥状聚伞花序，通常比叶长或近等长；在叶腋分枝处常有多数长三角形至三角形宿存芽鳞，长 5~8 mm；苞片小，钻形，有时下部苞片为宽线形至三角状披针形，顶端 3 裂；萼片 4，开展，白色，狭椭圆形或披针形，长 1~1.8 cm，外面边缘密生短茸毛；雄蕊无毛，药隔明显。瘦果镰刀状狭卵形，长约 5 mm，有柔毛，宿存花柱长达 3 cm，有黄褐色长柔毛。花期 4~6 月，果期 7~11 月。

生长环境 耐寒，可耐-10 ℃低温，耐旱，较喜光照，不耐暑热强光，喜深厚肥沃、排水良好的碱性壤土及轻沙质壤土。根系为黄褐色肉质根，不耐水渍。

绿化用途 株形丰满美观，一般可在秋季植株进入休眠后进行轻度修剪，只剪除过于密集、纤细和病虫茎蔓即可，对于过长的、徒长茎蔓，也可采用修剪进行短缩。栽培中可用木条、竹材等搭架让铁线莲新生的茎蔓缠绕其上生长，构成塔状；也可栽培于绿廊支柱附近，让其攀附生长；还可布置在稀疏的灌木篱笆中，任其攀爬，将灌木绿篱变成花篱。也可布置于墙垣、棚架、阳台、门廊等处，显得优雅别致。

牡丹

学名 *Paeonia suffruticosa* Andr.

俗名 木芍药、百雨金、洛阳花、富贵花。

科属 毛茛科芍药属。

形态特征 落叶灌木。茎高达 2 m；分枝短而粗。叶通常为二回三出复叶，偶尔近枝顶的叶为 3 小叶；顶生小叶宽卵形，长 7～8 cm，宽 5.5～7 cm，3 裂至中部，裂片不裂或 2～3 浅裂，表面绿色，无毛，背面淡绿色，有时具白粉，沿叶脉疏生短柔毛或近无毛，小叶柄长 1.2～3 cm；侧生小叶狭卵形或长圆状卵形，长 4.5～6.5 cm，宽 2.5～4 cm，不等 2 裂至 3 浅裂或不裂，近无柄；叶柄长 5～11 cm，叶柄和叶轴均无毛。花单生枝顶，直径 10～17 cm；花梗长 4～6 cm；苞片 5，长椭圆形，大小不等；萼片 5，绿色，宽卵形，大小不等；花瓣 5，或为重瓣，玫瑰色、红紫色、粉红色至白色，通常变异很大，倒卵形，长 5～8 cm，宽 4.2～6 cm，顶端呈不规则的波状；雄蕊长 1～1.7 cm，花丝紫红色、粉红色，上部白色，长约 1.3 cm，花药长圆形，长 4 mm；花盘革质，杯状，紫红色，顶端有数个锐齿或裂片，完全包住心皮，在心皮成熟时开裂；心皮 5，稀更多，密生柔毛。蓇葖长圆形，密生黄褐色硬毛。花期 5 月，果期 6 月。

生长环境 喜温暖、凉爽、干燥、阳光充足的环境。喜阳光，耐半阴，耐寒，耐干旱，耐弱碱，忌积水，怕热，怕烈日直射。适宜在疏松、深厚、肥沃、地势高燥、排水良好的中性沙壤土上生长。在酸性或黏重土壤上生长不良。充足的阳光对其生长较为有利，不耐夏季烈日暴晒，温度在 25 ℃以上则会使植株呈休眠状态。开花适宜温度为 17～20 ℃，花前必须经过 1～10 ℃的低温处理 2～3 个月才可。最低能耐-30 ℃的低温，寒冷地带冬季需采取适当的防寒措施，以免受到冻害。高温高湿天气对牡丹生长不利，南方栽培牡丹时需给其营造特定的环境条件才可观赏到奇美的牡丹花。

绿化用途 色、姿、香、韵俱佳，花大色艳，花姿绰约，韵压群芳。牡丹栽培和研究愈来愈兴旺，品种也越来越丰富，有 500 余种。每逢花季，芳姿艳质，超逸万卉，清香宜人，观赏价值极高，是传统的庭院名贵花卉。在园林绿化中，无论孤植、丛植、片植都适宜。可盆栽供观赏、展览，也可置于室内或阳台装饰观赏，还可作切花。

木通科

木通

学名 *Akebia quinata* (Houtt.) Decne

俗名 通草、野木瓜、八月炸藤。

科属 木通科木通属。

形态特征 落叶木质藤本。茎纤细，圆柱形，缠绕，茎皮灰褐色，有圆形、小而凸起的皮孔；芽鳞片覆瓦状排列，淡红褐色。掌状复叶互生或在短枝上簇生，通常有小叶5枚，偶有3~4枚或6~7枚；叶柄纤细，长4.5~10 cm；小叶纸质，倒卵形或倒卵状椭圆形，长2~5 cm，宽1.5~2.5 cm，先端圆或凹入，具小凸尖，基部圆或阔楔形，上面深绿色，下面青白色；中脉在上面凹入，下面凸起，侧脉每边5~7条，与网脉均在两面凸起；小叶柄纤细，长8~10 mm，中间1枚长可达18 mm。伞房花序式的总状花序腋生，长6~12 cm，疏花，基部有雌花1~2朵，以上4~10朵为雄花；总花梗长2~5 cm；着生于缩短的侧枝上，基部为芽鳞片所包托；花略芳香。雄花：花梗纤细，长7~10 mm；萼片通常3片，有时4片或5片，淡紫色，偶有淡绿色或白色，兜状阔卵形，顶端圆形，长6~8 mm，宽4~6 mm；雄蕊6枚，离生，初时直立，后内弯，花丝极短，花药长圆形，钝头；退化心皮3~6枚，小。雌花：花梗细长，长2~4 cm；萼片暗紫色，偶有绿色或白色，阔椭圆形至近圆形，长1~2 cm，宽8~15 mm；心皮3~6枚，离生，圆柱形，柱头盾状，顶生；退化雄蕊6~9枚。果孪生或单生，长圆形或椭圆形，长5~8 cm，直径3~4 cm，成熟时紫色，腹缝开裂；种子多数，卵状长圆形，略扁平，不规则的多行排列，着生于白色、多汁的果肉中，种皮褐色或黑色，有光泽。花期4~5月，果期6~8月。

生长环境 阴性植物，喜阴湿，较耐寒。常生长在低海拔山坡林下草丛中。在微酸、多腐殖质的黄壤土上生长良好，也能适应中性土壤。茎蔓常匍匐生长。

绿化用途 株丛整齐清秀，花色淡雅，果多为紫色或灰色，叶柄、叶背脉呈水红色，枝条虬劲多姿，可作为庭园、公园、旅游景区、铁路、高速公路两侧、垂直绿化用树。其花、叶、果观赏价值颇高，花香扑鼻，非常怡人。如制作盆景更具诗情画意。

多叶木通

学名 *Akebia ruinata* var. *polyphylla*

科属 木通科木通属。

形态特征 老枝红褐色，密生小皮孔。掌状复叶，小叶5~7枚，椭圆形或椭圆状倒卵形，全缘，长4.5~6 cm，宽2.5~2.8 cm，顶端凹，有突尖，基部圆形，叶背面带白色，总叶柄长5~7 cm，小叶柄长10~15 mm。5月开花，花深紫色，有香气。果实长6~7 cm，熟时紫红色，带白粉。

生长环境　生长在海拔490~1 000 m的山坡灌丛或沟谷林中。

绿化用途　叶展似掌，着枝匀满，状若覆瓦，花肉质色紫，三五成簇，是优良的垂直绿化材料。配植花架、门廊或攀附透空格墙、栅栏之上，或匍匐岩隙之间，青翠潇洒，野趣倍增。

三叶木通

学名　*Akebia trifoliata*（Thunb.）Koidz.

俗名　八月瓜、三叶拿藤、八月楂。

科属　木通科木通属。

形态特征　落叶木质藤本。茎皮灰褐色，有稀疏的皮孔及小疣点。掌状复叶互生或在短枝上簇生；叶柄直，长7~11 cm；小叶3枚，纸质或薄革质，卵形至阔卵形，长4~7.5 cm，宽2~6 cm，先端通常钝或略凹入，具小凸尖，基部截平或圆形，边缘具波状齿或浅裂，上面深绿色，下面浅绿色；侧脉每边5~6条，与网脉同在两面略凸起；中央小叶柄长2~4 cm，侧生小叶柄长6~12 mm。总状花序自短枝上簇生叶中抽出，下部有1~2朵雌花，以上有15~30朵雄花，长6~16 cm；总花梗纤细，长约5 cm。雄花花梗丝状，长2~5 mm；萼片3，淡紫色，阔椭圆形或椭圆形，长2.5~3 mm；雄蕊6，离生，排列为杯状，花丝极短，药室在开花时内弯；退化心皮3枚，长圆状锥形。雌花花梗稍较雄花的粗，长1.5~3 cm；萼片3，紫褐色，近圆形，长10~12 mm，宽约10 mm，先端圆而略凹入，开花时广展反折；退化雄蕊6枚或更多，小，长圆形，无花丝；心皮3~9枚，离生，圆柱形，直，长4~6 mm，柱头头状，具乳凸，橙黄色。果长圆形，长6~8 cm，直径2~4 cm，直或稍弯，成熟时灰白略带淡紫色；种子极多数，扁卵形，长5~7 mm，宽4~5 mm，种皮红褐色或黑褐色，稍有光泽。花期4~5月，果期7~8月。

生长环境　生长在海拔250~2 000 m的山地沟谷边疏林或丘陵灌丛中。喜阴湿，耐寒，在微酸、多腐殖质的黄壤土上生长良好，也能适应中性土壤。

绿化用途　叶、花、果美丽，春夏观花，秋季赏果，一年好景常新，是很好的观赏植物。茎蔓缠绕、柔美多姿，花肉质色紫，花期持久，三五成簇，是优良的垂直绿化材料。在园林绿化中常配植花架、门廊或攀附花格墙、栅栏之上，或匍匐岩隙翠竹之间，倍增野趣。栽培容易，适应性强。

白木通

学名　*Akebia trifoliata* subsp. *australis*（Diels）T. Shimizu

俗名　八月瓜藤、地海参。

科属　木通科木通属。

形态特征　小叶革质，卵状长圆形或卵形，长4~7 cm，宽1.5~3 cm，先端狭圆，顶微凹入而具小凸尖，基部圆形、阔楔形、截平或心形，边通常全缘；有时略具少数不规则的浅缺刻。总状花序长 7~9 cm，腋生或生于短枝上。雄花：萼片长 2~3 mm，紫色；雄蕊 6，离生，长约 2.5 mm，红色或紫红色，干后褐色或淡褐色。雌花：直径约 2 cm；萼片长 9~12 mm，宽 7~10 mm，暗紫色；心皮 5~7 枚，紫色。果长圆形，长 6~8 cm，直径 3~5 cm，熟时黄褐色；种子卵形，黑褐色。花期 4~5 月，果期 6~9 月。

生长环境 生长在海拔 250~2 000 m 的山地沟谷边疏林或丘陵灌丛中。

绿化用途 叶、花、果美丽，春天观叶，夏季赏花，秋季品果，一年好景常新，是很好的观赏植物。可以用作攀缘植物栽培，将其栽种在庭院中，或者种植在窗台上，或者攀附在其他建筑物上。

鹰爪枫

学名 *Holboellia coriacea* Diels

俗名 八月栌、破骨风、牵藤、三月藤。

科属 木通科八月瓜属。

形态特征 常绿木质藤本。茎皮褐色。掌状复叶有小叶 3 枚；叶柄长 3.5~10 cm；小叶厚革质，椭圆形或卵状椭圆形，较少为披针形或长圆形，顶小叶有时倒卵形，长 6~10 cm，宽 4~5 cm，先端渐尖或微凹而有小尖头，基部圆或楔形，边缘略背卷，上面深绿色，有光泽，下面粉绿色；中脉在上面凹入，下面凸起，基部三出脉，侧脉每边 4 条，与网脉在嫩叶时两面凸起，叶成长时脉在上面稍下陷或两面不明显；小叶柄长 5~30 mm。花雌雄同株，白绿色或紫色，组成短的伞房式总状花序；总花梗短或近于无梗，数个至多个簇生于叶腋。雄花：花梗长约 2 cm；萼片长圆形，长约 1 cm，宽约 4 mm；顶端钝，内轮的较狭；花瓣极小，近圆形，直径不及 1 mm；雄蕊长 6~7.5 mm，药隔突出于药室之上成极短的凸头，退化心皮锥尖，长约 1.5 mm。雌花：花梗稍粗，长 3.5~5 cm；萼片紫色，与雄花的近似但稍大，外轮的长约 12 mm，宽 7~8 mm；退化雄蕊极小，无花丝；心皮卵状棒形，长约 9 mm。果长圆状柱形，长 5~6 cm；直径约 3 cm，熟时紫色，干后黑色，外面密布小疣点；种子椭圆形，略扁平，长约 8 mm，宽 5~6 mm，种皮黑色，有光泽。花期 4~5 月，果期 6~8 月。

生长环境 生长在海拔 500~2 000 m 的山地杂木林或路旁灌丛中。喜温暖，不耐寒，耐干旱瘠薄，在肥沃深厚和排水良好的土壤上生长良好。

绿化用途 四季常青，枝和叶均具观赏价值，适宜用城镇攀缘绿化植物。藤长擅攀，扶摇直上，花白，清香，是优良的垂直绿化树种。好湿润，宜配植于林缘、岩旁或背阴墙脚，用于花架、花廊，周围有林木掩护，生长繁茂。

大血藤

学名 *Sargentodoxa cuneata* (Oliv.) Rehd. et Wils.

俗名 血藤、红皮藤、红藤。

科属 木通科大血藤属。

形态特征 落叶木质藤本，长达10余m。藤径粗达9 cm，全株无毛；当年枝条暗红色，老树皮有时纵裂。三出复叶，或兼具单叶，稀全部为单叶；叶柄长3~12 cm；小叶革质，顶生小叶近棱状倒卵圆形，长4~12.5 cm，宽3~9 cm，先端急尖，基部渐狭成6~15 mm的短柄，全缘，侧生小叶斜卵形，先端急尖，基部内面楔形，外面截形或圆形，上面绿色，下面淡绿色，干时常变为红褐色，比顶生小叶略大，无小叶柄。总状花序长6~12 cm，雄花与雌花同序或异序，同序时，雄花生于基部；花梗细，长2~5 cm；苞片1枚，长卵形，膜质，长约3 mm，先端渐尖；萼片6，花瓣状，长圆形，长0.5~1 cm，宽0.2~0.4 cm，顶端钝；花瓣6，小，圆形，长约1 mm，蜜腺性；雄蕊长3~4 mm，花丝长仅为花药一半或更短，药隔先端略突出；退化雄蕊长约2 mm，先端较突出，不开裂；雌蕊多数，螺旋状生于卵状突起的花托上，子房瓶形，长约2 mm，花柱线形，柱头斜；退化雌蕊线形，长1 mm。每一浆果近球形，直径约1 cm，成熟时黑蓝色，小果柄长0.6~1.2 cm。种子卵球形，长约5 mm，基部截形；种皮黑色，光亮，平滑；种脐显著。花期4~5月，果期6~9月。

生长环境 常见于山坡灌丛、疏林和林缘等，海拔常为数百米。喜温暖湿润和阳光照射的环境，适宜在疏松肥沃、富含有机质的酸性沙质土壤上生长。

绿化用途 “五一”前后，大血藤一串串金黄色的鲜花，满棚满架地竞放。攀缘性强，当其柔枝长出50~70 cm时，便呈现匍匐状，依附其他植物生长。宜于园林、庭院作垂直绿化、美化栽培。

串果藤

学名 *Sinofranchetia chinensis* (Franch.) Hemsl.

俗名 串藤、鹰串果藤。

科属 木通科串果藤属。

形态特征 落叶木质藤本，全株无毛。幼枝被白粉；冬芽大，有覆瓦状排列的鳞片数枚至多枚。叶具羽状3枚小叶，通常密集与花序同自芽鳞片中抽出；叶柄长10~20 cm；托叶小，早落；小叶纸质，顶生小叶菱状倒卵形，长9~15 cm，宽7~12 cm，先端渐尖，基部楔形，侧生小叶较小，基部略偏斜，上面暗绿色，下面苍白灰绿色；侧脉每边6~7条；小叶柄顶生的长1~3 cm，侧生的极短。总状花序长而纤细，下垂，长15~30 cm，基部为芽鳞片所包托；花稍密集着生于花序总轴上；花梗长2~3 mm。雄花萼片6，绿白色，有紫色条纹，倒卵形，长约2 mm；蜜腺状花瓣6，肉质，近倒心形，长不及1 mm；雄蕊6枚，花丝肉质，离生，花药略短于花丝，药隔不突出；退化心皮小。雌花萼片与雄花的相似，长约2.5 mm；花瓣很小；退化雄蕊与雄蕊形状相似但较小；心皮3枚，椭圆形或倒卵状长圆形，比花瓣长，长1.5~2 mm，无花柱，柱头不明显，胚珠多数，2列。成熟心皮浆果状，椭圆形，淡紫蓝色，长约2 cm，直径1.5 cm，种子多数，卵圆形，压扁，长 4~6 mm，种皮灰黑色。花期 5~6 月，果期 9~10 月。

生长环境 生长在海拔 900~2 450 m 的山沟密林、林缘或灌丛中。喜缠绕于高大乔木树上。生长在阴凉避风、湿润的山谷或溪沟杂木林中，怕干旱和土壤瘠薄的环境。喜冷凉湿润气候及富含腐殖质、排水良好的微酸性土壤，耐阴力稍强，在密林下仍能生长繁茂。

绿化用途 形体高大，叶茂荫浓，长串白花飘荡在枝叶之间，果熟时蓝果长串下垂，奇美可观，是攀缠遮阴的好材料。可用于垂直绿化。

小檗科

十大功劳

学名 *Mahonia fortunei*（Lindl.）Fedde

俗名 老鼠刺、猫刺叶、黄天竹。

科属 小檗科十大功劳属。

形态特征 灌木，高 0.5~2 m。叶倒卵形至倒卵状披针形，长 10~28 cm，宽 8~18 cm，具 2~5 对小叶，最下一对小叶外形与往上小叶相似，距叶柄基部 2~9 cm，上面暗绿至深绿色，叶脉不显，背面淡黄色，偶稍苍白色，叶脉隆起，叶轴粗 1~2 mm，节间 1.5~4 cm，往上渐短；小叶无柄或近无柄，狭披针形至狭椭圆形，长 4.5~14 cm，宽 0.9~2.5 cm，基部楔形，边缘每边具 5~10 刺齿，先端急尖或渐尖。总状花序 4~10 个簇生，长 3~7 cm；芽鳞披针形至三角状卵形，长 5~10 mm，宽 3~5 mm；花梗长 2~2.5 mm；苞片卵形，急尖，长 1.5~2.5 mm，宽 1~1.2 mm；花黄色；外萼片卵形或三角状卵形，长 1.5~3 mm，宽约 1.5 mm，中萼片长圆状椭圆形，长 3.8~5 mm，宽 2~3 mm，内萼片长圆状椭圆形，长 4~5.5 mm，宽 2.1~2.5 mm；花瓣长圆形，长 3.5~4 mm，宽 1.5~2 mm，基部腺体明显，先端微缺裂，裂片急尖；雄蕊长 2~2.5 mm，药隔不延伸，顶端平截；子房长 1.1~2 mm，无花柱，胚珠 2 枚。浆果球形，直径 4~6 mm，紫黑色，被白粉。花期 7~9 月，果期 9~11 月。

生长环境 多生长在海拔 350~2 000 m 的山坡沟谷林中、灌丛中、路边或河边。暖温带植物，具有较强的抗寒能力，不耐暑热。喜温暖湿润气候，性强健、耐阴，忌烈日暴晒，有一定的耐寒性，较抗干旱。多生长在阴湿峡谷和森林下面，属阴性植物。喜排水良好的酸性腐殖土，极不耐碱，怕水涝。对土壤要求不严格，在疏松肥沃、排水良好的沙质壤土上生长最好。有较强的分蘖和侧芽萌发能力，每年每株萌发 2~3 枝不等，当年可达到 20 cm 左右。

绿化用途 叶形奇特，黄花似锦，典雅美观，在园林常丛植于假山一侧或定植在假山上。对二氧化硫的抗性较强，也是工矿区的优良美化植物。叶色艳美，外观形态雅致，是珍贵的观赏花木。栽在房屋后、庭院、园林围墙边作为基础种植，颇为美观。还可盆栽放在室内，使环境清幽可爱，作为切花更为独特。

南天竹

学名 *Nandina domestica* Thunb.

俗名 南天竺、红杷子、天烛子。

科属 小檗科南天竹属。

形态特征 常绿小灌木。茎常丛生而少分枝，高 1~3 m，光滑无毛，幼枝常为红色，老后呈灰色。叶互生，集生于茎的上部，三回羽状复叶，长 30~50 cm；二至三回羽片对生；小叶薄革质，椭圆形或椭圆状披针形，长 2~10 cm，宽 0. 5~2 cm，顶端渐尖，基部楔形，全缘，上面深绿色，冬季变红色，背面叶脉隆起，两面无毛；近无柄。圆锥花序直立，长 20~35 cm；花小，白色，具芳香，直径 6~7 mm；萼片多轮，外轮萼片卵状三角形，长 1~2 mm，向内各轮渐大，最内轮萼片卵状长圆形，长 2~4 mm；花瓣长圆形，长约 4. 2 mm，宽约 2. 5 mm，先端圆钝；雄蕊 6 枚，长约 3. 5 mm，花丝短，花药纵裂，药隔延伸；子房 1 室，具 1~3 枚胚珠。果柄长 4~8 mm；浆果球形，直径 5~8 mm，熟时鲜红色，稀橙红色。种子扁圆形。花期 3~6 月，果期 5~11 月。

生长环境 喜温暖及湿润的环境，比较耐阴、耐寒。对水分要求不甚严格，既能耐湿又能耐旱。适宜在湿润肥沃、排水良好的沙壤土上生长。喜肥，可多施磷、钾肥。野生于疏林及灌木丛中，也多栽于庭园。强光下叶色变红。

绿化用途 茎干丛生，枝叶扶疏，清秀挺拔，秋冬叶色变红，有红果，经久不落，是赏叶观果的佳品。各地庭园常有栽培，为优良观赏植物。可植于山石旁、庭屋前或墙角阴处，也可丛植于林缘阴处与树下。

紫叶小檗

学名 *Berberis thunbergii* ‘Atropurpurea’

俗名 红叶小檗。

科属：小檗科小檗属。

形态特征 落叶灌木。幼枝淡红带绿色，无毛，老枝暗红色，具条棱；节间长 1~1. 5 cm。叶菱状卵形，长 5~20 mm，宽 3~15 mm，先端钝，基部下延成短柄，全缘，表面黄绿色，背面带灰白色，具细乳突，两面均无毛。花 2~5 朵成具短总梗并近簇生的伞形花序，或无总梗而呈簇生状，花梗长 5~15 mm，花被黄色；小苞片带红色，长约 2 mm，急尖；外轮萼片卵形，长 4~5 mm，宽约 2. 5 mm，先端近钝，内轮萼片稍大于外轮萼片；

花瓣长圆状倒卵形，长5.5~6 mm，宽约3.5 mm，先端微缺，基部以上腺体靠近；雄蕊长3~3.5 mm，花药先端截形。浆果红色，椭圆体形，长约10 mm，稍具光泽，含种子1~2粒。

生长环境　喜凉爽湿润环境，适应性强，耐寒、耐旱，不耐水涝，喜阳、耐阴，萌蘖性强，耐修剪，对各种土壤都能适应，在肥沃深厚、排水良好的土壤上生长更佳。

绿化用途　春季开小黄花，入秋则叶色变红，果熟后亦红艳美丽，枝细密而有刺，是良好的观果、观叶和刺篱材料。园林常用于常绿树种，作色彩。亦可盆栽观赏或剪取果枝瓶插供室内装饰用。春开黄花，秋缀红果，是叶、花、果俱美的观赏花木，园林常用作花篱或在园路角隅丛植，点缀于池畔、岩石间，也用作大型花坛镶边或剪成球形对称状配植。亦可盆栽观赏或剪取果枝插瓶供室内装饰用。较耐阴，是乔木下、建筑物荫蔽处栽植的好材料。是园林绿化的重要色叶灌木，常与金叶女贞、大叶黄杨组成色块、色带及模纹花坛。可植于路旁或点缀于草坪之中，也是制作盆景的好材料。

日本小檗

学名　*Berberis thunbergii* DC.

俗名　刺檗、红叶小檗、目木、紫叶小檗。

科属：小檗科小檗属。

形态特征　落叶灌木，一般高约1 m，多分枝。枝条开展，具细条棱，幼枝淡红带绿色，无毛，老枝暗红色；茎刺单一，偶3分叉，长5~15 mm；节间长1~1.5 cm。叶薄纸质，倒卵形、匙形或菱状卵形，长1~2 cm，宽5~12 mm，先端骤尖或钝圆，基部狭而呈楔形，全缘，上面绿色，背面灰绿色，中脉微隆起，两面网脉不显，无毛；叶柄长2~8 mm。花2~5朵组成具总梗的伞形花序，或近簇生的伞形花序或无总梗而呈簇生状；花梗长5~10 mm，无毛；小苞片卵状披针形，长约2 mm，带红色；花黄色；外萼片卵状椭圆形，长4~4.5 mm，宽2.5~3 mm，先端近钝形，带红色，内萼片阔椭圆形，长5~5.5 mm，宽3.3~3.5 mm，先端钝圆；花瓣长圆状倒卵形，长5.5~6 mm，宽3~4 mm，先端微凹，基部略呈爪状，具2个近靠的腺体；雄蕊长3~3.5 mm，药隔不延伸，顶端平截；子房含胚珠1~2枚，无珠柄。浆果椭圆形，长约8 mm，直径约4 mm，亮鲜红色，无宿存花柱。种子1~2粒，棕褐色。花期4~6月，果期7~10月。

生长环境　适应性强，喜凉爽湿润环境，耐旱，耐寒，喜阳，光线稍差或密度过大时部分叶片会返绿。

绿化用途　枝丛生，叶紫红色至鲜红色。4月开花，花黄色，略有香味。果鲜红色，挂果期长，落叶后仍缀满枝头。是花、叶、果俱美的观赏植物。叶形、叶色优美，姿态圆整，春开黄花，秋缀红果，深秋叶色变紫红，果实经冬不落，焰灼耀人，枝细密而有刺。常与矮化常绿树种互相搭配作块面色彩布置。

防己科

木防己

学名 *Cocculus orbiculatus*（L.）DC.

俗名 土木香、牛木香、金锁匙。

科属 防己科木防己属。

形态特征 木质藤本；小枝被茸毛至疏柔毛，或有时近无毛，有条纹。叶片纸质至近革质，形状变异极大，自线状披针形至阔卵状近圆形、狭椭圆形至近圆形、倒披针形至倒心形，有时卵状心形，顶端短尖或钝而有小凸尖，有时微缺或2裂，边全缘或3裂，有时掌状5裂，长通常3~8 cm，很少超过10 cm，宽不等，两面被密柔毛至疏柔毛，有时除下面中脉外两面近无毛；掌状脉3条，很少5条，在下面微凸起；叶柄长1~3 cm，很少超过5 cm，被稍密的白色柔毛。聚伞花序少花，腋生，或排成多花，狭窄聚伞圆锥花序，顶生或腋生，长可达10 cm或更长，被柔毛；雄花小苞片2或1，长约0.5 mm，紧贴花萼，被柔毛；萼片6，外轮卵形或椭圆状卵形，长1~1.8 mm，内轮阔椭圆形至近圆形，有时阔倒卵形，长达2.5 mm或稍过之；花瓣6，长1~2 mm，下部边缘内折，抱着花丝，顶端2裂，裂片叉开，渐尖或短尖；雄蕊6枚，比花瓣短；雌花萼片和花瓣与雄花相同；退化雄蕊6枚，微小；心皮6枚，无毛。核果近球形，红色至紫红色，径通常7~8 mm；果核骨质，径5~6 mm，背部有小横肋状雕纹。萼片无毛。

生长环境 生长在灌丛、村边、林缘等处。喜湿润的土壤，较耐干旱；喜温暖，较耐寒，在18~28 ℃的温度范围内生长较好，越冬温度不宜低于0 ℃；喜日光充足的环境。

绿化用途 可庭院栽培，用于拱门、廊柱、山石、树干的垂直绿化，亦可作为地被植物使用。叶片光鲜油亮，四季常绿，茎干挺拔，树姿优美雅致，具有较高的观赏价值，常作为园林绿化、行道树和造林树种等，经修剪后常用于盆景种植和居室摆设。

八角茴香科

红茴香

学名 *Illicium henryi* Diels.

俗名 十四角茴香、大茴香、山木蟹。

科属 八角茴香科八角属。

形态特征 灌木或乔木，高3~8 m，有时可达12 m；树皮灰褐色至灰白色。芽近卵形。叶互生或2~5片簇生，革质，倒披针形、长披针形或倒卵状椭圆形，长6~18 cm，宽1.2~5 cm，先端长渐尖，基部楔形；中脉在叶上面下凹，在下面凸起，侧脉不明显；叶柄长7~20 mm，直径1~2 mm，上部有不明显的狭翅。花粉红至深红，暗红色，腋生或近顶生，单生或2~3朵簇生；花梗细长，长15~50 mm；花被片10~15枚，最大的花被片长圆状椭圆形或宽椭圆形，长7~10 mm，宽4~8.5 mm；雄蕊11~14枚，长2.2~3.5 mm，花丝长1.2~2.3 mm，药室明显凸起；心皮通常7~9枚，有时可达12枚，长3~5 mm，花柱钻形，长2~3.3 mm。果梗长15~55 mm；蓇葖7~9，长12~20 mm，宽5~8 mm，厚3~4 mm，先端明显钻形，细尖，尖头长3~5 mm。种子长6.5~7.5 mm，宽5~5.5 mm，厚2.5~3 mm。花期4~6月，果期8~10月。

生长环境 生长在海拔300~2 500 m的山地、丘陵、盆地的密林、疏林、灌丛、山谷、溪边或峡谷的悬崖峭壁上，喜阴湿。阴性树种，喜土层深厚、排水良好、腐殖质丰富、疏松的沙质壤土。不耐旱，耐瘠薄。耐寒性强。

绿化用途 花亮红色，为良好的园林观赏树种。叶绿花红美丽，可栽培作观赏和经济树种。国家二级保护植物，野生资源稀少，人工栽培困难。

木兰科

南五味子

学名 *Kadsura longipedunculata* Finet et Gagnep.

俗名 红木香、紫金藤。

科属 木兰科五味子属。

形态特征 藤本，各部无毛。叶长圆状披针形、倒卵状披针形或卵状长圆形，长5~13 cm，宽2~6 cm，先端渐尖或尖，基部狭楔形或宽楔形，边有疏齿，侧脉每边5~7条；上面具淡褐色透明腺点，叶柄长0.6~2.5 cm。花单生于叶腋，雌雄异株；雄花花被片白色或淡黄色，8~17枚，中轮最大1片，椭圆形，长8~13 mm，宽4~10 mm；花托椭圆体形，顶端伸长圆柱状，不凸出雄蕊群外；雄蕊群球形，直径8~9 mm，具雄蕊30~70枚；雄蕊长1~2 mm，药隔与花丝连成扁四方形，药隔顶端横长圆形，药室几与雄蕊等长，花丝极短。花梗长0.7~4.5 cm；雌花花被片与雄花相似，雌蕊群椭圆体形或球形，直径约10 mm，具雌蕊40~60枚；子房宽卵圆形，花柱具盾状心形的柱头冠，胚珠3~5枚叠生于腹缝线上。花梗长3~13 cm。聚合果球形，径1.5~3.5 cm；小浆果倒卵圆形，长8~14 mm，外果皮薄革质，干时显出种子。种子2~3粒，稀4~5粒，肾形或肾状椭圆体形，长

4~6 mm，宽 3~5 mm。花期 6~9 月，果期 9~12 月。

生长环境 喜温暖湿润气候，适应性很强，对土壤要求不太严格，喜微酸性腐殖土。野生植株生长在海拔 1 000 m 以下。在山区的杂木林中、林缘或山沟的灌木丛中，缠绕在其他林木上生长。耐旱性较差，自然条件下，在肥沃、排水好、湿度均衡适宜的土壤上生长最好。

绿化用途 枝叶繁茂，夏季花开具有香味，秋季聚合果红色鲜艳，具有较高的观赏价值，是庭园和公园垂直绿化的良好树种。

望春玉兰

学名 *Yulania biondii* (Pamp.) D. L. Fu

俗名 辛夷、望春花、迎春树。

科属 木兰科玉兰属。

形态特征 落叶乔木，高可达 12 m，胸径达 1 m；树皮淡灰色，光滑；小枝细长，灰绿色，直径 3~4 mm，无毛；顶芽卵圆形或宽卵圆形，长 1.7~3 cm，密被淡黄色展开长柔毛。叶椭圆状披针形、卵状披针形，狭倒卵或卵形，长 10~18 cm，宽 3.5~6.5 cm，先端急尖，或短渐尖，基部阔楔形，或圆钝，边缘干膜质，下延至叶柄，上面暗绿色，下面浅绿色，初被平伏绵毛，后无毛；侧脉每边 10~15 条；叶柄长 1~2 cm，托叶痕为叶柄长的 1/5~1/3。花先叶开放，直径 6~8 cm，芳香；花梗顶端膨大，长约 1 cm，具 3 苞片脱落痕；花被 9 片，外轮 3 片紫红色，近狭倒卵状条形，长约 1 cm，中内两轮近匙形，白色，外面基部常紫红色，长 4~5 cm，宽 1.3~2.5 cm，内轮的较狭小；雄蕊长 8~10 mm，花药长 4~5 mm，花丝长 3~4 mm，紫色；雌蕊群长 1.5~2 cm。聚合果圆柱形，长 8~14 cm，常因部分不育而扭曲；果梗长约 1 cm，径约 7 mm，残留长绢毛；蓇葖浅褐色，近圆形，侧扁，具凸起瘤点；种子心形，外种皮鲜红色，内种皮深黑色，顶端凹陷，具 V 形槽，中部凸起，腹部具深沟，末端短尖不明显。花期 3 月，果熟期 9 月。

生长环境 多生长在海拔 600~2 100 m 的林间，多在亭台楼阁前栽植。也有作桩景盆栽。

绿化用途 树干光滑，枝叶茂密，树形优美，花色素雅，气味浓郁芳香，早春开放，花瓣白色，外面基部紫红色，十分美观，夏季叶大浓绿，有特殊香气，逼驱蚊蝇；中秋时节，长达 20 cm 的聚合果，由青变黄红，露出深红色的外种皮，令人喜爱；初冬时苞蕾满树，十分壮观，为美化环境、绿化庭院的优良树种，是广玉兰、白玉兰和含笑的砧木。

厚朴

学名 *Houpoea officinalis* (Rehder & E. H. Wilson) N. H. Xia & C. Y. Wu

俗名 川朴、紫油厚朴。

科属 木兰科厚朴属。

形态特征 落叶乔木，高达 20 m；树皮厚，褐色，不开裂；小枝粗壮，淡黄色或灰黄色，幼时有绢毛；顶芽大，狭卵状圆锥形，无毛。叶大，近革质，7~9 片聚生于枝端，长圆状倒卵形，长 22~45 cm，宽 10~24 cm，先端具短急尖或圆钝，基部楔形，全缘而微波状，上面绿色，无毛，下面灰绿色，被灰色柔毛，有白粉；叶柄粗壮，长 2.5~4 cm，托叶痕长为叶柄的 2/3。花白色，径 10~15 cm，芳香；花梗粗短，被长柔毛，离花被片下 1 cm 处具苞片脱落痕，花被片 9~12 片，厚肉质，外轮 3 片淡绿色，长圆状倒卵形，长 8~10 cm，宽 4~5 cm，盛开时常向外反卷，内两轮白色，倒卵状匙形，长 8~8.5 cm，宽 3~4.5 cm，基部具爪，最内轮 7~8.5 cm，花盛开时中内轮直立；雄蕊约 72 枚，长 2~3 cm，花药长 1.2~1.5 cm，内向开裂，花丝长 4~12 mm，红色；雌蕊群椭圆状卵圆形，长 2.5~3 cm。聚合果长圆状卵圆形，长 9~15 cm；蓇葖具长 3~4 mm 的喙；种子三角状倒卵形，长约 1 cm。花期 5~6 月，果期 8~10 月。

生长环境 生长在海拔 300~1 500 m 的山地林间，喜光的中生性树种，幼龄期需荫蔽；喜凉爽、湿润、多云雾、相对湿度大的气候环境。在土层深厚、肥沃、疏松、腐殖质丰富、排水良好的微酸性或中性土壤上生长较好。常混生于落叶阔叶林内，或生于常绿阔叶林缘。

绿化用途 叶大荫浓，有较强的吸尘能力，花大美丽，可作庭园观赏树及行道树，在园林绿化中多孤植。经常会被用作街旁的行道树种，不仅能够为过往的行人遮阳挡雨，还能在花期使人欣赏到奇特的花朵，观赏价值高。

广玉兰

学名 *Magnolia grandiflora* L.

俗名 荷花玉兰、洋玉兰、白玉兰。

科属 木兰科木兰属。

形态特征 常绿乔木，在原产地高达 30 m；树皮淡褐色或灰色，薄鳞片状开裂；小枝粗壮，具横隔的髓心；小枝、芽、叶下面、叶柄均密被褐色或灰褐色短茸毛（幼树的叶下面无毛）。叶厚革质，椭圆形、长圆状椭圆形或倒卵状椭圆形，长 10~20 cm，宽 4~7 cm，先端钝或短钝尖，基部楔形，叶面深绿色，有光泽；侧脉每边 8~10 条；叶柄长 1.5~4 cm，无托叶痕，具深沟。花白色，有芳香，直径 15~20 cm；花被片 9~12 片，厚肉质，倒卵形，长 6~10 cm，宽 5~7 cm；雄蕊长约 2 cm，花丝扁平，紫色，花药内向，药隔伸出成短尖；雌蕊群椭圆体形，密被长茸毛；心皮卵形，长 1~1.5 cm，花柱呈卷曲状。聚合果圆柱状长圆形或卵圆形，长 7~10 cm，径 4~5 cm，密被褐色或淡灰黄色茸毛；蓇葖背裂，背面圆，顶端外侧具长喙；种子近卵圆形或卵形，长约 14 mm，径约 6 mm，外种皮红色，除去外种皮的种子，顶端延长成短颈。花期 5~6 月，果期 9~10 月。

生长环境 弱阳性，喜温暖湿润气候，抗污染，不耐碱土。幼苗期颇耐阴。喜温暖、湿润气候。较耐寒，能经受短期的-19 ℃低温。在肥沃、深厚、湿润而排水良好的酸性或中性土壤上生长良好。根系深广，颇能抗风。病虫害少。生长速度中等，实生苗生长缓慢，10年后生长逐渐加快。

绿化用途 花大，白色，芳香，为美丽的庭园绿化观赏树种，树姿雄伟壮丽，叶大荫浓，花似荷花，芳香馥郁。园林绿化树种，可作行道树、庭荫树，宜孤植、丛植或成排种植。耐烟尘、抗风，对二氧化硫、氟化氢等有毒气体抗性较强，是净化空气、保护环境的好树种。

紫玉兰

学名 *Yulania liliiflora*（Desrousseaux）D. L. Fu

俗名 木兰、辛夷、木笔。

科属 木兰科玉兰属。

形态特征 落叶灌木，高达3 m，常丛生，树皮灰褐色，小枝绿紫色或淡褐紫色。叶椭圆状倒卵形或倒卵形，长8~18 cm，宽3~10 cm，先端急尖或渐尖，基部渐狭，沿叶柄下延至托叶痕，上面深绿色，幼嫩时疏生短柔毛，下面灰绿色，沿脉有短柔毛；侧脉每边8~10条，叶柄长8~20 mm，托叶痕约为叶柄长之半。花蕾卵圆形，被淡黄色绢毛；花叶同时开放，瓶形，直立于粗壮、被毛的花梗上，稍有香气；花被片9~12片，外轮3片萼片状，紫绿色，披针形长2~3.5 cm，常早落，内两轮肉质，外面紫色或紫红色，内面带白色，花瓣状，椭圆状倒卵形，长8~10 cm，宽3~4.5 cm；雄蕊紫红色，长8~10 mm，花药长约7 mm，侧向开裂，药隔伸出成短尖头；雌蕊群长约1.5 cm，淡紫色，无毛。聚合果深紫褐色，变褐色，圆柱形，长7~10 cm；成熟蓇葖近圆球形，顶端具短喙。花期3~4月，果期8~9月。

生长环境 喜温暖湿润和阳光充足环境，较耐寒，不耐旱和盐碱，怕水淹，要求肥沃、排水好的沙壤土。

绿化用途 花朵艳丽怡人，芳香淡雅，孤植或丛植都很美观，树形婀娜，枝繁花茂，是优良的庭园、街道绿化植物，是著名的早春观赏花木，早春开花时，满树紫红色花朵，幽姿淑态，别具风情，花大而艳美，花姿婀娜，气味幽香，观赏价值高，病虫害少，适用于园林绿化中厅前院后配植，也可孤植或散植于小庭院内。

含笑花

学名 *Michelia figo*（Lour.）Spreng.

俗名 含笑美、含笑梅、山节子。

科属 木兰科含笑属。

形态特征 常绿灌木，高2~3 m，树皮灰褐色，分枝繁密；芽、嫩枝、叶柄、花梗均密被黄褐色茸毛。叶革质，狭椭圆形或倒卵状椭圆形，长4~10 cm，宽1.8~4.5 cm，先端钝短尖，基部楔形或阔楔形，上面有光泽，无毛，下面中脉上留有褐色平伏毛，余脱落无毛，叶柄长2~4 mm，托叶痕长达叶柄顶端。花直立，花瓣长12~20 mm，宽6~11

mm，淡黄色而边缘有时红色或紫色，具甜浓的芳香，花被片 6 片，肉质，较肥厚，长椭圆形，长 12~20 mm，宽 6~11 mm；雄蕊长 7~8 mm，药隔伸出成急尖头，雌蕊群无毛，长约 7 mm，超出于雄蕊群；雌蕊群柄长约 6 mm，被淡黄色茸毛。聚合果长 2~3.5 cm；蓇葖卵圆形或球形，顶端有短尖的喙。花期 3~5 月，果期 7~8 月。

生长环境 生于阴坡杂木林中，溪谷沿岸尤为茂盛。喜肥，喜半阴，在弱阴下最利生长，忌强烈阳光直射，夏季要注意遮阴。秋末霜前移入温室，在 10 ℃左右温度下越冬。不耐干燥瘠薄，也怕积水，要求排水良好、肥沃的微酸性壤土，中性土壤也能适应。

绿化用途 芳香花木，苞润如玉，香幽若兰，是名贵的香花植物。其叶绿花香，树形、叶形俱美，是重要的园林花木。盆栽于室内或阳台，丛植于庭院、公园，还可配植于草坪边缘或稀疏林丛之下。抗二氧化碳，是街道、工矿区绿化的良好树种。在园林用途上主要是栽植小型灌木，作为庭园中供观赏暨散发香气植物，当花苞膨大而外苞即将裂解脱落时，花气味最为香浓。

鹅掌楸

学名 *Liriodendron chinense*（Hemsl.）Sarg.

俗名 马褂木、双飘树。

科属 木兰科鹅掌楸属。

形态特征 乔木，高达 40 m，胸径 1 m 以上，小枝灰色或灰褐色。叶马褂状，长 4~12 cm，近基部每边具 1 侧裂片，先端具 2 浅裂，下面苍白色，叶柄长 4~8 cm。花杯状，花被片 9 片，外轮 3 片绿色，萼片状，向外弯垂，内两轮 6 片，直立，花瓣状、倒卵形，长 3~4 cm，绿色，具黄色纵条纹，花药长 10~16 mm，花丝长 5~6 mm，花期时雌蕊群超出花被之上，心皮黄绿色。聚合果长 7~9 cm，具翅的小坚果长约 6 mm，顶端钝或钝尖，具种子 1~2 粒。花期 5 月，果期 9~10 月。

生长环境 喜光及温和湿润气候，有一定的耐寒性，喜深厚肥沃、适湿而排水良好的酸性或微酸性土壤，在干旱土地上生长不良，忌低湿水涝。常生长在海拔 900~1 000 m 的山地林中或林缘，呈星散分布，也有的组成小片纯林。

绿化用途 花大而美丽，秋季叶色金黄，似一个个黄马褂，是珍贵的行道树和庭园观赏树种，栽种后能很快成荫，树形雄伟，叶形奇特典雅，花大而美丽，为世界珍贵树种之一，是极佳的行道树、庭荫树种，无论丛植、列植或片植于草坪、公园，均有独特的景观效果，对有害气体的抵抗性较强，也是工矿区绿化的优良树种之一。

水青树科

水青树

学名 *Tetracentron sinense* Oliv.

科属 水青树科水青树属。

形态特征 乔木，高可达 30 m，胸径达 1.5 m，全株无毛；树皮灰褐色或灰棕色而略带红色，片状脱落；长枝顶生，细长，幼时暗红褐色，短枝侧生，距状，基部有叠生环状的叶痕及芽鳞痕。叶片卵状心形，长 7~15 cm，宽 4~11 cm，顶端渐尖，基部心形，边缘具细锯齿，齿端具腺点，两面无毛，背面略被白霜，掌状脉 5~7，近缘边形成不明显的网络；叶柄长 2~3.5 cm。花小，呈穗状花序，花序下垂，着生于短枝顶端，多花；花直径 1~2 mm，花被淡绿色或黄绿色；雄蕊与花被片对生，长为花被的 2.5 倍，花药卵珠形，纵裂；心皮沿腹缝线合生。果长圆形，长 3~5 mm，棕色，沿背缝线开裂；种子 4~6 粒，条形，长 2~3 mm。花期 6~7 月，果期 9~10 月。

生长环境 分布区宽阔，产地气候温凉，多雨，雾期长，湿度大，年平均气温 7.2~17.5 ℃，年降水量 1 000~1 800 mm，相对湿度 85%左右。土壤为酸性，山地黄壤或黄棕壤，pH 为 4.5~5.5。深根性、喜光的阳性树种，幼龄期稍耐荫蔽。喜生于土层深厚、疏松、潮湿、腐殖质丰富、排水良好的山谷与山腹地带，在陡坡、深谷的悬岩上也能生长。零星散生于常绿、落叶阔叶林内或林缘。当常绿、落叶林被破坏后，往往长成块状纯林。

绿化用途 树形美观，树姿婆娑，适宜作观赏和行道树。起源古老，系统位置孤立，是第三纪留下的活化石，是古老的孑遗植物，在被子植物中，它的木材无导管，对研究中国古代植物区系的演化、被子植物系统和起源具有重要的科学价值，是国家重点保护野生植物。

蜡梅科

蜡梅

学名 *Chimonanthus praecox* (Linn.) Link

俗名 金梅、蜡梅、蜡花。

科属 蜡梅科蜡梅属。

形态特征 落叶灌木，高达 4 m，常丛生。叶对生，纸质，椭圆状卵形至卵状披针形，先端渐尖，全缘，芽具多数覆瓦状鳞片。幼枝四方形，老枝近圆柱形，灰褐色，无毛或被疏微毛，有皮孔；鳞芽通常着生于第 2 年生的枝条叶腋内，芽鳞片近圆形，覆瓦状排列，外面被短柔毛。叶纸质至近革质，卵圆形、椭圆形，有时长圆状披针形，长 5~25 cm，宽 2~8 cm，顶端急尖至渐尖，有时具尾尖，基部急尖至圆形；除叶背脉上被疏微毛外无毛。花着生于第 2 年生枝条叶腋内，先花后叶，芳香，直径 2~4 cm；花被片圆形、长圆形、倒卵形、椭圆形或匙形，长 5~20 mm，宽 5~15 mm，无毛，内部花被片比外部花被片短，基部有爪；雄蕊长 4 mm，花丝比花药长或等长，花药向内弯，无毛，药隔顶端短尖，退化雄蕊长 3 mm；心皮基部被疏硬毛，花柱长达子房的 3 倍，基部被毛。果托近木质化，坛状或倒卵状椭圆形，长 2~5 cm，直径 1~2.5 cm，口部收缩，并具有钻状披针形的被毛附生物。冬末先叶开花，花单生于一年生枝条叶腋，有短柄及杯状花托，花被多片呈螺旋状排列，黄色，带蜡质，有浓芳香。花期 11 月至第 2 年 3 月，瘦果多数，果期 4~11 月。

生长环境 生于山地林中。喜阳光，能耐阴、耐寒、耐旱，忌渍水。蜡梅花在霜雪寒天傲然开放，花黄似蜡，浓香扑鼻，是冬季观赏主要花木。怕风，较耐寒，在不低于-15 ℃时能安全越冬，北京以南地区可露地栽培，花期遇-10 ℃低温，花朵受冻害。好生于土层深厚、肥沃、疏松、排水良好的微酸性沙质壤土上，在盐碱地上生长不良。耐旱性较强，怕涝，故不宜在低洼地栽培。树体生长势强，分枝旺盛，根颈部易生萌蘖。耐修剪，易整形。先花后叶，花期 11 月至第 2 年 3 月，7~8 月成熟。

绿化用途 是冬季赏花的理想名贵花木，冬季傲霜雪而吐秀，色黄如蜡，清香四溢，是色、香俱佳的冬春季观赏花木，宜配植于窗前、墙隅、坡上、水畔、建筑物前，是园林重要的传统观赏花木。在百花凋零的隆冬绽蕾，斗寒傲霜，给人以精神的启迪和美的享受。庭院栽植，又适作古桩盆景和插花与造型艺术，是冬季赏花的理想名贵花木。

樟科

樟

学名 *Cinnamomum camphora*（L.）Presl

俗名 香樟、芳樟、油樟。

科属 樟科樟属。

形态特征 常绿大乔木，高可达 30 m，直径可达 3 m，树冠广卵形；枝、叶及木材均有樟脑气味；树皮黄褐色，有不规则的纵裂。顶芽广卵形或圆球形，鳞片宽卵形或近圆形，外面略被绢状毛。枝条圆柱形，淡褐色，无毛。叶互生，卵状椭圆形，长 6~12 cm，宽 2.5~5.5 cm，先端急尖，基部宽楔形至近圆形，边缘全缘，软骨质，有时呈微波状，上面绿色或黄绿色，有光泽，下面黄绿色或灰绿色，晦暗，两面无毛或下面幼时略被微柔毛，具离基三出脉，有时过渡到基部具不显的5脉，中脉两面明显，上部每边有侧脉1~3~5条。基生侧脉向叶缘一侧有少数支脉，侧脉及支脉脉腋上面明显隆起，下面有明显腺窝，窝内常被柔毛；叶柄纤细，长2~3 cm，腹凹背凸，无毛。幼时树皮绿色，平滑，老时渐变为黄褐色或灰褐色纵裂；冬芽卵圆形。圆锥花序腋生，长3.5~7 cm，具梗，总梗长2.5~4.5 cm，与各级序轴均无毛或被灰白色至黄褐色微柔毛，被毛时往往在节上尤为明显。花绿白或带黄色，长约3 mm；花梗长1~2 mm，无毛。花被外面无毛或被微柔毛，内面密被短柔毛，花被筒倒锥形，长约1 mm，花被裂片椭圆形，长约2 mm。能育雄蕊9，长约2 mm，花丝被短柔毛。退化雄蕊3，位于最内轮，箭头形，长约1 mm，被短柔毛。子房球形，长约1 mm，无毛，花柱长约1 mm。果卵球形或近球形，直径6~8 mm，紫黑色；果托杯状，长约5 mm，顶端截平，宽达4 mm，基部宽约1 mm，具纵向沟纹。花期4~5月，果期8~11月。

生长环境 主要生长在土壤肥沃的向阳山坡、谷地及河岸平地。山坡或沟谷中也常有栽培的。喜光，稍耐阴；喜温暖湿润气候，耐寒性不强。适生于深厚肥沃的酸性或中性沙壤土上，根系发达，深根性，抗倒能力强。

绿化用途 初夏开花，黄绿色、圆锥花序，树冠广展，枝叶茂盛，浓荫遍地，气势雄伟，是优良的行道树及庭荫树。可用作环保绿化，起到净化空气的作用。有很强的吸烟滞尘、涵养水源、固土防沙和美化环境的能力，冠大荫浓，树姿雄伟，是绿化的优良树种。

香叶树

学名 *Lindera communis* Hemsl.

俗名 红油果、臭油果、香叶树。

科属 樟科山胡椒属。

形态特征 常绿灌木或小乔木，高3~4 m，胸径25 cm；树皮淡褐色。当年生枝条纤细，平滑，具纵条纹，绿色，干时棕褐色，或疏或密被黄白色短柔毛，基部有密集芽鳞痕，一年生枝条粗壮，无毛，皮层不规则纵裂。顶芽卵形，长约5 mm。叶互生，通常披针形、卵形或椭圆形，长4~9，宽1.5~3 cm，先端渐尖、急尖、骤尖或有时近尾尖，基部宽楔形或近圆形；薄革质至厚革质；上面绿色，无毛，下面灰绿或浅黄色，被黄褐色柔毛，后渐脱落成疏柔毛或无毛，边缘内卷；羽状脉，侧脉每边5~7条，弧曲，于中脉上面凹陷，下面突起，被黄褐色微柔毛或近无毛；叶柄长5~8 mm，被黄褐色微柔毛或近无毛。伞形花序具5~8朵花，单生或2个同生于叶腋，总梗极短；总苞片4，早落。雄花黄色，直径达4 mm，花梗长2~2.5 mm，略被金黄色微柔毛；花被片6枚，卵形，近等大，长约3 mm，宽1.5 mm，先端圆形，外面略被金黄色微柔毛或近无毛；雄蕊9，长2.5~3 mm，花丝略被微柔毛或无毛，与花药等长，第三轮基部有2具角突宽肾形腺体；退化雌蕊的子房卵形，长约1 mm，无毛，花柱、柱头不分，成一短凸尖。雌花黄色或黄白色，花梗长2~2.5 mm；花被片6枚，卵形，长2 mm，外面被微柔毛；退化雄蕊9，条形，长1.5 mm，第三轮有2个腺体；子房椭圆形，长1.5 mm，无毛，花柱长2 mm，柱头盾形，具乳突。果卵形，长约 1 cm，宽 7~8 mm，也有时略小而近球形，无毛，成熟时红色；果梗长 4~7 mm，被黄褐色微柔毛。花期 3~4 月，果期 9~10 月。

生长环境 常见于干燥沙质土壤，散生或混生于常绿阔叶林中。耐阴，喜温暖气候，耐干旱瘠薄，在湿润、肥沃的酸性土壤上生长较好。

绿化用途 树干通直，树冠浓密，在园林工程中，作为中层林冠，耐阴、耐修剪，可作高 3~5 m 的绿篱墙或路中央的隔离带，景观绿化树种。在瘠薄的坡地上密植，能较好地保持水土；在公路中间隔离带种植，剪顶保持一定高度，郁闭性好。

黑壳楠

学名 *Lindera megaphylla* Hemsl.

俗名 枇杷楠、大楠木、鸡屎楠。

科属 樟科山胡椒属。

形态特征 常绿乔木，高 3~15 m，胸径达 35 cm 以上，树皮灰黑色。枝条圆柱形，粗壮，紫黑色，无毛，散布有木栓质凸起的近圆形纵裂皮孔。顶芽大，卵形，长 1.5 cm，芽鳞外面被白色微柔毛。叶互生，倒披针形至倒卵状长圆形，有时长卵形，长 10~23 cm，先端急尖或渐尖，基部渐狭，革质，上面深绿色，有光泽，下面淡绿苍白色，两面无毛；羽状脉，侧脉每边 15~21 条；叶柄长 1.5~3 cm，无毛。伞形花序多花，雄花多达 16 朵，雌花 12 朵，通常着生于叶腋长 3.5 mm 具顶芽的短枝上，两侧各 1 朵，具总梗；雄花序总梗长 1~1.5 cm，雌花序总梗长 6 mm，两者均密被黄褐色或有时近锈色微柔毛，内面无毛。雄花黄绿色，具梗；花梗长约 6 mm，密被黄褐色柔毛；花被片 6 枚，椭圆形，外轮长 4.5 mm，宽 2.8 mm，外面仅下部或背部略被黄褐色小柔毛，内轮略短；花丝被疏柔毛，第三轮的基部有 2 个长达 2 mm 具柄的三角漏斗形腺体；退化雌蕊长约 2.5 mm，无毛；子房卵形，花柱纤细，柱头不明显。雌花黄绿色，花梗长 1.5~3 mm，密被黄褐色柔毛；花被片 6 枚，线状匙形，长 2.5 mm，宽仅 1 mm，外面仅下部或略沿脊部被黄褐色柔毛，内面无毛；退化雄蕊 9 枚，线形或棍棒形，基部具髯毛，第三轮的中部有 2 个具柄三角漏斗形腺体；子房卵形，长 1.5 mm，无毛，花柱极纤细，长 4.5 mm，柱头盾形，具乳突。果椭圆形至卵形，长约 1.8 cm，宽约 1.3 cm，成熟时紫黑色，无毛，果梗长 1.5 cm，向上渐粗壮，粗糙，散布有明显栓皮质皮孔；宿存果托杯状，长约 8 mm，直径达 1.5 cm，全缘，略成微波状。花期 2~4 月，果期 9~12 月。

生长环境 生长在海拔 1 600~2 000 m 处的山坡、谷地湿润常绿阔叶林或灌丛中。喜温暖湿润气候。分布多在土壤和空气湿度较大的山谷、溪旁及阴湿林地，干旱瘠薄的向阳山坡无生长，耐高温和耐干旱。

绿化用途 四季常青，树干通直，树冠圆整，枝叶浓密，青翠葱郁，秋季黑色的果实如繁星般点缀于绿叶丛中，观赏效果好，是有发展潜力的园林绿化树种。

润楠

学名 *Machilus nanmu* (Oliver) Hemsley

俗名 楠木。

科属 樟科润楠属。

形态特征 乔木，高 40 m 或更高，胸径 40 cm。当年生小枝黄褐色，一年生枝灰褐色，均无毛，干时通常蓝紫黑色。顶芽卵形，鳞片近圆形，外面密被灰黄色绢毛，近边缘无毛，浅棕色。叶椭圆形或椭圆状倒披针形，长 5~10 cm，宽 2~5 cm，先端渐尖或尾状渐尖，尖头钝，基部楔形，革质，上面绿色，无毛，下面有贴伏小柔毛，嫩叶的下面和叶柄密被灰黄色小柔毛，中脉上面凹下，下面明显凸起，侧脉每边 8~10 条，在两面均不明显，小脉细密，联结成细网状，在上面构成蜂巢状小窝穴，下面不明显；叶柄稍细弱，长 10~15 mm，无毛，上面有浅沟。圆锥花序生于嫩枝基部，4~7 个，长 5~6.5 cm，有灰黄色小柔毛，在上端分枝，总梗长 3~5 cm；花梗纤细，长 5~7 mm；花小带绿色，长约 3 mm，直径 4~5 mm。花被裂片长圆形，外面有绢毛，内面绢毛较疏，有纵脉 3~5 条，第三轮雄蕊的腺体戟形，有柄，退化雄蕊基部有毛；子房卵形，花柱纤细，均无毛，柱头略扩大。果扁球形，黑色，直径 7~8 mm。花期 4~6 月，果期 7~8 月。

生长环境 喜温暖至高温，生育适宜温度 18~28 ℃。喜生于湿润阴坡山谷或溪边，在自然界多生于低山阴坡湿润处，常与壳斗科及樟科等树种混生，生长较快，在环境适宜处 10 年生树高可达 10 m。

绿化用途 树形优美，枝叶浓绿，树干通直，具广阔的伞状树冠，为优良的行道树及庭院绿化树种。

山楠

学名 *Phoebe chinensis* Chun

俗名 楠木。

科属 樟科楠属。

形态特征 大乔木，高 15~20 m，胸径可达 70 cm。顶芽卵珠形或近球形，径 5~8 mm，除边缘外，近无毛，干时黑色。小枝圆柱状，无毛，干后变黑褐色。叶革质或厚革质，倒阔披针形、阔披针形或长圆状披针形，长 11~17 cm，宽 3~5 cm，先端短尖或急渐尖，少为钝尖，基部楔形，两面无毛或下面有微柔毛，中脉粗壮，上面下陷，下面十分突起，侧脉两面均不明显或有时下面略明显，横脉及小脉在两面模糊或完全消失；叶柄粗，长 2~3 cm，无毛，干时变黑色。花序数个，粗壮，生于枝端或新枝基部，长 8~17 cm，无毛，在中部以上分枝，总梗长 5~9 cm；花黄绿色，长 5~6 mm，花梗长约 3 mm，花被片卵状长圆形，外面无毛或有细微柔毛，内面及边缘有毛；花丝无毛或仅基部有毛，第三轮花丝基部腺体有长柄，子房卵珠形，花柱纤细，柱头略扩大。果球形或近球形，直径约

1 cm；果梗长约6 mm，红褐色；宿存花被片紧贴或松散，下半部略变硬，上半部通常不变硬，也不脱落。花期4~5月，果期6~7月。

生长环境 生于山坡常绿阔叶林中，常为该地此种类型森林中的主要树种之一。

绿化用途 树干通直，树形美观，叶常年不凋，为较好的绿化树种，广为栽植。

虎耳草科

大花溲疏

学名 *Deutzia grandiflora* Bunge.

俗名 华北溲疏。

科属 虎耳草科溲疏属。

形态特征 灌木，高约2 m；老枝紫褐色或灰褐色，无毛，表皮片状脱落；花枝开始极短，以后延长达4 cm，具2~4叶，黄褐色，被具中央长辐线星状毛。叶纸质，卵状菱形或椭圆状卵形，长2~5.5 cm，宽1~3.5 cm，先端急尖，基部楔形或阔楔形，边缘具大小相间或不整齐锯齿，上面被4~6辐线星状毛，下面灰白色，被7~11辐线星状毛，毛稍紧贴，沿叶脉具中央长辐线，侧脉每边5~6条；叶柄长1~4 mm，被星状毛。聚伞花序长和直径均1~3 cm，具花2~3朵；花蕾长圆形；花冠直径2~2.5 cm；花梗长1~2 mm，被星状毛；萼筒浅杯状，高约2.5 mm，直径约4 mm，密被灰黄色星状毛，有时具中央长辐线，裂片线状披针形，较萼筒长，宽1~1.5 mm，被毛较稀疏；花瓣白色，长圆形或倒卵状长圆形，长约1.5 cm，宽约7 mm，先端圆形，中部以下收狭，外面被星状毛，花蕾时内向镊合状排列；外轮雄蕊长6~7 mm，花丝先端2齿，齿平展或下弯成钩状，花药卵状长圆形，具短柄，内轮雄蕊较短，形状与外轮相同；花柱3，约与外轮雄蕊等长。蒴果半球形，直径4~5 mm，被星状毛，宿存萼裂片外弯。花期4~6月，果期9~11月。

生长环境 生长在海拔800~1 600 m的山坡、山谷和路旁灌丛中。喜光，稍耐阴，耐寒，耐旱，对土壤要求不严格，忌低洼积水。

绿化用途 是水土保持树种兼园林观赏树种，可植于草坪、路边、山坡及林缘，也可作花篱，花枝可插瓶观赏。

小花溲疏

学名 *Deutzia parviflora* Bge.

俗名 喇叭枝、溲疏、多花溲疏。

科属 虎耳草科溲疏属。

形态特征 灌木，高约2 m；老枝灰褐色或灰色，表皮片状脱落；花枝长3~8 cm，具4~6叶，褐色，被星状毛。叶纸质，卵形、椭圆状卵形或卵状披针形，长3~6 cm，宽

2~4. 5 cm，先端急尖或短渐尖，基部阔楔形或圆形，边缘具细锯齿，上面疏被 5~6 辐线星状毛，下面被大小不等 6~12 辐线星状毛，有时具中央长辐线或仅中脉两侧有中央长辐线；叶柄长 3~8 mm，疏被星状毛。伞房花序直径 2~5 cm，多花；花序梗被长柔毛和星状毛；花蕾球形或倒卵形；花冠直径 8~15 cm；花梗长 2~12 mm；萼筒杯状，高约 3. 5 mm，直径约 3 mm，密被星状毛，裂片三角形，较萼筒短，先端钝；花瓣白色，阔倒卵形或近圆形，长 3~7 mm，宽 3~5 mm，先端圆，基部急收狭，两面均被毛，花蕾时覆瓦状排列；外轮雄蕊长 4~4. 5 mm，花丝钻形或近截形，内轮雄蕊长 3~4 mm，花丝钻形或具齿，齿长不达花药，花药球形，具柄；花柱 3，较雄蕊稍短。蒴果球形，直径 2~3 mm。花期 5~6 月，果期 8~10 月。

生长环境 生长在海拔 1 000~1 500 m 的山谷林缘处。喜光，稍耐阴，耐寒性较强，耐旱，不耐积水，对土壤要求不严格，喜深厚肥沃的沙质壤土，在轻黏土上也可正常生长，在盐碱土上生长不良。

绿化用途 花色淡雅素丽，花虽小但繁密，开花之时正值少花的夏季，是园林绿化的好材料。在园林绿化中，可用作自然式花篱，也可丛植点缀于林缘、草坪，也可片植，还可用于点缀假山石。其鲜花枝还可插瓶观赏。

溲疏

学名 *Deutzia scabra* Thunb.

俗名 空疏、巨骨、空木。

科属 虎耳草科溲疏属。

形态特征 落叶灌木，稀半常绿，高达 3 m。树皮成薄片状剥落，小枝中空，红褐色，幼时有星状毛，老枝光滑。叶对生，有短柄；叶片卵形至卵状披针形，长 5~12 cm，宽 2~4 cm，顶端尖，基部稍圆，边缘有小锯齿，两面均有星状毛，粗糙。直立圆锥花序，花白色或带粉红色斑点；萼筒钟状，与子房壁合生，木质化，裂片 5，直立，果时宿存；花瓣 5，花瓣长圆形，外面有星状毛；花丝顶端有 2 长齿；花柱 3~5，离生，柱头常下延。蒴果近球形，顶端扁平具短喙和网纹。花期 5~6 月，果期 10~11 月。

生长环境 多见于山谷、路边、岩缝及丘陵低山灌丛中。喜光，稍耐阴。喜温暖、湿润气候，耐寒，耐旱。对土壤的要求不严格，以腐殖质 pH 6~8 且排水良好的土壤为宜。性强健，萌芽力强，耐修剪。

绿化用途 初夏白花繁密，素雅，常丛植草坪一角、建筑旁、林缘配山石；若与花期相近的山梅花配植，则次第开花，可延长观花期。宜丛植于草坪、路边、山坡及林缘，也可作花篱及种植材料。花枝可插瓶观赏。

蜡莲绣球

学名 *Hydrangea strigosa* Rehd.

俗名 阔叶蜡莲绣球。

科属 虎耳草科绣球属。

形态特征 灌木，高1~3 m；小枝圆柱形或微具四钝棱，灰褐色，密被糙伏毛，无皮孔，老后色较淡，树皮常呈薄片状剥落。叶纸质，长圆形、卵状披针形或倒卵状倒披针形，长8~28 cm，宽2~10 cm，先端渐尖，基部楔形、钝或圆形，边缘有具硬尖头的小齿或小锯齿，干后上面黑褐色，被稀疏糙伏毛或近无毛，下面灰棕色，新鲜时有时呈淡紫红色或淡红色，密被灰棕色颗粒状腺体和灰白色糙伏毛，脉上的毛更密；中脉粗壮，上面平坦，下面隆起，侧脉7~10对，弯拱，沿边缘长延伸，上面平坦，下面凸起，小脉网状，下面微凸；叶柄长1~7 cm，被糙伏毛。伞房状聚伞花序大，直径达28 cm，顶端稍拱，分枝扩展，密被灰白色糙伏毛；不育花萼片4~5，阔卵形、阔椭圆形或近圆形，结果时长1.3~2.7 cm，宽1.1~2.5 cm，先端钝头渐尖或近截平，基部具爪，边全缘或具数齿，白色或淡紫红色；孕性花淡紫红色，萼筒钟状，长约2 mm，萼齿三角形，长约0.5 mm；花瓣长卵形，长2~2.5 mm，初时顶端稍连合，后分离，早落；雄蕊不等长，较长的长约6 mm，较短的长约3 mm，花药长圆形，长约0.5 mm；子房下位，花柱2，结果时长约2 mm，近棒状，直立或外弯。蒴果坛状，不连花柱长和宽3~3.5 mm，顶端截平，基部圆；种子褐色，阔椭圆形，不连翅长0.35~0.5 mm，具纵脉纹，两端各具长0.2~0.25 mm的翅，先端的翅宽而扁平，基部的收狭呈短柄状。花期7~8月，果期11~12月。

生长环境 生长在海拔500~1 800 m的山谷密林或山坡路旁疏林或灌丛中，稍耐阴，适应于凉爽、润湿、肥沃的生长环境。喜光，越冬最低温度为-20 ℃，适宜土壤pH为4.5~7。

绿化用途 花多，花色艳丽，是优良且珍贵的园林花卉，应用于公园、花坛、花园和庭院等。

山梅花

学名 *Philadelphus incanus* Koehne

俗名 毛叶木通。

科属 虎耳草科山梅花属。

形态特征 灌木，高1.5~3.5 m；二年生小枝灰褐色，表皮呈片状脱落，当年生小枝浅褐色或紫红色，被微柔毛或有时无毛。叶卵形或阔卵形，长6~12.5 cm，宽8~10 cm，先端急尖，基部圆形，花枝上叶较小，卵形、椭圆形至卵状披针形，长4~8.5 cm，宽3.5~6 cm，先端渐尖，基部阔楔形或近圆形，边缘具疏锯齿，上面被刚毛，下面密被白色长粗毛，叶脉离基出3~5条；叶柄长5~10 mm。总状花序有花5~7朵，下部的分枝有时具叶；花序轴长5~7 cm，疏被长柔毛或无毛；花梗长5~10 mm，上部密被白色长柔毛；花萼外面密被紧贴糙伏毛；萼筒钟形，裂片卵形，长约5 mm，宽约3.5 mm，先端骤渐尖；花冠盘状，直径2.5~3 cm，花瓣白色，卵形或近圆形，基部急收狭，长13~15 mm，宽8~13 mm；雄蕊30~35枚，最长的长达10 mm；花盘无毛；花柱长约5 mm，无毛，近先端稍分裂，柱头棒形，长约 1.5 mm，较花药小。蒴果倒卵形，长 7~9 mm，直径 4~7 mm；种子长 1.5~2.5 mm，具短尾。花期 5~6 月，果期 7~8 月。

生长环境 适应性强，喜光，喜温暖，耐寒、耐热。怕水涝。对土壤要求不严格，生长速度较快。

绿化用途 花美丽芳香，多朵聚焦，花期长，为优良的观赏花木。宜栽植于庭园、风景区。亦可作切花材料。丛植、片植于草坪、山坡、林缘地带，若与建筑、山石等配植效果也相宜。

太平花

学名 *Philadelphus pekinensis* Rupr.

俗名 北京山梅花、山梅花。

科属 虎耳草科山梅花属。

形态特征 灌木，高 1~2 m，分枝较多；二年生小枝无毛，表皮栗褐色，当年生小枝无毛，表皮黄褐色，不开裂。叶卵形或阔椭圆形，长 6~9 cm，宽 2.5~4.5 cm，先端长渐尖，基部阔楔形或楔形，边缘具锯齿，稀近全缘，两面无毛，稀仅下面脉腋被白色长柔毛；叶脉离基出 3~5 条；花枝上叶较小，椭圆形或卵状披针形，长 2.5~7 cm，宽 1.5~2.5 cm；叶柄长 5~12 mm，无毛。总状花序有花 5~7 朵；花序轴长 3~5 cm，黄绿色，无毛；花梗长 3~6 mm，无毛；花萼黄绿色，外面无毛，裂片卵形，长 3~4 mm，宽约 2.5 mm，先端急尖，干后脉纹明显；花冠盘状，直径 2~3 mm；花瓣白色，倒卵形，长 9~12 mm，宽约 8 mm；雄蕊 25~28，最长的达 8 mm；花盘和花柱无毛；花柱长 4~5 mm，纤细，先端稍分裂，柱头棒形或槌形，长约 1 mm，常较花药小。蒴果近球形或倒圆锥形，直径 5~7 mm，宿存萼裂片近顶生；种子长 3~4 mm，具短尾。花期 5~7 月，果期 8~10 月。

生长环境 适应性强，能在山区生长，有较强的耐干旱瘠薄能力。半阴性，能耐强光照。耐寒，喜肥沃、排水良好的土壤，耐旱，不耐积水。耐修剪，寿命长。

绿化用途 花芳香美丽，多朵聚集，花期较久，为优良的观赏花木。宜丛植于林缘、园路拐角和建筑物前，亦可作自然式花篱或大型花坛的中心栽植材料。在园林绿化中于假山石旁点缀，尤为得体。

海桐花科

狭叶海桐

学名 *Pittosporum glabratum* var. *neriifolium* Rehd. et Wils.

俗名 斩蛇剑。

科属　海桐花科海桐花属。

形态特征　常绿灌木，高 1.5 m，嫩枝无毛，叶带状或狭窄披针形，长 6~18 cm，或更长，宽 1~2 cm，无毛，叶柄长 5~12 mm。伞形花序顶生，有花多朵，花梗长约 1 cm，有微毛，萼片长 2 mm，有睫毛；花瓣长 8~12 mm；雄蕊比花瓣短；子房无毛。蒴果长 2~2.5 cm，子房柄不明显，3 片裂开，种子红色，长 6 mm。

生长环境　生于山坡林中。

绿化用途　适宜作绿篱或培养成球类，群植或孤植于庭院及绿地。

海桐

学名　*Pittosporum tobira* (Thunb.) Ait.

俗名　海桐花、七里香、宝珠香。

科属　海桐花科海桐花属。

形态特征　常绿灌木或小乔木，高达 6 m，嫩枝被褐色柔毛，有皮孔。叶聚生于枝顶，二年生，革质，嫩时上下两面有柔毛，以后变秃净，倒卵形或倒卵状披针形，长 4~9 cm，宽 1.5~4 cm，上面深绿色，发亮，干后暗晦无光，先端圆形或钝，常微凹入或为微心形，基部窄楔形，侧脉 6~8 对，在靠近边缘处相结合，有时因侧脉间的支脉较明显而呈多脉状，网脉稍明显，网眼细小，全缘，干后反卷，叶柄长达 2 cm。伞形花序或伞房状伞形花序顶生或近顶生，密被黄褐色柔毛，花梗长 1~2 cm；苞片披针形，长 4~5 mm；小苞片长 2~3 mm，均被褐毛。花白色，有芳香，后变黄色；萼片卵形，长 3~4 mm，被柔毛；花瓣倒披针形，长 1~1.2 cm，离生；雄蕊 2 型，退化雄蕊的花丝长 2~3 mm，花药近于不育；正常雄蕊的花丝长 5~6 mm，花药长圆形，长 2 mm，黄色；子房长卵形，密被柔毛，侧膜胎座 3 个，胚珠多数，2 列着生于胎座中段。蒴果圆球形，有棱或呈三角形，直径 12 mm，多少有毛，子房柄长 1~2 mm，3 片裂开，果片木质，厚 1.5 mm，内侧黄褐色，有光泽，具横格；种子多数，长 4 mm，多角形，红色，种柄长约 2 mm。

生长环境　生长适宜温度 15~30 ℃。对气候的适应性较强，能耐寒冷，亦颇耐暑热。对土壤的适应性强，在黏土、沙土及轻盐碱土上均能正常生长。对二氧化硫、氟化氢、氯气等有毒气体抗性强。对光照的适应能力亦较强，较耐荫蔽，亦颇耐烈日，以半阴地生长最佳。夏季可放室外，如有条件，可放阴凉处。强光对植物没有危害。喜温暖湿润气候和肥沃润湿土壤，耐轻微盐碱，能抗风防潮。

绿化用途　枝叶繁茂，树冠球形，下枝覆地；叶色浓绿而有光泽，经冬不凋，初夏花朵清丽芳香，入秋果实开裂露出红色种子，也颇为美观。通常可作绿篱栽植，也可孤植、丛植于草丛边缘、林缘或门旁，列植在路边。在气候温暖的地方，是理想的花坛造景树种，或造园绿化树种，多作房屋基础种植和绿篱。

金缕梅科

蜡瓣花

学名 *Corylopsis sinensis* Hemsl.

俗名 中华蜡瓣花、板梨子、华蜡瓣花。

科属 金缕梅科蜡瓣花属。

形态特征 落叶灌木；嫩枝有柔毛，老枝秃净，有皮孔；芽体椭圆形，外面有柔毛。叶薄革质，倒卵圆形或倒卵形，有时为长倒卵形，长 5~9 cm，宽 3~6 cm；先端急短尖或略钝，基部不等侧心形；上面秃净无毛，或仅在中肋有毛，下面有灰褐色星状柔毛；侧脉 7~8 对，最下一对侧脉靠近基部，第二次分支侧脉不强烈；边缘有锯齿，齿尖刺毛状；叶柄长约 1 cm，有星毛；托叶窄矩形，长约 2 cm，略有毛。总状花序长 3~4 cm；花序柄长约 1.5 cm，被毛，花序轴长 1.5~2.5 cm，有长茸毛；总苞状鳞片卵圆形，长约 1 cm，外面有柔毛，内面有长丝毛；苞片卵形，长 5 mm，外面有毛；小苞片矩圆形，长 3 mm；萼筒有星状茸毛，萼齿卵形，先端略钝，无毛；花瓣匙形，长 5~6 mm，宽约 4 mm；雄蕊比花瓣略短，长 4~5 mm；退化雄蕊 2 裂，先端尖，与萼齿等长或略超出；子房有星毛，花柱长 6~7 mm，基部有毛。果序长 4~6 cm；蒴果近圆球形，长 7~9 mm，被褐色柔毛。种子黑色，长 5 mm。

生长环境 为温带、亚热带树种。多生长在海拔 1 200~1 800 m 的坡谷灌木丛中。喜光，也较耐阴，稍耐寒。喜温暖湿润环境气候及肥沃、疏松和排水良好的酸性土壤。

绿化用途 春日先叶开花，花序累累下垂，光泽如蜜蜡，色黄而具芳香。枝叶繁茂，清丽宜人。丛植于草地、林缘、路边或做基础种植，或点缀于假山、岩石间，均具情趣，盆栽观赏效果更佳。花枝可作瓶插材料。

金缕梅

学名 *Hamamelis mollis* Oliver

俗名 木里香、牛踏果。

科属 金缕梅科金缕梅属。

形态特征 落叶灌木或小乔木，高达 8 m；嫩枝有星状茸毛；老枝秃净；芽体长卵形，有灰黄色茸毛。叶纸质或薄革质，阔倒卵圆形，长 8~15 cm，宽 6~10 cm，先端短急尖，基部不等侧心形，上面稍粗糙，有稀疏星状毛，不发亮，下面密生灰色星状茸毛；侧脉 6~8 对，最下面一对侧脉有明显的第二次侧脉，在上面很显著，在下面凸起；边缘有波状钝齿；叶柄长 6~10 mm，被茸毛，托叶早落。头状或短穗状花序腋生，有花数朵，无花梗，苞片卵形，花序柄短，长不到 5 mm；萼筒短，与子房合生，萼齿卵形，长 3 mm，宿存，均被星状茸毛；花瓣带状，长约 1.5 cm，黄白色；雄蕊 4 个，花丝长 2 mm，花药与花丝几等长；退化雄蕊 4 个，先端平截；子房有茸毛，花柱长 1~1.5 mm。蒴果卵圆形，长 1.2 cm，宽 1 cm，密被黄褐色星状茸毛，萼筒长约为蒴果的 1/3。种子椭圆形，长约 8 mm，黑色，发亮。花期 5 月。

生长环境 多生长在海拔 600~1 600 m 的山坡、溪谷、阔叶林缘和灌丛中；耐寒力较强，在-15 ℃气温下能露地生长。喜光，幼年阶段较耐阴，能在半阴条件下生长。对土壤要求不严格，在酸性、中性土壤上都能生长，尤以肥沃、湿润、疏松且排水好的沙质土上生长最佳。

绿化用途 树形雅致，花期早，花期从冬季到早春，正是一年中少花的时期。其花瓣纤细、轻柔，花形婀娜多姿，别具风韵；花色鲜艳、明亮，从淡黄到橙红，深浅不同；先花后叶，香气宜人，树形轻盈，花相亮丽。宜孤植，欣赏奇特的花瓣、婀娜的树姿，若再配以景石花草，一树一景，油然生情。亦可丛植、群植，花开时节，满树金黄，灿若云霞，蔚为壮观。可作为风景区和城乡园林绿化早春花木，与多种花木配植，能收到绿化、美化、香化效果。

枫香树

学名 *Liquidambar formosana* Hance

俗名 大叶枫、枫子树、鸡爪枫。

科属 金缕梅科枫香树属。

形态特征 落叶乔木，高达 30 m，胸径最大可达 1 m，树皮灰褐色，方块状剥落；小枝干后灰色，被柔毛，略有皮孔；芽体卵形，长约 1 cm，略被微毛，鳞状苞片敷有树脂，干后棕黑色，有光泽。叶薄革质，阔卵形，掌状 3 裂，中央裂片较长，先端尾状渐尖；两侧裂片平展；基部心形；上面绿色，干后灰绿色，不发亮；下面有短柔毛，或变秃净，仅在脉腋间有毛；掌状脉 3~5 条，在上下两面均显著，网脉明显可见；边缘有锯齿，齿尖有腺状突；叶柄长达 11 cm，常有短柔毛；托叶线形，游离，或略与叶柄连生，长 1~1.4 cm，红褐色，被毛，早落。雄性短穗状花序常多个排成总状，雄蕊多数，花丝不等长，花药比花丝略短。雌性头状花序有花 24~43 朵，花序柄长 3~6 cm，偶有皮孔，无腺体；萼齿 4~7 个，针形，长 4~8 mm，子房下半部藏在头状花序轴内，上半部游离，有柔毛，花柱长 6~10 mm，先端常卷曲。头状果序圆球形，木质，直径 3~4 cm；蒴果下半部藏于花序轴内，有宿存花柱及针刺状萼齿。种子多数，褐色，多角形或有窄翅。

生长环境 喜温暖湿润气候，喜光，幼树稍耐阴，耐干旱瘠薄土壤，不耐水涝。多生于平地、村落附近及低山的次生林。在湿润肥沃而深厚的红黄壤土上生长良好。深根性，主根粗长，抗风力强，不耐移植及修剪。种子有隔年发芽的习性，不耐寒，不耐盐碱及干旱，萌生力极强。

绿化用途 在绿化中栽作庭荫树，草地孤植、丛植，或于山坡、池畔与其他树木混植。与常绿树丛配合种植，秋季红绿相衬，会显得格外美丽。具有较强的耐火性和对有毒气体的抗性，可用于厂矿区绿化。不耐修剪。

檵木

学名 *Loropetalum chinense*（R. Br.）Oliver

俗名 白花檵木、白彩木、继木。

科属 金缕梅科檵木属。

形态特征 灌木，有时为小乔木，多分枝，小枝有星毛。叶革质，卵形，长 2~5 cm，宽 1.5~2.5 cm，先端尖锐，基部钝，不等侧，上面略有粗毛或秃净，干后暗绿色，无光泽，下面被星毛，稍带灰白色，侧脉约 5 对，在上面明显，在下面突起，全缘；叶柄长 2~5 mm，有星毛；托叶膜质，三角状披针形，长 3~4 mm，宽 1.5~2 mm，早落。花 3~8 朵簇生，有短花梗，白色，比新叶先开放，或与嫩叶同时开放，花序柄长约 1 cm，被毛；苞片线形，长 3 mm；萼筒杯状，被星毛，萼齿卵形，长约 2 mm，花后脱落；花瓣 4 片，带状，长 1~2 cm，先端圆或钝；雄蕊 4 个，花丝极短，药隔突出成角状；退化雄蕊 4 个，鳞片状，与雄蕊互生；子房完全下位，被星毛；花柱极短，长约 1 mm；胚珠 1 个，垂生于心皮内上角。蒴果卵圆形，长 7~8 mm，宽 6~7 mm，先端圆，被褐色星状茸毛，萼筒长为蒴果的 2/3。种子圆卵形，长 4~5 mm，黑色，发亮。花期 3~4 月。

生长环境 喜生于向阳的丘陵及山地，亦常出现于马尾松林及杉林下，喜光，稍耐阴，阴时叶色容易变绿。适应性强，耐旱。喜温暖，耐寒冷。耐瘠薄，适宜在肥沃、湿润的微酸性土壤上生长。

绿化用途 耐修剪，易生长，花红，树形优美，枝繁叶茂，性状稳定，适应性强，观赏价值高，是制作盆景及园林造景应用最为广泛的树种之一。

红花檵木

学名 *Loropetalum chinense* var. *rubrum* Yieh

俗名 红檵花、红桎木、红檵木。

科属 金缕梅科檵木属。

形态特征 灌木，有时为小乔木，多分枝，小枝有星毛。叶革质，卵形，长 2~5 cm，宽 1.5~2.5 cm，先端尖锐，基部钝，不等侧，上面略有粗毛或秃净，干后暗绿色，无光泽，下面被星毛，稍带灰白色，侧脉约 5 对，在上面明显，在下面突起，全缘；叶柄长 2~5 mm，有星毛；托叶膜质，三角状披针形，长 3~4 mm，宽 1.5~2 mm，早落。花 3~8 朵簇生，有短花梗，白色，比新叶先开放，或与嫩叶同时开放，花序柄长约 1 cm，被毛；苞片线形，长 3 mm；萼筒杯状，被星毛，萼齿卵形，长约 2 mm，花后脱落；花瓣 4 片，带状，长 1~2 cm，先端圆或钝；雄蕊 4 个，花丝极短，药隔突出成角状；退化雄蕊 4 个，鳞片状，与雄蕊互生；子房完全下位，被星毛；花柱极短，长约 1 mm；胚珠 1 个，垂生于心皮内上角。

生长环境 喜光，稍耐阴，阴时叶色容易变绿。适应性强，耐旱。喜温暖，耐寒冷。萌芽力和发枝力强，耐修剪。耐瘠薄，适宜在肥沃、湿润的微酸性土壤上生长。

绿化用途 枝繁叶茂，姿态优美，耐修剪，耐蟠扎，可用于绿篱及制作树桩盆景，花开时节，满树红花，极为壮观。常绿植物，新叶鲜红色，不同株系成熟时叶色、花色各不相同，叶片大小也有不同，珍贵乡土彩叶观赏植物，适应性强，耐修剪，易造型，广泛用于灌木球、彩叶小乔木、桩景、盆景等造型绿化。

杜仲科

杜仲

学名 *Eucommia ulmoides* Oliver

俗名 丝楝树皮、丝棉皮、棉树皮。

科属 杜仲科杜仲属。

形态特征 落叶乔木，高达 20 m，胸径约 50 cm；树皮灰褐色，粗糙，内含橡胶，折断拉开有多数细丝。嫩枝有黄褐色毛，不久变秃净，老枝有明显的皮孔。芽体卵圆形，外面发亮，红褐色，有鳞片 6~8 片，边缘有微毛。叶椭圆形、卵形或矩圆形，薄革质，长 6~15 cm，宽 3.5~6.5 cm；基部圆形或阔楔形，先端渐尖；上面暗绿色，初时有褐色柔毛，不久变秃净，老叶略有皱纹，下面淡绿，初时有褐毛，以后仅在脉上有毛；侧脉 6~9 对，与网脉在上面下陷，在下面稍突起；边缘有锯齿；叶柄长 1~2 cm，上面有槽，被散生长毛。花生于当年枝基部，雄花无花被；花梗长约 3 mm，无毛；苞片倒卵状匙形，长 6~8 mm，顶端圆形，边缘有睫毛，早落；雄蕊长约 1 cm，无毛，花丝长约 1 mm，药隔突出，花粉囊细长，无退化雌蕊。雌花单生，苞片倒卵形，花梗长 8 mm，子房无毛，1 室，扁而长，先端 2 裂，子房柄极短。翅果扁平，长椭圆形，长 3~3.5 cm，宽 1~1.3 cm，先端 2 裂，基部楔形，周围具薄翅；坚果位于中央，稍突起，子房柄长 2~3 mm，与果梗相接处有关节。种子扁平，线形，长 1.4~1.5 cm，宽 3 mm，两端圆形。早春开花，秋后果实成熟。

生长环境 喜温暖湿润气候和阳光充足的环境，能耐严寒，成株在-30 ℃的条件下可正常生存，大部分地区均可栽培，适应性很强，对土壤要求不严格，以土层深厚、疏松、肥沃、湿润、排水良好的壤土最宜。幼年期生长速度较缓慢，速生期出现于 7~20 年，20 年后生长速度又逐年降低，50 年后，树高生长基本停止，自然枯萎。多生长在海拔 300~500 m 的低山、谷地或低坡的疏林里，在瘠薄的红土上也能生长。

绿化用途 树干通直，树冠圆头形至圆锥形，树形优美，叶片密集，叶色浓绿，遮阴面大，抗性强，病虫害少，是园林绿化的优良树种。根系发达，固土能力强，耐干旱瘠薄，具有良好的水土保持效果。在丘陵、山区成片栽植，既起到保持水土、绿化荒山的作用，又可获得可观的经济效益。

悬铃木科

二球悬铃木

学名 *Platanus acerifolia* Willd.

俗名 法国梧桐、英国梧桐。

科属 悬铃木科悬铃木属。

形态特征 落叶大乔木，高 30 余 m，树皮光滑，大片块状脱落；嫩枝密生灰黄色茸毛；老枝秃净，红褐色。叶阔卵形，宽 12~25 cm，长 10~24 cm，上下两面嫩时有灰黄色毛被，下面的毛被更厚而密，以后变秃净，仅在背脉腋内有毛；基部截形或微心形，上部掌状 5 裂，有时 7 裂或 3 裂；中央裂片阔三角形，宽度与长度约相等；裂片全缘或有 1~2 个粗大锯齿；掌状脉 3 条，稀为 5 条，常离基部数毫米，或为基出；叶柄长 3~10 cm，密生黄褐色毛被；托叶中等大，长 1~1.5 cm，基部鞘状，上部开裂。花通常 4 数。雄花的萼片卵形，被毛；花瓣矩圆形，长为萼片的 2 倍；雄蕊比花瓣长，盾形药隔有毛。果枝有头状果序 1~2 个，稀为 3 个，常下垂；头状果序直径约 2.5 cm，宿存花柱长 2~3 mm，刺状，坚果之间无突出的茸毛，或有极短的毛。

生长环境 喜光，不耐阴，生长迅速、成荫快，喜温暖湿润气候，在年平均气温 13~20 ℃、降水量 800~1 200 mm 的地区生长良好。对土壤要求不严格，耐干旱瘠薄，亦耐湿。根系浅易风倒，萌芽力强，耐修剪。抗烟尘、硫化氢等有害气体，对氯气、氯化氢抗性弱。生长迅速，易成活，耐修剪。

绿化用途 生长速度快，主干高大，分枝能力强，树冠广阔，夏季具有很好的遮阴降温效果，并有滞积灰尘，吸收硫化氢、二氧化硫、氯气等有毒气体的作用，作为街坊、厂矿绿化颇为合适。具有适应性广、生长快、繁殖与栽培容易等优点，作为园林植物广植于世界各地，被称为“行道树之王”。

蔷薇科

唐棣

学名 *Amelanchier sinica* (Schneid.) Chun

科属 蔷薇科唐棣属。

形态特征 小乔木，高3~5 m，稀达15 m，枝条稀疏；小枝细长，圆柱形，无毛或近于无毛，紫褐色或黑褐色，疏生长圆形皮孔；冬芽长圆锥形，先端渐尖，具浅褐色鳞片，鳞片边缘有柔毛。叶片卵形或长椭圆形，长4~7 cm，宽2.5~3.5 cm，先端急尖，基部圆形，稀近心形或宽楔形，通常在中部以上有细锐锯齿，基部全缘，幼时下面沿中脉和侧脉被茸毛或柔毛，老时脱落无毛；叶柄长1~2.1 cm，偶有散生柔毛；托叶披针形，早落。总状花序，多花，长4~5 cm，直径3~5 cm；总花梗和花梗无毛或最初有毛，以后脱落；花梗细，长8~28 mm；苞片膜质，线状披针形，长约8 mm，早落；花直径3~4.5 cm；萼筒杯状，外被柔毛，逐渐脱落；萼片披针形或三角披针形，长约5 mm，先端渐尖，全缘，与萼筒近等长或稍长，外面近于无毛或散生柔毛，内面有柔毛；花瓣细长，长圆披针形或椭圆披针形，长约1.5 cm，宽约5 mm，白色；雄蕊20，长2~4 mm，远比花瓣短；花柱4~5，基部密被黄白色茸毛，柱头头状，比雄蕊稍短。果实近球形或扁圆形，直径约1 cm，蓝黑色；萼片宿存，反折。花期5月，果期9~10月。

生长环境 生长在海拔1 000~2 000 m的山坡、灌木丛中。

绿化用途 美丽观赏树木，花穗下垂，花瓣细长，白色而有芳香，栽培供观赏。

灰栒子

学名 *Cotoneaster acutifolius* Turcz.

科属 蔷薇科栒子属。

形态特征 落叶灌木，高2~4 m；枝条开张，小枝细瘦，圆柱形，棕褐色或红褐色，幼时被长柔毛。叶片椭圆卵形至长圆卵形，长2.5~5 cm，宽1.2~2 cm，先端急尖，稀渐尖，基部宽楔形，全缘，幼时两面均被长柔毛，下面较密，老时逐渐脱落，最后常近无毛；叶柄长2~5 mm，具短柔毛；托叶线状披针形，脱落。花2~5朵成聚伞花序，总花梗和花梗被长柔毛；苞片线状披针形，微具柔毛；花梗长3~5 mm；花直径7~8 mm；萼筒钟状或短筒状，外面被短柔毛，内面无毛；萼片三角形，先端急尖或稍钝，外面具短柔毛，内面先端微具柔毛；花瓣直立，宽倒卵形或长圆形，长约4 mm，宽3 mm，先端圆钝，白色外带红晕；雄蕊10~15，比花瓣短；花柱通常2，离生，短于雄蕊，子房先端密被短柔毛。果实椭圆形，稀倒卵形，直径7~8 mm，黑色，内有小核2~3个。花期5~6月，果期9~10月。

生长环境 生长在海拔1 400~3 700 m的山坡、山麓、山沟及丛林中。

绿化用途 树形秀丽，果色黢黑，作为园林观果植物，宜于绿地草坪边缘栽植或在花坛内丛植。

平枝栒子

学名 *Cotoneaster horizontalis* Decne.

俗名 铺地蜈蚣、小叶栒子、矮红子。

科属 蔷薇科栒子属。

形态特征 落叶或半常绿匍匐灌木，高不超过0.5 m，枝水平开张成整齐两列状；小枝圆柱形，幼时外被糙伏毛，老时脱落，黑褐色。叶片近圆形或宽椭圆形，稀倒卵形，长5~14 mm，宽4~9 mm，先端多数急尖，基部楔形，全缘，上面无毛，下面有稀疏平贴柔毛；叶柄长1~3 mm，被柔毛；托叶钻形，早落。花1~2朵，近无梗，直径5~7 mm；萼筒钟状，外面有稀疏短柔毛，内面无毛；萼片三角形，先端急尖，外面微具短柔毛，内面边缘有柔毛；花瓣直立，倒卵形，先端圆钝，长约4 mm，宽3 mm，粉红色；雄蕊约12，短于花瓣；花柱常为3，有时为2，离生，短于雄蕊；子房顶端有柔毛。果实近球形，直径4~6 mm，鲜红色，常具3小核，稀2小核。花期5~6月，果期9~10月。

生长环境 喜温暖湿润的半阴环境，耐干燥和瘠薄的土地，不耐湿热，有一定的耐寒性，怕积水。

绿化用途 主要观赏价值是深秋的红叶。在深秋时节，叶子变红，分外绚丽。枝叶横展，叶小而稠密，花密集枝头，晚秋时叶色红色，红果累累，是布置岩石园、庭院、绿地和墙沿、角隅的优良材料。果实为小红球状，经冬不落，雪天观赏，别有情趣。可作地被和制作盆景，果枝也可用于插花，在园林绿化中可用于布置岩石园、斜坡。

湖北山楂

学名 *Crataegus hupehensis* Sarg.

俗名 大山枣、酸枣、猴楂子。

科属 蔷薇科山楂属。

形态特征 乔木或灌木，高达3~5 m，枝条开展；刺少，直立，长约1.5 cm，也常无刺；小枝圆柱形，无毛，紫褐色，有疏生浅褐色皮孔，二年生枝条灰褐色；冬芽三角卵形至卵形，先端急尖，无毛，紫褐色。叶片卵形至卵状长圆形，长4~9 cm，宽4~7 cm，先端短渐尖，基部宽楔形或近圆形，边缘有圆钝锯齿，上半部具2~4对浅裂片，裂片卵形，先端短渐尖，无毛或仅下部脉腋有髯毛；叶柄长3.5~5 cm，无毛；托叶草质，披针形或镰刀形，边缘具腺齿，早落。伞房花序，直径3~4 cm，具多花；总花梗和花梗均无毛，花梗长4~5 mm；苞片膜质，线状披针形，边缘有齿，早落；花直径约1 cm；萼筒钟状，外面无毛；萼片三角卵形，先端尾状渐尖，全缘，长3~4 mm，稍短于萼筒，内外两面皆无毛；花瓣卵形，长约8 mm，宽约6 mm，白色；雄蕊20，花药紫色，比花瓣稍短；花柱5，基部被白色茸毛，柱头头状。果实近球形，直径2.5 cm，深红色，有斑点，萼片宿存，反折；小核5，两侧平滑。花期5~6月，果期8~9月。

生长环境 生长在海拔500~2 000 m的山坡灌木丛中，对环境要求不严格，山坡、岗地都可栽种。抗寒，抗风能力强，一般无冻害发生。选土层深厚肥沃的平地、丘陵和山地缓坡地段栽植为宜。

绿化用途 果色鲜红、亮丽，满树红果，十分壮观，可作为园林绿化的观果树种，也是上佳的盆景材料。

山楂

学名 *Crataegus pinnatifida* Bge.

俗名 山里果、山里红、酸里红。

科属 蔷薇科山楂属。

形态特征 落叶乔木，高达6 m，树皮粗糙，暗灰色或灰褐色；刺长1~2 cm，有时无刺；小枝圆柱形，当年生枝紫褐色，无毛或近于无毛，疏生皮孔，老枝灰褐色；冬芽三角卵形，先端圆钝，无毛，紫色。叶片宽卵形或三角状卵形，稀菱状卵形，长5~10 cm，宽4~7.5 cm，先端短渐尖，基部截形至宽楔形，通常两侧各有3~5羽状深裂片，裂片卵状披针形或带形，先端短渐尖，边缘有尖锐稀疏不规则重锯齿，上面暗绿色有光泽，下面沿叶脉有疏生短柔毛或在脉腋有髯毛，侧脉6~10对，有的达到裂片先端，有的达到裂片分裂处；叶柄长2~6 cm，无毛；托叶革质，镰形，边缘有锯齿。伞房花序具多花，直径4~6 cm，总花梗和花梗均被柔毛，花后脱落，减少，花梗长4~7 mm；苞片膜质，线状披针形，长6~8 mm，先端渐尖，边缘具腺齿，早落；花直径约1.5 cm；萼筒钟状，长4~5 mm，外面密被灰白色柔毛；萼片三角卵形至披针形，先端渐尖，全缘，约与萼筒等长，内外两面均无毛，或在内面顶端有髯毛；花瓣倒卵形或近圆形，长7~8 mm，宽5~6 mm，白色；雄蕊20，短于花瓣，花药粉红色；花柱3~5，基部被柔毛，柱头头状。果实近球形或梨形，直径1~1.5 cm，深红色，有浅色斑点；小核3~5，外面稍具棱，内面两侧平滑；萼片脱落很迟，先端留一圆形深洼。花期5~6月，果期9~10月。

生长环境 生长在海拔100~1 500 m的山坡林边或灌木丛中。适应性强，喜凉爽、湿润的环境，即耐寒又耐高温，在36~43 ℃均能生长。喜光耐阴，一般分布于荒山秃岭、阳坡、半阳坡、山谷。耐旱，水分过多时，枝叶容易徒长。对土壤要求不严格，在土层深厚、质地肥沃、疏松、排水良好的微酸性沙壤土上生长良好。

绿化用途 树形优美，树冠紧凑，叶片舒展，花开如雪，果实红艳，兼具观花、观果、观叶功效，在春华秋实的自然变更中，凸显了四季变化的自然意境，是良好的园林观赏植物和生态景观树种，逐渐得到广泛应用和认可，被越来越多地应用到生态园林绿化建设中。

红柄白鹃梅

学名 *Exochorda giraldii* Hesse

俗名 纪氏白鹃梅、白鹃梅、打刀木。

科属 蔷薇科白鹃梅属。

形态特征 落叶灌木，高达3~5 m；小枝细弱，开展，圆柱形，无毛，幼时绿色，老时红褐色；冬芽卵形，先端钝，红褐色，边缘微被短柔毛。叶片椭圆形、长椭圆形，稀长倒卵形，长3~4 cm，宽1.5~3 cm，先端急尖、突尖或圆钝，基部楔形、宽楔形至圆形，稀偏斜，全缘，稀中部以上有钝锯齿，上下两面均无毛或下面被柔毛；叶柄长1.5～2.5 cm，常红色，无毛，不具托叶。总状花序，有花6～10朵，无毛，花梗短或近于无梗；苞片线状披针形，全缘，长约3 mm，两面均无毛；花直径3～4.5 cm；萼筒浅钟状，内外两面均无毛；萼片短而宽，近于半圆形，先端圆钝，全缘；花瓣倒卵形或长圆倒卵形，长2～2.5 cm，宽约1.5 cm，先端圆钝，基部有长爪，白色；雄蕊25～30，着生在花盘边缘；心皮5，花柱分离。蓇果倒圆锥形，具5脊，无毛。花期5月，果期7～8月。

生长环境 喜光，耐旱，稍耐阴，在排水良好、肥沃湿润的土壤中生长旺盛，萌芽力强，耐寒，抗病虫。

绿化用途 姿态秀美，春日开花，满树雪白，如雪似梅，是美丽的观赏树，果形奇异，适应性广。宜在草地、林缘、路边及假山岩石间配植，在常绿树丛边缘群植，宛若层林点雪，饶有雅趣。在林间或建筑物附近散植也极适宜，其老树古桩，是制作树桩盆景的优良材料。

白鹃梅

学名 *Akebia trifoliata* subsp. *australis* (Diels) T. Shimizu.

俗名 白绢梅、金瓜果、茧子花。

科属 蔷薇科白鹃梅属。

形态特征 灌木，高达3～5 m，枝条细弱开展；小枝圆柱形，微有棱角，无毛，幼时红褐色，老时褐色；冬芽三角状卵形，先端钝，平滑无毛，暗紫红色。叶片椭圆形、长椭圆形至长圆倒卵形，长3.5～6.5 cm，宽1.5～3.5 cm，先端圆钝或急尖，稀有突尖，基部楔形或宽楔形，全缘，稀中部以上有钝锯齿，上下两面均无毛；叶柄短，长5～15 mm，或近于无柄；不具托叶。总状花序，有花6～10朵，无毛；花梗长3～8 mm，基部花梗较顶部稍长，无毛；苞片小，宽披针形；花直径2.5～3.5 cm；萼筒浅钟状，无毛；萼片宽三角形，长约2 mm，先端急尖或钝，边缘有尖锐细锯齿，无毛，黄绿色；花瓣倒卵形，长约1.5 cm，宽约1 cm，先端钝，基部有短爪，白色；雄蕊15～20枚，3～4枚一束着生在花盘边缘，与花瓣对生；心皮5，花柱分离。蓇果倒圆锥形，无毛，有5脊，果梗长3～8 mm。花期5月，果期6～8月。

生长环境 生长在海拔250～500 m的山坡，喜光，耐半阴，适应性强，耐干旱瘠薄土壤，有一定耐寒性，可露地栽培。

绿化用途 姿态秀美，春日开花，满树雪白，如雪似梅，是美丽的观赏树，果形奇异，适应性广。宜在草地、林缘、路边及假山岩石间配植，在常绿树丛边缘群植，宛若层林点雪，饶有雅趣。在建筑物附近散植也极适宜，其老树古桩，是制作树桩盆景的优良材料。

重瓣棣棠花

学名 *Kerria japonica* f. *pleniflora*（Witte）Rehd.

俗名 棣棠、地棠、蜂棠花。

科属 蔷薇科棣棠花属。

形态特征 落叶灌木，高1~2 m，稀达3 m；小枝绿色，圆柱形，无毛，常拱垂，嫩枝有棱角。叶互生，三角状卵形或卵圆形，顶端长渐尖，基部圆形、截形或微心形，边缘有尖锐重锯齿，两面绿色，上面无毛或有稀疏柔毛，下面沿脉或脉腋有柔毛；叶柄长5~10 mm，无毛；托叶膜质，带状披针形，有缘毛，早落。单花，着生在当年生侧枝顶端，花梗无毛；花直径2.5~6 cm；萼片卵状椭圆形，顶端急尖，有小尖头，全缘，无毛，果时宿存；花瓣黄色，宽椭圆形，顶端下凹，比萼片长1~4倍。瘦果倒卵形至半球形，褐色或黑褐色，表面无毛，有皱褶。花期4~6月，果期6~8月。

生长环境 生长在海拔200~3 000 m的山坡灌丛中，喜温暖湿润和半阴环境，耐寒性较差，对土壤要求不严格，以肥沃、疏松的沙壤土生长最好。

绿化用途 重要的观赏树种，其移栽成活率高，栽植后当年即有很好的绿化效果。配植于常绿树前，或与榆叶梅、连翘、红花木、樱花等混植，则色彩鲜艳，相得益彰。耐阴，常配植于避阳处、院墙墙基边缘、行道树下。庭院大树下散点数株，野趣横生，园林绿化中的湖边、水际植之，花影照水，尤觉宜人。花枝繁茂，最适于列植、群植为花篱、花境、花丛。若大片栽植于自然山林的疏林空地、坡地，开花时更是耀眼夺目。

山荆子

学名 *Malus baccata*（L.）Borkh.

俗名 林荆子、山定子、山丁子。

科属 蔷薇科苹果属。

形态特征 乔木，高达10~14 m，树冠广圆形，幼枝细弱，微屈曲，圆柱形，无毛，红褐色，老枝暗褐色；冬芽卵形，先端渐尖，鳞片边缘微具茸毛，红褐色。叶片椭圆形或卵形，长3~8 cm，宽2~3.5 cm，先端渐尖，稀尾状渐尖，基部楔形或圆形，边缘有细锐锯齿，嫩时稍有短柔毛或完全无毛；叶柄长2~5 cm，幼时有短柔毛及少数腺体，不久即全部脱落，无毛；托叶膜质，披针形，长约3 mm，全缘或有腺齿，早落。伞形花序，具花4~6朵，无总梗，集生在小枝顶端，直径5~7 cm；花梗细长，1.5~4 cm，无毛；苞片膜质，线状披针形，边缘具有腺齿，无毛，早落；花直径3~3.5 cm；萼筒外面无毛；萼片披针形，先端渐尖，全缘，长5~7 mm，外面无毛，内面被茸毛，长于萼筒；花瓣倒卵形，长2~2.5 cm，先端圆钝，基部有短爪，白色；雄蕊15~20，长短不齐，约等于花瓣之半；花柱5或4，基部有长柔毛，较雄蕊长。果实近球形，直径8~10 mm，红色或黄色，柄洼及萼洼稍微陷入，萼片脱落；果梗长3~4 cm。花期4~6月，果期9~10月。

生长环境 生长在海拔50~1 500 m的山坡杂木林中及山谷阴处灌木丛中，喜光，耐寒性强，耐瘠薄，不耐盐碱，深根性，寿命长，多生长在花岗岩、片麻岩山地和除盐碱地外的山丘、平原地区。

绿化用途 幼树树冠圆锥形，老时圆形，早春开放白色花朵，秋季结成小球形红黄色果实，经久不落，美丽素雅，可作庭园观赏树种。

湖北海棠

学名 *Malus hupehensis*（Pamp.）Rehd.

俗名 野海棠、野花红、花红茶。

科属 蔷薇科苹果属。

形态特征 乔木，高达8 m；小枝最初有短柔毛，不久脱落，老枝紫色至紫褐色；冬芽卵形，先端急尖，鳞片边缘有疏生短柔毛，暗紫色。叶片卵形至卵状椭圆形，长5~10 cm，宽2.5~4 cm，先端渐尖，基部宽楔形，稀近圆形，边缘有细锐锯齿，嫩时具稀疏短柔毛，不久脱落无毛，常呈紫红色；叶柄长1~3 cm，嫩时有稀疏短柔毛，逐渐脱落；托叶革质至膜质，线状披针形，先端渐尖，有疏生柔毛，早落。伞房花序，具花4~6朵，花梗长3~6 cm，无毛或稍有长柔毛；苞片膜质，披针形，早落；花直径3.5~4 cm；萼筒外面无毛或稍有长柔毛；萼片三角卵形，先端渐尖或急尖，长4~5 mm，外面无毛，内面有柔毛，略带紫色，与萼筒等长或稍短；花瓣倒卵形，长约1.5 cm，基部有短爪，粉白色或近白色；雄蕊20，花丝长短不齐，约等于花瓣之半；花柱3，稀4，基部有长茸毛，较雄蕊稍长。果实椭圆形或近球形，直径约1 cm，黄绿色稍带红晕，萼片脱落；果梗长2~4 cm。花期4~5月，果期8~9月。

生长环境 生长在海拔50~2 900 m的山坡或山谷丛林中。喜光，喜温暖、湿润气候，较耐湿，对严寒的气候有较强的适应性，能耐-21 ℃的低温，并有一定的抗盐能力。耐旱力也较强，喜在土层深厚、肥沃、pH 5.5~7的微酸性至中性的壤土上生长，萌蘖性强。

绿化用途 干皮、枝条、嫩梢、幼叶、叶柄等部位均呈紫褐色，花蕾时粉红，开后粉白，小果红色，为春秋两季观花植物，是优良绿化观赏树种。

中华绣线梅

学名 *Neillia sinensis* Oliv.

俗名 华南梨。

科属 蔷薇科绣线梅属。

形态特征 灌木，高达2 m；小枝圆柱形，无毛，幼时紫褐色，老时暗灰褐色；冬芽卵形，先端钝，微被短柔毛或近于无毛，红褐色。叶片卵形至卵状长椭圆形，长5~11 cm，宽3~6 cm，先端长渐尖，基部圆形或近心形，稀宽楔形，边缘有重锯齿，常不规则分裂，稀不裂，两面无毛或在下面脉腋有柔毛；叶柄长7~15 mm，微被毛或近于无毛；

托叶线状披针形或卵状披针形，先端渐尖或急尖，全缘，长 0.8~1 cm，早落。顶生总状花序，长 4~9 cm，花梗长 3~10 mm，无毛；花直径 6~8 mm；萼筒筒状，长 1~1.2 cm，外面无毛，内面被短柔毛；萼片三角形，先端尾尖，全缘，长 3~4 mm；花瓣倒卵形，长约 3 mm，宽约 2 mm，先端圆钝，淡粉色；雄蕊 10~15，花丝不等长，着生于萼筒边缘，排成不规则的 2 轮；心皮 1~2，子房顶端有毛，花柱直立，内含 4~5 胚珠。蓇葖果长椭圆形，萼筒宿存，外被疏生长腺毛。花期 5~6 月，果期 8~9 月。

生长环境 生长在海拔 1 000~2 500 m 的山坡、深谷、沟边、溪畔的混交林中，或灌木丛中，喜温暖的阳光照射，耐阴、耐寒冷，适宜在土层肥厚、富含有机质、疏松透气的沙质土壤上生长。

绿化用途 树态清秀，叶形美丽，花开似雪，果赤如丹，观赏价值高，是集观叶、观花、观果于一体的优良园林绿化、美化树种。

中华石楠

学名 *Photinia beauverdiana* Schneid.

俗名 波氏石楠、牛筋木、假思桃。

科属 蔷薇科石楠属。

形态特征 落叶灌木或小乔木，高 3~10 m；小枝无毛，紫褐色，有散生灰色皮孔。叶片薄纸质，长圆形、倒卵状长圆形或卵状披针形，长 5~10 cm，宽 2~4.5 cm，先端突渐尖，基部圆形或楔形，边缘有疏生具腺锯齿，上面光亮，无毛，下面中脉疏生柔毛，侧脉 9~14 对；叶柄长 5~10 mm，微有柔毛。花多数，成复伞房花序，直径 5~7 cm；总花梗和花梗无毛，密生疣点，花梗长 7~15 mm；花直径 5~7 mm；萼筒杯状，长 1~1.5 mm，外面微有毛；萼片三角卵形，长 1 mm；花瓣白色，卵形或倒卵形，长 2 mm，先端圆钝，无毛；雄蕊 20；花柱 2~3，基部合生。果实卵形，长 7~8 mm，直径 5~6 mm，紫红色，无毛，微有疣点，先端有宿存萼片；果梗长 1~2 cm。花期 5 月，果期 7~8 月。

生长环境 喜光稍耐阴，深根性，对土壤要求不严格，以肥沃、湿润、土层深厚、排水良好、微酸性的沙质土壤最为适宜，能耐短期−15 ℃的低温，喜温暖、湿润气候。萌芽力强，耐修剪，对烟尘和有毒气体有一定的抗性。

绿化用途 枝繁叶茂，枝条能自然发展成圆形树冠，终年常绿。其叶片翠绿色，具光泽，早春幼枝嫩叶为紫红色，枝叶浓密，老叶经过秋季后部分出现赤红色，夏季密生白色花朵，秋后鲜红果实缀满枝头，鲜艳夺目，是一个观赏价值极高的常绿阔叶乔木，作为庭荫树或进行绿篱栽植效果更佳。可修剪成球形或圆锥形等不同的造型。在园林绿化中孤植或基础栽植均可，丛植使其形成低矮的灌木丛，可与金叶女贞、红叶小檗、扶芳藤、俏黄芦等组成美丽的图案，获得赏心悦目的效果。

小叶石楠

学名 *Photinia parvifolia*（Pritz.）Schneid.

俗名 山红子、牛李子、牛筋木。

科属 蔷薇科石楠属。

形态特征 落叶灌木，高1~3 m；枝纤细，小枝红褐色，无毛，有黄色散生皮孔；冬芽卵形，长3~4 mm，先端急尖。叶片革质，椭圆形、椭圆卵形或菱状卵形，长4~8 cm，宽1~3.5 cm，先端渐尖或尾尖，基部宽楔形或近圆形，边缘有具腺尖锐锯齿，上面光亮，初疏生柔毛，以后无毛，下面无毛，侧脉4~6对；叶柄长1~2 mm，无毛。花2~9朵，呈伞形花序，生于侧枝顶端，无总花梗；苞片及小苞片钻形，早落；花梗细，长1~2.5 cm，无毛，有疣点；花直径0.5~1.5 cm；萼筒杯状，直径约3 mm，无毛；萼片卵形，长约1 mm，先端急尖，外面无毛，内面疏生柔毛；花瓣白色，圆形，直径4~5 mm，先端钝，有极短爪，内面基部疏生长柔毛；雄蕊20，较花瓣短；花柱2~3，中部以下合生，较雄蕊稍长，子房顶端密生长柔毛。果实椭圆形或卵形，长9~12 mm，直径5~7 mm，橘红色或紫色，无毛，有直立宿存萼片，内含2~3粒卵形种子；果梗长1~2.5 cm，密布疣点。花期4~5月，果期7~8月。

生长环境 生长在海拔1 000 m以下的低山、丘陵灌丛中。喜光，稍耐阴，深根性，对土壤要求不严格，以肥沃、湿润、土层深厚、排水良好、微酸性的沙质土壤最为适宜，能耐短期-15 ℃的低温，喜温暖、湿润气候。萌芽力强，耐修剪，对烟尘和有毒气体有一定的抗性。

绿化用途 枝条能自然发展成圆形树冠，终年常绿。叶片翠绿色，具光泽，早春幼枝嫩叶为紫红色，枝叶浓密，老叶经过秋季后部分出现赤红色，夏季密生白色花朵，秋后鲜红果实缀满枝头，鲜艳夺目，是一个观赏价值极高的常绿阔叶乔木，作为庭荫树或进行绿篱栽植效果更佳。

山桃

学名 *Prunus davidiana*（Carrière）Franch.

俗名 野桃、山毛桃、桃花。

科属 蔷薇科桃属。

形态特征 乔木，高可达10 m；树冠开展，树皮暗紫色，光滑；小枝细长，直立，幼时无毛，老时褐色。叶片卵状披针形，长5~13 cm，宽1.5~4 cm，先端渐尖，基部楔形，两面无毛，叶边具细锐锯齿；叶柄长1~2 cm，无毛，常具腺体。花单生，先于叶开放，直径2~3 cm；花梗极短或几无梗；花萼无毛；萼筒钟形；萼片卵形至卵状长圆形，紫色，先端圆钝；花瓣倒卵形或近圆形，长10~15 mm，宽8~12 mm，粉红色，先端圆钝，稍微凹；雄蕊多数，几与花瓣等长或稍短；子房被柔毛，花柱长于雄蕊或近等长。果实近球形，直径2.5~3.5 cm，淡黄色，外面密被短柔毛，果梗短而深入果洼；果肉薄而干，不可食，成熟时不开裂；核球形或近球形，两侧不压扁，顶端圆钝，基部截形，表面具纵、横沟纹和孔穴，与果肉分离。花期3~4月，果期7~8月。

生长环境 生于海拔800~3 200 m的山坡、山谷沟底或荒野疏林及灌丛内。

绿化用途 花期早，花时美丽可观，并有曲枝、白花、柱形等变异类型。园林绿化中宜成片植于山坡并以苍松翠柏为背景，方可充分显示其娇艳之美。在庭院、草坪、水际、林缘、建筑物前零星栽植也很合适。孤植或片状定植，乔木山桃比杏树、紫丁香等提早开花8 d左右，初春乍暖还寒的3月下旬，芽苞在枝干中悄然鼓起，随着气温的上升，展现出艳丽的花朵；夏日里枝繁叶茂，婀娜多姿；秋天果实累累，挂满枝头；冬日紫红色的树干，油光发亮，映雪增辉。在公园、绿地、小区、庭院和池畔，适度点缀山桃，都会给景观平添风韵。在园林绿化中用途广泛，绿化效果非常好。

麦李

学名 *Cerasus glandulosa*（Thunb.）Lois.

科属 蔷薇科樱属。

形态特征 灌木，高0.5~1.5 m，稀达2 m。小枝灰棕色或棕褐色，无毛或嫩枝被短柔毛。冬芽卵形，无毛或被短柔毛。叶片长圆披针形或椭圆披针形，长2.5~6 cm，宽1~2 cm，先端渐尖，基部楔形，最宽处在中部，边有细钝重锯齿，上面绿色，下面淡绿色，两面均无毛或在中脉上有疏柔毛，侧脉4~5对；叶柄长1.5~3 mm，无毛或上面被疏柔毛；托叶线形，长约5 mm。花单生或2朵簇生，花叶同开或近同开；花梗长6~8 mm，几无毛；萼筒钟状，长宽近相等，无毛，萼片三角状椭圆形，先端急尖，边有锯齿；花瓣白色或粉红色，倒卵形；雄蕊30枚；花柱稍比雄蕊长，无毛或基部有疏柔毛。核果红色或紫红色，近球形，直径1~1.3 cm。花期3~4月，果期5~8月。

生长环境 适应性强，喜光，较耐寒、耐旱，也较耐水湿；根系发达。忌低洼积水、土壤黏重，喜生于湿润疏松、排水良好的沙壤土上。生于海拔800~2 300 m的山坡、沟边或灌丛中，也有庭园栽培。

绿化用途 各地庭园常见栽培观赏，宜于草坪、路边、假山旁及林缘丛植，也可作基础栽植、盆栽或作催花、切花材料。春天叶前开花，满树灿烂，甚为美丽，秋季叶又变红，是很好的庭园观赏树。

欧李

学名 *Prunus humilis*（Bge.）Sok.

俗名 钙果、高钙果、乌拉奈。

科属 蔷薇科樱属。

形态特征 灌木，高0.4~1.5 m。小枝灰褐色或棕褐色，被短柔毛。冬芽卵形，疏被短柔毛或几无毛。叶片倒卵状长椭圆形或倒卵状披针形，长 2.5~5 cm，宽 1~2 cm，中部以上最宽，先端急尖或短渐尖，基部楔形，边有单锯齿或重锯齿，上面深绿色，无毛，下面浅绿色，无毛或被稀疏短柔毛，侧脉 6~8 对；叶柄长 2~4 mm，无毛或被稀疏短柔毛；托叶线形，长 5~6 mm，边有腺体。花单生或 2~3 朵簇生，花叶同开；花梗长 5~10 mm，被稀疏短柔毛；萼筒长宽近相等，约 3 mm，外面被稀疏柔毛，萼片三角卵圆形，先端急尖或圆钝；花瓣白色或粉红色，长圆形或倒卵形；雄蕊 30~35 枚；花柱与雄蕊近等长，无毛。核果成熟后近球形，红色或紫红色，直径 1.5~1.8 cm；核表面除背部两侧外无棱纹。花期 4~5 月，果期 6~10 月。

生长环境 生于海拔 100~1 800 m 的阳坡沙地、山地灌丛中，或庭园栽培。具有特殊的抗旱本领，适合干旱地区种植。旱时能避旱，雨季能蓄积水。在干旱的春季，叶片含水量较高，保水力强。叶片小而厚，虽然气孔密度大，但气孔小，水分散失的少。在干旱季节地上部生长速度减缓，土壤植株基部产生多量基生芽，这些芽不萌发，一旦遇到降雨，基生芽可形成地下茎在土壤中伸长，形成根状茎或萌出地表形成新的植株。

绿化用途 株丛小，花朵密集，十分美观。利用不同花色在庭院、公园、街道、高速公路两旁等地栽植花坛或者花篱，能够形成春天观花、夏天赏叶、秋天品果的效果，给人以美不胜收的享受。花色多样，花形与樱花相似，花期相近，而且其灌木状与乔木状的樱花可形成错落有致、相得益彰的观赏效果，有人称之为“中国樱花”，用欧李作盆景，其株型紧凑，果实艳丽夺目，既可观赏，也可食用，一举两得。园林可作为灌木花带、灌木球配植。其适应范围广，栽培成活率极高，是荒山绿化、园林绿化推广的灌木后起之秀。

郁李

学名 *Prunus japonica* (Thunb.) Lois.

俗名 爵梅、秧李、复花郁李、菊李。

科属 蔷薇科樱属。

形态特征 灌木，高 1~1.5 m。小枝灰褐色，嫩枝绿色或绿褐色，无毛。冬芽卵形，无毛。叶片卵形或卵状披针形，长 3~7 cm，宽 1.5~2.5 cm，先端渐尖，基部圆形，边有缺刻状尖锐重锯齿，上面深绿色，无毛，下面淡绿色，无毛或脉上有稀疏柔毛，侧脉 5~8 对；叶柄长 2~3 mm，无毛或被稀疏柔毛；托叶线形，长 4~6 mm，边有腺齿。花 1~3 朵，簇生，花叶同开或先叶开放；花梗长 5~10 mm，无毛或被疏柔毛；萼筒陀螺形，长宽近相等，2.5~3 mm，无毛，萼片椭圆形，比萼筒略长，先端圆钝，边有细齿；花瓣白色或粉红色，倒卵状椭圆形；雄蕊约 32 枚；花柱与雄蕊近等长，无毛。核果近球形，深红色，直径约 1 cm；核表面光滑。花期 5 月，果期 7~8 月。

生长环境 野生于海拔 100~200 m 的山坡林下、灌丛中，或栽培。

绿化用途 小枝灰褐色，嫩枝绿色或绿褐色，无毛。桃红色宝石般的花蕾，繁密如云的花朵，深红色的果实，都非常美丽可爱。宜丛植于草坪、山石旁、林缘、建筑物前；或点缀于庭院路边，或与棣棠、迎春等其他花木配植，也可作花篱栽植，是园林绿化中重要的观花、观果树种。

樱桃

学名 *Prunus pseudocerasus*（Lindl.）G. Don

俗名 樱珠、牛桃、楔桃。

科属 蔷薇科樱属。

形态特征 乔木，高 2~6 m，树皮灰白色。小枝灰褐色，嫩枝绿色，无毛或被疏柔毛。冬芽卵形，无毛。叶片卵形或长圆状卵形，长 5~12 cm，宽 3~5 cm，先端渐尖或尾状渐尖，基部圆形，边有尖锐重锯齿，齿端有小腺体，上面暗绿色，近无毛，下面淡绿色，沿脉或脉间有稀疏柔毛，侧脉 9~11 对；叶柄长 0.7~1.5 cm，被疏柔毛，先端有 1 个或 2 个大腺体；托叶早落，披针形，有羽裂腺齿。花序伞房状或近伞形，有花 3~6 朵，先叶开放；总苞倒卵状椭圆形，褐色，长约 5 mm，宽约 3 mm，边有腺齿；花梗长 0.8~1.9 cm，被疏柔毛；萼筒钟状，长 3~6 mm，宽 2~3 mm，外面被疏柔毛，萼片三角卵圆形或卵状长圆形，先端急尖或钝，边缘全缘，长为萼筒的一半或过半；花瓣白色，卵圆形，先端下凹或二裂；雄蕊 30~35 枚，栽培者可达 50 枚；花柱与雄蕊近等长，无毛。核果近球形，红色，直径 0.9~1.3 cm。花期 3~4 月，果期 5~6 月。

生长环境 生长在海拔 300~600 m 的山坡阳处或沟边，常栽培，喜光、喜温、喜湿、喜肥，适合在年均气温 10~12 ℃、年降水量 600~700 mm、年日照时数 2 600~2 800 h 以上的气候条件下生长。土壤以土质疏松、土层深厚的沙壤土为佳。

绿化用途 树姿美观，初春开花，繁茂如雪，其香如蜜，叶碧翠如玉，果红艳晶亮如玛瑙，玲珑可爱，花期早，花量大，结果多，果熟之时，果红叶绿，甚为美观，同时具有抗烟、吸附粉尘、净化空气等改善环境的作用，是园林、庭院绿化常见树种。

火棘

学名 *Pyracantha fortuneana*（Maxim.）Li

俗名 赤阳子、红子、救命粮。

科属 蔷薇科火棘属。

形态特征 常绿灌木，高达 3 m；侧枝短，先端成刺状，嫩枝外被锈色短柔毛，老枝暗褐色，无毛；芽小，外被短柔毛。叶片倒卵形或倒卵状长圆形，长 1.5~6 cm，宽 0.5~2 cm，先端圆钝或微凹，有时具短尖头，基部楔形，下延连于叶柄，边缘有钝锯齿，齿尖向内弯，近基部全缘，两面皆无毛；叶柄短，无毛或嫩时有柔毛。花集成复伞房花序，直径 3~4 cm，花梗和总花梗近于无毛，花梗长约 1 cm；花直径约 1 cm；萼筒钟状，无毛；萼片三角卵形，先端钝；花瓣白色，近圆形，长约 4 mm，宽约 3 mm；雄蕊 20 枚，花丝长 3~4 mm，药黄色；花柱 5，离生，与雄蕊等长，子房上部密生白色柔毛。果实近球形，直径约 5 mm，橘红色或深红色。花期 3~5 月，果期 8~11 月。

生长环境 喜强光，耐贫瘠，抗干旱，耐寒；对土壤要求不严格，以排水良好、湿润、疏松的中性或微酸性壤土为好。

绿化用途 适应性强，耐修剪，喜萌发，作绿篱具有优势。自然抗逆性强，病虫害也少，作为球形布置可以采取拼栽、截枝、放枝及修剪整形的手法，错落有致地栽植于草坪之上，点缀于庭园深处，红彤彤的火棘果使人在寒冷的冬天里有一种温暖的感觉。火棘球规则式地布置在道路两旁或中间绿化带，还能起到绿化和醒目的作用。

杜梨

学名 *Pyrus betulifolia* Bunge

俗名 灰梨、野梨子、海棠梨。

科属 蔷薇科梨属。

形态特征 乔木，高达 10 m，树冠开展，枝常具刺；小枝嫩时密被灰白色茸毛，二年生枝条具稀疏茸毛或近于无毛，紫褐色；冬芽卵形，先端渐尖，外被灰白色茸毛。叶片菱状卵形至长圆卵形，长 4~8 cm，宽 2. 5~3. 5 cm，先端渐尖，基部宽楔形，稀近圆形，边缘有粗锐锯齿，幼叶上下两面均密被灰白色茸毛，成长后脱落，老叶上面无毛而有光泽，下面微被茸毛或近于无毛；叶柄长 2~3 cm，被灰白色茸毛；托叶膜质，线状披针形，长约 2 mm，两面均被茸毛，早落。伞形总状花序，有花 10~15 朵，总花梗和花梗均被灰白色茸毛，花梗长 2~2. 5 cm；苞片膜质，线形，长 5~8 mm，两面均微被茸毛，早落；花直径 1. 5~2 cm；萼筒外密被灰白色茸毛；萼片三角卵形，长约 3 mm，先端急尖，全缘，内外两面均密被茸毛，花瓣宽卵形，长 5~8 mm，宽 3~4 mm，先端圆钝，基部具有短爪。白色；雄蕊 20，花药紫色，长约花瓣之半；花柱 2~3，基部微具毛。果实近球形，直径 5~10 mm，2~3 室，褐色，有淡色斑点，萼片脱落，基部具带茸毛果梗。花期 4 月，果期 8~9 月。

生长环境 生长在海拔 50~1 800 m 的平原或山坡阳处，适生性强，喜光，耐寒，耐旱，耐涝，耐瘠薄，在中性土及盐碱土上均能正常生长。

绿化用途 生性强健，对水肥要求也不严，其树形优美，花色洁白，可用于街道、庭院及公园的绿化树。

豆梨

学名 *Pyrus calleryana* Decne.

俗名 梨丁子、杜梨、糖梨。

科属 蔷薇科梨属。

形态特征 乔木，高 5~8 m；小枝粗壮，圆柱形，在幼嫩时有茸毛，不久脱落，二年生枝条灰褐色；冬芽三角卵形，先端短渐尖，微具茸毛。叶片宽卵形至卵形，稀长椭卵形，长 4~8 cm，宽 3. 5~6 cm，先端渐尖，稀短尖，基部圆形至宽楔形，边缘有钝锯齿，两面无毛；叶柄长2~4 cm，无毛；托叶叶质，线状披针形，长4~7 mm，无毛。伞形总状花序，具花6~12朵，直径4~6 mm，总花梗和花梗均无毛，花梗长1.5~3 cm；苞片膜质，线状披针形，长8~13 mm，内面具茸毛；花直径2~2.5 cm；萼筒无毛；萼片披针形，先端渐尖，全缘，长约5 mm，外面无毛，内面具茸毛，边缘较密；花瓣卵形，长约13 mm，宽约10 mm，基部具短爪，白色；雄蕊20，稍短于花瓣；花柱2，稀3，基部无毛。梨果球形，直径约1 cm，黑褐色，有斑点，萼片脱落，有细长果梗。花期4月，果期8~9月。

生长环境　适合生长在海拔80~1 800 m、气候温暖潮湿的山坡、平原或山谷杂木林中。喜光，稍耐阴，不耐寒，耐干旱瘠薄。对土壤要求不严格，在碱性土上也能生长。深根性。具抗病虫害能力，生长较慢。

绿化用途　春天繁花满树，秋天叶色呈鲜红、橙红、紫红色等，冠形优美，春天观花、秋季观叶，景观复合价值高。

鸡麻

学名　*Rhodotypos scandens*（Thunb.）Makino

俗名　白棣棠、三角草、山葫芦子。

科属　蔷薇科鸡麻属。

形态特征　落叶灌木，高0.5~2 m，稀达3 m。小枝紫褐色，嫩枝绿色，光滑。叶对生，卵形，长4~11 cm，宽3~6 cm，顶端渐尖，基部圆形至微心形，边缘有尖锐重锯齿，上面幼时被疏柔毛，以后脱落无毛，下面被绢状柔毛，老时脱落，仅沿脉被稀疏柔毛；叶柄长2~5 mm，被疏柔毛；托叶膜质狭带形，被疏柔毛，不久脱落。单花顶生于新梢上；花直径3~5 cm；萼片大，卵状椭圆形，顶端急尖，边缘有锐锯齿，外面被稀疏绢状柔毛，副萼片细小，狭带形，比萼片短4~5倍；花瓣白色，倒卵形，比萼片长1/4~1/3倍。核果1~4，黑色或褐色，斜椭圆形，长约8 mm，光滑。花期4~5月，果期6~9月。

生长环境　生长在海拔100~800 m的山坡疏林中及山谷林下阴处。喜湿润环境，不耐积水，喜光，耐寒，对土壤要求不严格，在沙壤土上生长旺盛，喜肥。

绿化用途　株形婆娑，叶片清秀美丽，花朵洁白，适宜丛植，可用于草地、路边、角隅等处造景，也可与山石搭配。

木香花

学名　*Rosa banksiae* Ait.

俗名　七里香、木香、金樱。

科属　蔷薇科蔷薇属。

形态特征　攀缘小灌木，高可达6 m；小枝圆柱形，无毛，有短小皮刺；老枝上的皮刺较大，坚硬，经栽培后有时枝条无刺。小叶3~5枚，稀7枚，连叶柄长4~6 cm；小叶片椭圆状卵形或长圆披针形，长 2~5 cm，宽 8~18 mm，先端急尖或稍钝，基部近圆形或宽楔形，边缘有紧贴细锯齿，上面无毛，深绿色，下面淡绿色，中脉突起，沿脉有柔毛；小叶柄和叶轴有稀疏柔毛和散生小皮刺；托叶线状披针形，膜质，离生，早落。花小形，多朵成伞形花序，花直径 1.5~2.5 cm；花梗长 2~3 cm，无毛；萼片卵形，先端长渐尖，全缘，萼筒和萼片外面均无毛，内面被白色柔毛；花瓣重瓣至半重瓣，白色，倒卵形，先端圆，基部楔形；心皮多数，花柱离生，密被柔毛，比雄蕊短很多。花期 4~5 月。

生长环境 生在溪边、路旁或山坡灌丛中，海拔 500~1 300 m。喜阳光，亦耐半阴，较耐寒。大部分地区能露地越冬。对土壤要求不严格，耐干旱瘠薄，栽植在土层深厚、疏松、肥沃、湿润而又排水通畅的土壤上则生长更好，也可在黏重土壤上正常生长。不耐水湿，忌积水。

绿化用途 花可以吸收废气，阻挡灰尘，净化空气。花密，色艳，香浓，秋果红艳，是极好的垂直绿化材料，适用于布置花柱、花架、花廊和墙垣，是作为绿篱的良好材料，适合家庭种植。著名观赏植物，常栽培供攀缘棚架之用。

钝叶蔷薇

学名 *Rosa sertata* Rolfa

科属 蔷薇科蔷薇属。

形态特征 灌木，高 1~2 m；小枝圆柱形，细弱，无毛，散生直立皮刺或无刺。小叶 7~11 枚，连叶柄长 5~8 cm，小叶片广椭圆形至卵状椭圆形，长 1~2.5 cm，宽 7~15 mm，先端急尖或圆钝，基部近圆形，边缘有尖锐单锯齿，近基部全缘，两面无毛，或下面沿中脉有稀疏柔毛，中脉和侧脉均突起；小叶柄和叶轴有稀疏柔毛，腺毛和小皮刺；托叶大部贴生于叶柄，离生部分耳状，卵形，无毛，边缘有腺毛。花单生或 3~5 朵，排成伞房状；小苞片 1~3 枚，苞片卵形，先端短渐尖，边缘有腺毛，无毛；花梗长 1.5~3 cm，花梗和萼筒无毛，或有稀疏腺毛；花直径 2~3.5 cm；萼片卵状披针形，先端延长成叶状，全缘，外面无毛，内面密被黄白色柔毛，边缘较密；花瓣粉红色或玫瑰色，宽倒卵形，先端微凹，基部宽楔形，比萼片短；花柱离生，被柔毛，比雄蕊短。果卵球形，顶端有短颈，长 1.2~2 cm，直径约 1 cm，深红色。花期 6 月，果期 8~10 月。

生长环境 生长在海拔 1 390~2 200 m 的山坡、路旁、沟边或疏林中，喜阳光，亦耐半阴，较耐寒。对土壤要求不严格，耐干旱瘠薄，栽植在土层深厚、疏松、肥沃、湿润而又排水通畅的土壤上则生长更好，也可在黏重土壤上正常生长。不耐水湿，忌积水。

绿化用途 花可以吸收废气，阻挡灰尘，净化空气。花密，色艳，香浓，秋果红艳，是极好的垂直绿化材料，适用于布置花柱、花架、花廊和墙垣，是作为绿篱的良好材料，非常适合家庭种植。

野蔷薇

学名 *Rosa multiflora* Thunb.

俗名 蔷薇、多花蔷薇、营实墙蘼。

科属 蔷薇科蔷薇属。

形态特征 攀缘灌木；小枝圆柱形，通常无毛，有短、粗稍弯曲皮束。小叶5~9枚，近花序的小叶有时3枚，连叶柄长5~10 cm；小叶片倒卵形、长圆形或卵形，长1.5~5 cm，宽8~28 mm，先端急尖或圆钝，基部近圆形或楔形，边缘有尖锐单锯齿，稀混有重锯齿，上面无毛，下面有柔毛；小叶柄和叶轴有柔毛或无毛，有散生腺毛；托叶篦齿状，大部贴生于叶柄，边缘有或无腺毛。花多朵，排成圆锥状花序，花梗长1.5~2.5 cm，无毛或有腺毛，有时基部有篦齿状小苞片；花直径1.5~2 cm，萼片披针形，有时中部具2个线形裂片，外面无毛，内面有柔毛；花瓣白色，宽倒卵形，先端微凹，基部楔形；花柱结合成束，无毛，比雄蕊稍长。果近球形，直径6~8 mm，红褐色或紫褐色，有光泽，无毛，萼片脱落。

生长环境 性强健，喜光、耐半阴、耐寒，对土壤要求不严格，在黏重土壤上也可正常生长。耐瘠薄，忌低洼积水。以肥沃、疏松的微酸性土壤最好。喜光的植物在阳光比较充分的环境中，才能生长正常或生长良好，而在荫蔽环境中，生长不良。

绿化用途 初夏开花，花繁叶茂，芳香清幽。花形千姿百态，花色五彩缤纷，且适应性极强，栽培范围较广，易繁殖，园林绿化材料。可植于溪畔、路旁及园边、地角等处，或用于花柱、花架、花门、篱垣与栅栏绿化、墙面绿化、山石绿化、阳台和窗台绿化、立交桥的绿化等，往往密集丛生，满枝灿烂，景色颇佳。

黄蔷薇

学名 *Rosa hugonis* Hemsl.

俗名 红眼刺、大马茄子。

科属 蔷薇科蔷薇属。

形态特征 矮小灌木，高约2.5 m；枝粗壮；常呈弓形；小枝圆柱形，无毛，皮刺扁平，常混生细密针刺。小叶5~13枚，连叶柄长4~8 cm；小叶片卵形、椭圆形或倒卵形，长8~20 mm，宽5~12 mm，先端圆钝或急尖，边缘有锐锯齿，两面无毛，上面中脉下陷，下面中脉突起；托叶狭长，大部贴生于叶柄，离生部分极短，呈耳状，无毛，边缘有稀疏腺毛。花单生于叶腋，无苞片；花梗长1~2 cm，无毛；花直径4~5.5 cm；萼筒、萼片外面无毛，萼片披针形，先端渐尖，全缘，有明显的中脉，内面有稀疏柔毛；花瓣黄色，宽倒卵形，先端微凹，基部宽楔形；雄蕊多数，着生在坛状萼筒口的周围；花柱离生，被白色长柔毛，稍伸出萼筒口外面，比雄蕊短。果实扁球形，直径12~15 mm，紫红色至黑褐色，无毛，有光泽，萼片宿存反折。花期5~6月，果期7~8月。

生长环境 生长在海拔600~2 300 m的山坡向阳处、林边灌丛中，阳性，耐寒，耐干旱。

绿化用途 花团锦簇，红果累累，鲜艳夺目，是重要的观赏植物。花色有乳白、鹅黄、金黄、粉红、大红、紫黑多种，花朵有大有小，有重瓣、单瓣，都簇生于梢头，色泽鲜艳，气味芳香，是香色并具的观赏花。枝干成半攀缘状，可依架攀附成各种形态，宜布置于花架、花格、辕门、花墙等处，夏日花繁叶茂，确有“密叶翠幄重，脓花红锦张”的景色，亦可控制成小灌木状，培育作盆花。有些品种可培育作切花，在园林中，常与其他同属种，或其他藤本花木配植为花架、花格、绿廊、绿亭，可以相映生辉。

缫丝花

学名 *Rosa roxburghii* Tratt.

俗名 刺梨、木梨子、刺槟榔根。

科属 蔷薇科蔷薇属。

形态特征 缫丝花是开展灌木，高1~2.5 m；树皮灰褐色，成片状剥落；小枝圆柱形，斜向上升，有基部稍扁而成对皮刺。小叶9~15枚，连叶柄长5~11 cm，小叶片椭圆形或长圆形，稀倒卵形，长1~2 cm，宽6~12 mm，先端急尖或圆钝，基部宽楔形，边缘有细锐锯齿，两面无毛，下面叶脉突起，网脉明显，叶轴和叶柄有散生小皮刺；托叶大部贴生于叶柄，离生部分呈钻形，边缘有腺毛。花单生或2~3朵，生于短枝顶端；花直径5~6 cm；花梗短；小苞片2~3枚，卵形，边缘有腺毛；萼片通常宽卵形，先端渐尖，有羽状裂片，内面密被茸毛，外面密被针刺；花瓣重瓣至半重瓣，淡红色或粉红色，微香，倒卵形，外轮花瓣大，内轮较小；雄蕊多数着生在杯状萼筒边缘；心皮多数，着生在花托底部；花柱离生，被毛，不外伸，短于雄蕊。果扁球形，直径3~4 cm，绿红色，外面密生针刺；萼片宿存，直立。花期5~7月，果期8~10月。

生长环境 喜温暖湿润和阳光充足环境，适应性强，较耐寒，稍耐阴，对土壤要求不严格，以肥沃的沙壤土为好。

绿化用途 花朵秀美，粉红的花瓣中密生一圈金黄色花药，十分别致，黄色刺颇具野趣，适用于坡地和路边丛植绿化。

海棠花

学名 *Malus spectabilis* (Ait.) Borkh.

俗名 海棠、日本海棠。

科属 蔷薇科蔷薇属。

形态特征 乔木，高可达8 m；小枝粗壮，圆柱形，幼时具短柔毛，逐渐脱落，老时红褐色或紫褐色，无毛；冬芽卵形，先端渐尖，微被柔毛，紫褐色，有数枚外露鳞片。叶片椭圆形至长椭圆形，长5~8 cm，宽2~3 cm，先端短渐尖或圆钝，基部宽楔形或近圆形，边缘有紧贴细锯齿，有时部分近于全缘，幼嫩时上下两面具稀疏短柔毛，以后脱落，老叶无毛；叶柄长 1.5~2 cm，具短柔毛；托叶膜质，窄披针形，先端渐尖，全缘，内面具长柔毛。花序近伞形，有花 4~6 朵，花梗长 2~3 cm，具柔毛；苞片膜质，披针形，早落；花直径 4~5 cm；萼筒外面无毛或有白色茸毛；萼片三角卵形，先端急尖，全缘，外面无毛或偶有稀疏茸毛，内面密被白色茸毛，萼片比萼筒稍短；花瓣卵形，长 2~2.5 cm，宽 1.5~2 cm，基部有短爪，白色，在芽中呈粉红色；雄蕊 20~25，花丝长短不等，长约花瓣之半；花柱 5，稀 4，基部有白色茸毛，比雄蕊稍长。果实近球形，直径 2 cm，黄色，萼片宿存，基部不下陷，梗洼隆起；果梗细长，先端肥厚，长 3~4 cm。花期 4~5 月，果期 8~9 月。

生长环境 喜阳光，不耐阴，忌水湿。花极为耐寒，对严寒及干旱气候有较强的适应性，可以承受寒冷的气候，一般来说，海棠在-15 ℃也能生长得很好。喜阳，适宜在阳光充足的环境生长，如果长期置于阴凉的地方，就会生长不良，要保持充足的阳光。

绿化用途 花姿潇洒，花开似锦，是北方著名的观赏树种。在皇家园林中常与玉兰、牡丹、桂花相配植，取“玉棠富贵”的意境，素有“花中神仙”“花贵妃”“花尊贵”之称。常植于人行道两侧、亭台周围、丛林边缘、水滨池畔等。对二氧化硫抗性较强，适用于城市街道绿地和矿区绿化。

月季花

学名 *Rosa chinensis* Jacq.

俗名 月月花、月月红、玫瑰、月季。

科属 蔷薇科蔷薇属。

形态特征 直立灌木，高 1~2 m；小枝粗壮，圆柱形，近无毛，有短粗的钩状皮刺或无。小叶 3~5 枚，稀 7，连叶柄长 5~11 cm，小叶片宽卵形至卵状长圆形，长 2.5~6 cm，宽 1~3 cm，先端长渐尖或渐尖，基部近圆形或宽楔形，边缘有锐锯齿，两面近无毛，上面暗绿色，常带光泽，下面颜色较浅，顶生小叶片有柄，侧生小叶片近无柄，总叶柄较长，有散生皮刺和腺毛；托叶大部贴生于叶柄，仅顶端分离部分成耳状，边缘常有腺毛。花几朵集生，稀单生，直径 4~5 cm；花梗长 2.5~6 cm，近无毛或有腺毛，萼片卵形，先端尾状渐尖，有时呈叶状，边缘常有羽状裂片，稀全缘，外面无毛，内面密被长柔毛；花瓣重瓣至半重瓣，红色、粉红色至白色，倒卵形，先端有凹缺，基部楔形；花柱离生，伸出萼筒口外，约与雄蕊等长。果卵球形或梨形，长 1~2 cm，红色，萼片脱落。花期 4~9 月，果期 6~11 月。

生长环境 对气候、土壤要求并不严格，以疏松、肥沃、富含有机质、微酸性、排水良好的壤土较为适宜。喜温暖、日照充足、空气流通的环境。大多数品种适宜温度白天为 15~26 ℃，晚上为 10~15 ℃。冬季气温低于 5 ℃即进入休眠。有的品种能耐-15 ℃的低温和 35 ℃的高温；夏季温度持续 30 ℃以上时，即进入半休眠，植株生长不良，虽也能孕蕾，但花小瓣少，色暗淡而无光泽，失去观赏价值。

绿化用途 月季在园林绿化中有着不可或缺的价值，在南北园林绿化中，是使用最多的一种花卉。是主要的观赏花卉，其花期长，观赏价值高，受到各地园林的喜爱。可用于园林布置花坛、花境、庭院花材，可制作月季盆景，作切花、花篮、花束等。

白叶莓

学名 *Rubus innominatus* S. Moore

俗名 刺泡、白叶悬钩子。

科属 蔷薇科悬钩子属。

形态特征 灌木，高1~3 m；枝拱曲，褐色或红褐色，小枝密被茸毛状柔毛，疏生钩状皮刺。小叶常3枚，稀于不孕枝上具5枚小叶，长4~10 cm，宽2.5~5 cm，顶端急尖至短渐尖，顶生小叶卵形或近圆形，稀卵状披针形，基部圆形至浅心形，边缘常3裂或缺刻状浅裂，侧生小叶斜卵状披针形或斜椭圆形，基部楔形至圆形，上面疏生平贴柔毛或几无毛，下面密被灰白色茸毛，沿叶脉混生柔毛，边缘有不整齐粗锯齿或缺刻状粗重锯齿；叶柄长2~4 cm，顶生小叶柄长1~2 cm，侧生小叶近无柄，与叶轴均密被茸毛状柔毛；托叶线形，被柔毛。总状或圆锥状花序，顶生或腋生，腋生花序常为短总状；总花梗和花梗均密被黄灰色或灰色茸毛状长柔毛和腺毛；花梗长4~10 mm；苞片线状披针形，被茸毛状柔毛；花直径6~10 mm；花萼外面密被黄灰色或灰色茸毛状长柔毛和腺毛；萼片卵形，长5~8 mm，顶端急尖，内萼片边缘具灰白色茸毛，在花果时均直立；花瓣倒卵形或近圆形，紫红色，边啮蚀状，基部具爪，稍长于萼片；雄蕊稍短于花瓣；花柱无毛；子房稍具柔毛。果实近球形，直径约1 cm，橘红色，初期被疏柔毛，成熟时无毛；核具细皱纹。花期5~6月，果期7~8月。

生长环境 生长在海拔400~2 500 m的山坡疏林、灌丛中或山谷河旁。

绿化用途 花瓣紫红色，球形果实橘红色，令人赏心悦目；其叶背密被灰白色茸毛，更是别具一格。栽植于园林内宜作花篱，植于林缘、草坪边缘，富有山林野趣。

茅莓

学名 *Rubus parvifolius* L.

俗名 国公、红梅消、三月泡、茅莓。

科属 蔷薇科悬钩子属。

形态特征 灌木，高1~2 m；枝呈弓形弯曲，被柔毛和稀疏钩状皮刺；小叶3枚，在新枝上偶有5枚，菱状圆形或倒卵形，长2.5~6 cm，宽2~6 cm，顶端圆钝或急尖，基部圆形或宽楔形，上面伏生疏柔毛，下面密被灰白色茸毛，边缘有不整齐粗锯齿或缺刻状粗重锯齿，常具浅裂片；叶柄长2.5~5 cm，顶生小叶柄长1~2 cm，均被柔毛和稀疏小皮刺；托叶线形，长5~7 mm，具柔毛。伞房花序顶生或腋生，稀顶生花序成短总状，具花数朵至多朵，被柔毛和细刺；花梗长0.5~1.5 cm，具柔毛和稀疏小皮刺；苞片线形，有柔毛；花直径约 1 cm；花萼外面密被柔毛和疏密不等的针刺；萼片卵状披针形或披针形，顶端渐尖，有时条裂，在花果时均直立开展；花瓣卵圆形或长圆形，粉红至紫红色，基部具爪；雄蕊花丝白色，稍短于花瓣；子房具柔毛。果实卵球形，直径 1~1.5 cm，红色，无毛或具稀疏柔毛；核有浅皱纹。花期 5~6 月，果期 7~8 月。

生长环境 生长在海拔 400~2 600 m 的山坡杂木林下、向阳山谷、路旁或荒野。

绿化用途 果色艳丽，生长迅速，繁殖容易，覆盖力强，具有较强的适应性和抗性，可作为地被植物植于树下、林缘、绿化隔离带、假山岩石旁、溪边、岸边、池塘边阴湿处等，颇具观赏价值。

珍珠梅

学名 *Sorbaria sorbifolia*（L.）A. Br.

俗名 山高粱条子、高楷子、八本条。

科属 蔷薇科珍珠梅属。

形态特征 灌木，高达 2 m，枝条开展；小枝圆柱形，稍屈曲，无毛或微被短柔毛，初时绿色，老时暗红褐色或暗黄褐色；冬芽卵形，先端圆钝，无毛或顶端微被柔毛，紫褐色，具有数枚互生外露的鳞片。羽状复叶，小叶片 11~17 枚，连叶柄长 13~23 cm，宽 10~13 cm，叶轴微被短柔毛；小叶片对生，相距 2~2.5 cm，披针形至卵状披针形，长 5~7 cm，宽 1.8~2.5 cm，先端渐尖，稀尾尖，基部近圆形或宽楔形，稀偏斜，边缘有尖锐重锯齿，上下两面无毛或近于无毛，羽状网脉，具侧脉 12~16 对，下面明显；小叶无柄或近于无柄；托叶叶质，卵状披针形至三角披针形，先端渐尖至急尖，边缘有不规则锯齿或全缘，长 8~13 mm，宽 5~8 mm，外面微被短柔毛。顶生大型密集圆锥花序，分枝近于直立，长 10~20 cm，直径 5~12 cm，总花梗和花梗被星状毛或短柔毛，果期逐渐脱落，近于无毛；苞片卵状披针形至线状披针形，长 5~10 mm，宽 3~5 mm，先端长渐尖，全缘或有浅齿，上下两面微被柔毛，果期逐渐脱落；花梗长 5~8 mm；花直径 10~12 mm；萼筒钟状，外面基部微被短柔毛；萼片三角卵形，先端钝或急尖，萼片约与萼筒等长；花瓣长圆形或倒卵形，长 5~7 mm，宽 3~5 mm，白色；雄蕊 40~50，长于花瓣 1.5~2 倍，生在花盘边缘；心皮 5，无毛或稍具柔毛。蓇葖果长圆形，有顶生弯曲花柱，长约 3 mm，果梗直立；萼片宿存，反折，稀开展。花期 7~8 月，果期 9 月。

生长环境 生长在海拔 250~1 500 m 的山坡疏林中，喜光，亦耐阴，耐寒，冬季可耐 −25 ℃的低温，对土壤要求不严格，在肥沃的沙质壤土上生长最好，也较耐盐碱土。喜湿润环境，积水易导致植株烂根，缺水则影响植株生长，雨季应注意及时排水，干旱季节应浇足水，浇水后要及时松土保墒，初冬和初春还应浇好封冻水和开冻水。

绿化用途 花、叶清丽，花期很长又值夏季少花季节，是在园林绿化上受欢迎的观赏树种，可孤植、列植、丛植。株丛丰满，枝叶清秀，在缺花的盛夏开出清雅的白花而且花期很长。尤其对多种有害细菌具有杀灭或抑制作用，适宜在各类园林绿地中种植。具有耐阴的特性，是城市高楼大厦及各类建筑物北侧阴面绿化的花灌木树种。

绣球绣线菊

学名 *Spiraea blumei* G. Don

俗名 碎米桠、珍珠梅、绣球。

科属 蔷薇科绣线菊属。

形态特征 灌木，高1~2 m；小枝细，开张，稍弯曲，深红褐色或暗灰褐色，无毛；冬芽小，卵形，先端急尖或圆钝，无毛，有数个外露鳞片。叶片菱状卵形至倒卵形，长2~3.5 cm，宽1~1.8 cm，先端圆钝或微尖，基部楔形，边缘自近中部以上有少数圆钝缺刻状锯齿或3~5浅裂，两面无毛，下面浅蓝绿色，基部具有不明显的3出脉或羽状脉。伞形花序有总梗，无毛，具花10~25朵；花梗长6~10 mm，无毛；苞片披针形，无毛；花直径5~8 mm；萼筒钟状，外面无毛，内面具短柔毛；萼片三角形或卵状三角形，先端急尖或短渐尖，内面疏生短柔毛；花瓣宽倒卵形，先端微凹，长2~3.5 mm，宽几与长相等，白色；雄蕊18~20，较花瓣短；花盘由8~10个较薄的裂片组成，裂片先端有时微凹；子房无毛或仅在腹部微具短柔毛，花柱短于雄蕊。蓇葖果较直立，无毛，花柱位于背部先端，倾斜开展，萼片直立。花期4~6月，果期8~10月。

生长环境 生长在海拔1 800~2 200 m的半阴坡、半阳坡灌丛或林缘。喜光，稍耐阴，耐寒，耐旱，耐盐碱，不耐涝。耐瘠薄，对土壤要求不严格，在土层深厚、富含腐殖质的土壤上生长良好。分蘖性强，耐修剪，栽培容易，易管理。

绿化用途 树姿优美，枝叶繁密。花朵小巧密集，布落枝头，尤如串串珍珠，宛若积雪。可孤植、丛植，栽于街道、山坡、小路两旁、草坪边缘，也可用作绿篱，是园林绿化中优良的观花观叶树种。

麻叶绣线菊

学名 *Spiraea cantoniensis* Lour.

俗名 石棒子、麻叶绣球绣线菊、麻毬。

科属 蔷薇科绣线菊属。

形态特征 灌木，高达1.5 m；小枝细瘦，圆柱形，呈拱形弯曲，幼时暗红褐色，无毛；冬芽小，卵形，先端尖，无毛，有数枚外露鳞片。叶片菱状披针形至菱状长圆形，长3~5 cm，宽1.5~2 cm，先端急尖，基部楔形，边缘自近中部以上有缺刻状锯齿，上面深绿色，下面灰蓝色，两面无毛，有羽状叶脉；叶柄长4~7 mm，无毛。伞形花序具多数花朵；花梗长8~14 mm，无毛；苞片线形，无毛；花直径5~7 mm；萼筒钟状，外面无毛，内面被短柔毛；萼片三角形或卵状三角形，先端急尖或短渐尖，内面微被短柔毛；花瓣近圆形或倒卵形，先端微凹或圆钝，长与宽各2.5~4 mm，白色；雄蕊20~28，稍短于花瓣或几与花瓣等长；花盘由大小不等的近圆形裂片组成，裂片先端有时微凹，排列成圆环形；子房近无毛，花柱短于雄蕊。蓇葖果直立开张，无毛，花柱顶生，常倾斜开展，具直立开张萼片。花期 4~5 月，果期 7~9 月。

生长环境 喜温暖和阳光充足的环境。稍耐寒、耐阴，较耐干旱，忌湿涝。分蘖力强。生长适宜温度为 15~24 ℃，冬季能耐-5 ℃的低温。土壤以肥沃、疏松和排水良好的沙壤土为宜。

绿化用途 花色艳丽，花朵繁茂，盛开时枝条全部为细巧的花朵所覆盖，形成一条条拱形花带，树上树下一片雪白，十分惹人喜爱。繁殖容易，耐寒、耐旱，是极好的观花灌木，适于在城镇园林绿化中应用。或布置广场，或居民区绿化，或布置小品。初夏观花，秋季观叶，构筑迷人的四季景观。枝条细长且萌蘖性强，可以代替女贞、黄杨用作绿篱，起到阻隔作用，又可观花。其花期长，又可以用作花境，形成美丽的花带。

华空木

学名 *Stephanandra chinensis* Hance

俗名 野珠兰。

科属 蔷薇科小米空木属。

形态特征 灌木，高达 1.5 m；小枝细弱，圆柱形，微具柔毛，红褐色；冬芽小，卵形，先端稍钝，红褐色，鳞片边缘微被柔毛。叶片卵形至长椭卵形，长 5~7 cm。宽 2~3 cm，先端渐尖，稀尾尖，基部近心形、圆形，稀宽楔形，边缘常浅裂并有重锯齿，两面无毛，或下面沿叶脉微具柔毛，侧脉 7~10 对，斜出；叶柄长 6~8 mm，近于无毛；托叶线状披针形至椭圆披针形，长 6~8 mm，先端渐尖，全缘或有锯齿，两面近于无毛。顶生疏松的圆锥花序，长 5~8 cm，直径 2~3 cm；花梗长 3~6 mm，总花梗和花梗均无毛；苞片小，披针形至线状披针形；萼筒杯状，无毛；萼片三角卵形，长约 2 mm，先端钝，有短尖，全缘；花瓣倒卵形，稀长圆形，长约 2 mm，先端钝，白色；雄蕊 10，着生在萼筒边缘，较花瓣短约一半；心皮 1，子房外被柔毛，花柱顶生，直立。蓇葖果近球形，直径约 2 mm，被稀疏柔毛，具宿存直立的萼片；种子 1 粒，卵球形。花期 5 月，果期 7~8 月。

生长环境 生长在海拔 1 000~1 500 m 的阔叶林边或灌木丛中。喜冬暖夏凉、空气湿润的气候环境，适宜在疏松肥沃、透气排水、富含有机质的酸性沙质土壤上生长。

绿化用途 根系发达，生长强健，长势旺盛，适宜点缀公园、庭院作绿化、美化栽培。

西府海棠

学名 *Malus × micromalus* Makino

俗名 海红、子母海棠、小果海棠。

科属 蔷薇科苹果属。

形态特征 小乔木，高达 5 m。小枝幼时被短柔毛，老时脱落。冬芽卵圆形，无毛或仅鳞片边缘有茸毛。叶长椭圆形或椭圆形，长 5~10 cm，先端急尖或渐尖，基部楔形，稀近圆，边缘有尖锐锯齿，幼时被短柔毛，下面较密，老时脱落；叶柄长 2~3.5 cm，托叶膜质，线状披针形，边缘疏生腺齿，早落。花 4~7 朵组成伞形总状花序或集生枝顶。花梗长 2~3 cm，幼时被长柔毛；苞片膜质，线状披针形，早落；花径约 4 cm；被丝托外面密被白色长茸毛，萼片三角状卵形、三角状披针形至长卵形，内面被白色茸毛，外面毛较稀疏；与被丝托等长或稍长，多数脱落，少数宿存；花瓣粉红色，近圆形或长椭圆形，长约 1.5 cm；雄蕊 20，稍短于花瓣；花柱 5，基部有茸毛。果近球形，径 1~1.5 cm，红色，萼洼、柄洼均下陷，有少数宿存萼片。花期 4~5 月，果期 8~9 月。

生长环境 海拔 100~2 400 m。喜光，耐寒，忌水涝，忌空气过湿，较耐干旱。

绿化用途 树态峭立，似亭亭少女。花红，叶绿，果美，不论孤植、列植、丛植均极美观。花色艳丽，一般多栽培于庭园供绿化用。花朵红粉相间，叶子嫩绿可爱，果实鲜美诱人，宜植于水滨及小庭一隅。

枇杷

学名 *Eriobotrya japonica*（Thunb.）Lindl.

俗名 芦橘、金丸、芦枝。

科属 蔷薇科枇杷属。

形态特征 常绿小乔木，高可达 10 m；小枝粗壮，黄褐色，密生锈色或灰棕色茸毛。叶片革质，披针形、倒披针形、倒卵形或椭圆长圆形，长 12~30 cm，宽 3~9 cm，先端急尖或渐尖，基部楔形或渐狭成叶柄，上部边缘有疏锯齿，基部全缘，上面光亮，多皱，下面密生灰棕色茸毛，侧脉 11~21 对；叶柄短或几无柄，长 6~10 mm，有灰棕色茸毛；托叶钻形，长 1~1.5 cm，先端急尖，有毛。圆锥花序顶生，长 10~19 cm，具多花；总花梗和花梗密生锈色茸毛；花梗长 2~8 mm；苞片钻形，长 2~5 mm，密生锈色茸毛；花直径 12~20 mm；萼筒浅杯状，长 4~5 mm，萼片三角卵形，长 2~3 mm，先端急尖，萼筒及萼片外面有锈色茸毛；花瓣白色，长圆形或卵形，长 5~9 mm，宽 4~6 mm，基部具爪，有锈色茸毛；雄蕊 20，远短于花瓣，花丝基部扩展；花柱 5，离生，柱头头状，无毛，子房顶端有锈色柔毛，5 室，每室有 2 胚珠。果实球形或长圆形，直径 2~5 cm，黄色或橘黄色，外有锈色柔毛，不久脱落；种子 1~5 粒，球形或扁球形，直径 1~1.5 cm，褐色，光亮，种皮纸质。花期 10~12 月，果期 5~6 月。

生长环境 喜光，稍耐阴，喜温暖气候和肥水湿润、排水良好的土壤，稍耐寒，不耐严寒，生长缓慢，平均温度 12~15 ℃以上，冬季不低于-5 ℃，在花期、幼果期不低于 0 ℃的地区，均能生长良好。

绿化用途 树形整齐美观，叶大荫浓，四季常青，春萌新叶白毛茸茸，秋孕冬花，春实夏熟，在绿叶丛中，累累金丸，古人称其为佳实。园林绿化树种，喜阳，耐旱，对土壤要求不严，以肥沃土壤为好。

木瓜

学名 *Chaenomeles sinensis*（Thouin）Koehne

俗名 木李、海棠、光皮木瓜。

科属 蔷薇科木瓜属。

形态特征 灌木或小乔木，高达 5~10 m，树皮成片状脱落；小枝无刺，圆柱形，幼时被柔毛，不久即脱落，紫红色，二年生枝无毛，紫褐色；冬芽半圆形，先端圆钝，无毛，紫褐色。叶片椭圆卵形或椭圆长圆形，稀倒卵形，长 5~8 cm，宽 3. 5~5. 5 cm，先端急尖，基部宽楔形或圆形，边缘有刺芒状尖锐锯齿，齿尖有腺，幼时下面密被黄白色茸毛，不久即脱落无毛；叶柄长 5~10 mm，微被柔毛，有腺齿；托叶膜质，卵状披针形，先端渐尖，边缘具腺齿，长约 7 mm。花单生于叶腋，花梗短粗，长 5~10 mm，无毛；花直径 2. 5~3 cm；萼筒钟状外面无毛；萼片三角披针形，长 6~10 mm，先端渐尖，边缘有腺齿，外面无毛，内面密被浅褐色茸毛，反折；花瓣倒卵形，淡粉红色；雄蕊多数，长不及花瓣之半；花柱 3~5，基部合生，被柔毛，柱头头状，有不显明分裂，约与雄蕊等长或稍长。果实长椭圆形，长 10~15 cm，暗黄色，木质，味芳香，果梗短。花期 4 月，果期 9~10 月。

生长环境 对土壤要求不严格，在土层深厚、疏松肥沃、排水良好的沙质土壤上生长较好，低洼积水处不宜种植。喜半干半湿。在花期前后略干；土壤过湿，则花期短。见果后喜湿，若土干，果呈干瘪状，就很容易落果。果接近成熟期，土略干；果熟期土壤过湿则落果。不耐阴，栽植地可选择避风向阳处。

绿化用途 树姿优美，花簇集中，花量大，花色美，常被作为观赏树种，还可做嫁接海棠的砧木，或作为盆景在庭院或园林绿化中栽培，具有城市绿化和园林造景功能。

皱皮木瓜

学名 *Chaenomeles speciosa*（Sweet）Nakai

俗名 铁脚梨、贴梗木瓜、木瓜。

科属 蔷薇科木瓜属。

形态特征 落叶灌木，高达 2 m，枝条直立开展，有刺；小枝圆柱形，微屈曲，无毛，紫褐色或黑褐色，有疏生浅褐色皮孔；冬芽三角卵形，先端急尖，近于无毛或在鳞片边缘具短柔毛，紫褐色。叶片卵形至椭圆形，稀长椭圆形，长 3~9 cm，宽 1. 5~5 cm，先端急尖，稀圆钝，基部楔形至宽楔形，边缘具有尖锐锯齿，齿尖开展，无毛或在萌蘖上沿下面叶脉有短柔毛；叶柄长约 1 cm；托叶大形，革质，肾形或半圆形，稀卵形，长 5~10 mm，宽 12~20 mm，边缘有尖锐重锯齿，无毛。花先叶开放，3~5 朵簇生于二年生老枝上；花梗短粗，长约 3 mm 或近于无柄；花直径 3~5 cm；萼筒钟状，外面无毛；萼片直立，半圆形稀卵形，长 3~4 mm。宽 4~5 mm，长约萼筒之半，先端圆钝，全缘或有波状齿及黄褐色睫毛；花瓣倒卵形或近圆形，基部延伸成短爪，长10~15 mm，宽8~13 mm，猩红色，稀淡红色或白色；雄蕊45~50，长约花瓣之半；花柱5，基部合生，无毛或稍有毛，柱头头状，有不明显分裂，约与雄蕊等长。果实球形或卵球形，直径4~6 cm，黄色或带黄绿色，有稀疏不明显斑点，味芳香；萼片脱落，果梗短或近于无梗。花期3~5月，果期9~10月。

生长环境 温带树种。适应性强，喜光，耐半阴，耐寒，耐旱。对土壤要求不严格，在肥沃、排水良好的黏土、壤土上均可正常生长，忌低洼和盐碱地。

绿化用途 早春先花后叶，很美丽。枝密多刺，可作绿蓠。公园、庭院、校园、广场等道路两侧可栽植，亭亭玉立，花果繁茂，灿若云锦，清香四溢。可作为独特孤植观赏树或点缀于园林小品或园林绿地中，也可培育成乔灌木作片林或庭院点缀；春季观花、夏秋赏果，淡雅俏秀，多姿多彩。制作多种造型盆景，可置于厅堂、花台、门廊角隅、休闲场地，与建筑合理搭配，使庭园胜景倍添风采，点缀得幽雅清秀。

紫叶李

学名 *Prunus cerasifera* 'Atropurpurea'

俗名 红叶李、真红叶李。

科属 蔷薇科李属。

形态特征 灌木或小乔木，高可达8 m；多分枝，枝条细长，开展，暗灰色，有时有棘刺；小枝暗红色，无毛；冬芽卵圆形，先端急尖，有数枚覆瓦状排列的鳞片，紫红色，有时鳞片边缘有稀疏缘毛。叶片椭圆形、卵形或倒卵形，极稀椭圆状披针形，长3~6 cm，宽2~3 cm，先端急尖，基部楔形或近圆形，边缘有圆钝锯齿，有时混有重锯齿，上面深绿色，无毛，中脉微下陷，下面颜色较淡，除沿中脉有柔毛或脉腋有髯毛外，其余部分无毛，中脉和侧脉均突起，侧脉5~8对；叶柄长6~12 mm，通常无毛或幼时微被短柔毛，无腺；托叶膜质，披针形，先端渐尖，边有带腺细锯齿，早落。花1朵，稀2朵；花梗长1~2.2 cm。无毛或微被短柔毛；花直径2~2.5 cm；萼筒钟状，萼片长卵形，先端圆钝，边有疏浅锯齿，与萼片近等长，萼筒和萼片外面无毛，萼筒内面有疏生短柔毛；花瓣白色，长圆形或匙形，边缘波状，基部楔形，着生在萼筒边缘；雄蕊25~30，花丝长短不等，紧密地排成不规则2轮，比花瓣稍短；雌蕊1，心皮被长柔毛，柱头盘状，花柱比雄蕊稍长，基部被稀长柔毛。核果近球形或椭圆形，长宽几相等，直径1~3 cm，黄色、红色或黑色，微被蜡粉，具有浅侧沟，黏核；核椭圆形或卵球形，先端急尖，浅褐带白色，表面平滑或粗糙或有时呈蜂窝状，背缝具沟，腹缝有时扩大具2侧沟。花期4月，果期8月。

生长环境 喜阳光、温暖湿润气候，有一定的抗旱能力。对土壤适应性强，不耐干旱，较耐水湿，在肥沃、深厚、排水良好的黏质中性、酸性土壤上生长良好，不耐碱。以沙砾土为好，黏质土上亦能生长，根系较浅，萌生力较强。

绿化用途 整个生长季节都为紫红色，宜于建筑物前及园路旁或草坪角隅处栽植。

榆叶梅

学名 *Amygdalus triloba*（Lindl.）Ricker

俗名 榆梅、小桃红、榆叶鸾枝。

科属 蔷薇科桃属。

形态特征 灌木稀小乔木，高2~3 m；枝条开展，具多数短小枝；小枝灰色，一年生枝灰褐色，无毛或幼时微被短柔毛；冬芽短小，长2~3 mm。短枝上的叶常簇生，一年生枝上的叶互生；叶片宽椭圆形至倒卵形，长2~6 cm，宽1.5~3 cm，先端短渐尖，常3裂，基部宽楔形，上面具疏柔毛或无毛，下面被短柔毛，叶边具粗锯齿或重锯齿；叶柄长5~10 mm，被短柔毛。花1~2朵，先于叶开放，直径2~3 cm；花梗长4~8 mm；萼筒宽钟形，长3~5 mm，无毛或幼时微具毛；萼片卵形或卵状披针形，无毛，近先端疏生小锯齿；花瓣近圆形或宽倒卵形，长6~10 mm，先端圆钝，有时微凹，粉红色；雄蕊25~30，短于花瓣；子房密被短柔毛，花柱稍长于雄蕊。果实近球形，直径1~1.8 cm，顶端具短小尖头，红色，外被短柔毛；果梗长5~10 mm；果肉薄，成熟时开裂；核近球形，具厚硬壳，直径1~1.6 cm，两侧几不压扁，顶端圆钝，表面具不整齐的网纹。花期4~5月，果期5~7月。

生长环境 喜光，稍耐阴，耐寒，能在-35 ℃下越冬。对土壤要求不严格，以中性至微碱性而肥沃土壤为佳。根系发达，耐旱力强。不耐涝。抗病力强。生于低至中海拔的坡地或沟旁乔、灌木林下或林缘。

绿化用途 叶像榆树叶，其花像梅花，得名“榆叶梅”。枝叶茂密，花繁色艳，是园林绿化、街道、路边等重要的绿化观花灌木树种。植物有较强的抗盐碱能力，适宜种植在公园的草地、路边或庭园中的角落、水池等地。种植在常绿树周围或假山等地，其视觉效果更理想。与其他花色的植物搭配种植，在春秋季花盛开时，花形、花色均极美观，各色花争相斗艳，景色宜人，是优良的园林绿化植物。

东京樱花

学名 *Prunus* × *yedoensis* Matsum

俗名 东京樱花、日本樱花。

科属 蔷薇科樱属。

形态特征 乔木，高4~16 m，树皮灰色。小枝淡紫褐色，无毛，嫩枝绿色，被疏柔毛。冬芽卵圆形，无毛。叶片椭圆卵形或倒卵形，长5~12 cm，宽2.5~7 cm，先端渐尖或骤尾尖，基部圆形，稀楔形，边有尖锐重锯齿，齿端渐尖，有小腺体，上面深绿色，无毛，下面淡绿色，沿脉被稀疏柔毛，有侧脉7~10对；叶柄长1.3~1.5 cm，密被柔毛，顶端有1~2个腺体或有时无腺体；托叶披针形，有羽裂腺齿，被柔毛，早落。花序伞形总状，总梗极短，有花3~4朵，先叶开放，花直径3~3.5 cm；总苞片褐色，椭圆卵形，长 6~7 mm，宽 4~5 mm，两面被疏柔毛；苞片褐色，匙状长圆形，长约 5 mm，宽 2~3 mm，边有腺体；花梗长 2~2.5 cm，被短柔毛；萼筒管状，长 7~8 mm，宽约 3 mm，被疏柔毛；萼片三角状长卵形，长约 5 mm，先端渐尖，边有腺齿；花瓣白色或粉红色，椭圆卵形，先端下凹，全缘二裂；雄蕊约 32 枚，短于花瓣；花柱基部有疏柔毛。核果近球形，直径 0.7~1 cm，黑色，核表面略具棱纹。花期 4 月，果期 5 月。

生长环境 喜阳光和温暖湿润气候，有一定抗寒能力。对土壤的要求不严格，宜在疏松肥沃、排水良好的沙质壤土上生长，不耐盐碱土。根系较浅，忌积水低洼地。有一定的耐寒和耐旱力，对烟及风抗力弱。

绿化用途 花色鲜艳亮丽，枝叶繁茂旺盛，是早春重要的观花树种，常用于园林观赏。宜群植，也可植于山坡、庭院、路边、建筑物前。盛开时节花繁艳丽，满树烂漫，如云似霞，极为壮观。可大片栽植造成“花海”景观，可三五成丛点缀于绿地形成锦团，也可孤植，形成“万绿丛中一点红”之画意。还可作小路行道树、绿篱或制作盆景。

豆科

合欢

学名 *Albizia julibrissin* Durazz.

俗名 马缨花、绒花树、夜合合、合昏。

科属 豆科合欢属。

形态特征 落叶乔木，高可达 16 m，树冠开展；小枝有棱角，嫩枝、花序和叶轴被茸毛或短柔毛。托叶线状披针形，较小叶小，早落。二回羽状复叶，总叶柄近基部及最顶一对羽片着生处各有 1 个腺体；羽片 4~12 对，栽培的有时达 20 对；小叶 10~30 对，线形至长圆形，长 6~12 mm，宽 1~4 mm，向上偏斜，先端有小尖头，有缘毛，有时在下面或仅中脉上有短柔毛；中脉紧靠上边缘。头状花序于枝顶排成圆锥花序；花粉红色；花萼管状，长 3 mm；花冠长 8 mm，裂片三角形，长 1.5 mm，花萼、花冠外均被短柔毛；花丝长 2.5 cm。荚果带状，长 9~15 cm，宽 1.5~2.5 cm，嫩荚有柔毛，老荚无毛。花期 6~7 月，果期 8~10 月。

生长环境 生于山坡或栽培。合欢喜温暖湿润和阳光充足环境，对气候和土壤适应性强，宜在排水良好、肥沃土壤上生长，耐瘠薄土壤和干旱气候，不耐水涝。生长迅速。喜光，喜温暖，耐寒，耐旱，耐土壤瘠薄及轻度盐碱，对二氧化硫、氯化氢等有害气体抗性较强。

绿化用途 单植可为庭院树，群植与花灌类配植或与其他树种混植成为风景林。生长迅速，能耐沙质土及干燥气候，开花如绒簇，十分可爱，常植为行道树、风景区造景树、滨水绿化树、工厂绿化树和生态保护树等。

山合欢

学名 *Albizia kalkora*（Roxb.）Prain

俗名 白夜合、马缨花、山槐。

科属 豆科合欢属。

形态特征 落叶小乔木或灌木，通常高 3~8 m；枝条暗褐色，被短柔毛，有显著皮孔。二回羽状复叶，羽片 2~4 对；小叶 5~14 对，长圆形或长圆状卵形，长 1.8~4.5 cm，宽 7~20 mm，先端圆钝而有细尖头，基部不等侧，两面均被短柔毛，中脉稍偏于上侧。头状花序 2~7 枚生于叶腋，或于枝顶排成圆锥花序；花初白色，后变黄，具明显的小花梗；花萼管状，长 2~3 mm，5 齿裂；花冠长 6~8 mm，中部以下连合呈管状，裂片披针形，花萼、花冠均密被长柔毛；雄蕊长 2.5~3.5 cm，基部连合呈管状。荚果带状，长 7~17 cm，宽 1.5~3 cm，深棕色，嫩荚密被短柔毛，老时无毛；种子 4~12 粒，倒卵形。花期 5~6 月，果期 8~10 月。

生长环境 生于山坡灌丛、疏林中，能耐干旱及瘠薄地。

绿化用途 花美丽，观赏价值高，可植为风景树。

紫穗槐

学名 *Amorpha fruticosa* L.

俗名 棉槐、椒条、棉条、穗花槐。

科属 豆科紫穗槐属。

形态特征 落叶灌木，丛生，高 1~4 m。小枝灰褐色，被疏毛，后变无毛，嫩枝密被短柔毛。叶互生，奇数羽状复叶，长 10~15 cm，有小叶 11~25 枚，基部有线形托叶；叶柄长 1~2 cm；小叶卵形或椭圆形，长 1~4 cm，宽 0.6~2.0 cm，先端圆形，锐尖或微凹，有一短而弯曲的尖刺，基部宽楔形或圆形，上面无毛或被疏毛，下面有白色短柔毛，具黑色腺点。穗状花序常 1 个至数个顶生和枝端腋生，长 7~15 cm，密被短柔毛；花有短梗；苞片长 3~4 mm；花萼长 2~3 mm，被疏毛或几无毛，萼齿三角形，较萼筒短；旗瓣心形，紫色，无翼瓣和龙骨瓣；雄蕊 10，下部合生成鞘，上部分裂，包于旗瓣之中，伸出花冠外。荚果下垂，长 6~10 mm，宽 2~3 mm，微弯曲，顶端具小尖，棕褐色，表面有凸起的疣状腺点。花、果期 5~10 月。

生长环境 喜欢干冷气候，在年均气温 10~16 ℃、年降水量 500~700 mm 的地区生长最好。耐寒性强，耐干旱能力很强，能在降水量 200 mm 左右地区生长。有一定的耐淹力，要求光线充足，对土壤要求不严格。

绿化用途 枝条直立匀称，可以经整形培植为直立单株，树形美观。常用作园林绿化的材料，作水土保持、被覆地面和工业区绿化。

龙爪槐

学名 *Styphnolobium japonicum* ‘Pendula’

俗名 垂槐、盘槐。

科属 豆科槐属。

形态特征 羽状复叶长达 25 cm；叶轴初被疏柔毛，旋即脱净；叶柄基部膨大，包裹着芽；托叶形状多变，有时呈卵形，叶状，有时线形或钻状，早落；小叶 4～7 对，对生或近互生，纸质，卵状披针形或卵状长圆形，长 2. 5～6 cm，宽 1. 5～3 cm，先端渐尖，具小尖头，基部宽楔形或近圆形，稍偏斜，下面灰白色，初被疏短柔毛，旋变无毛；小托叶 2 枚，钻状。圆锥花序顶生，常呈金字塔形，长达 30 cm；花梗比花萼短；小苞片 2 枚，形似小托叶；花萼浅钟状，长约 4 mm，萼齿 5，近等大，圆形或钝三角形，被灰白色短柔毛，萼管近无毛；花冠白色或淡黄色，旗瓣近圆形，长和宽约 11 mm，具短柄，有紫色脉纹，先端微缺，基部浅心形，翼瓣卵状长圆形，长 10 mm，宽 4 mm，先端浑圆，基部斜戟形，无皱褶，龙骨瓣阔卵状长圆形，与翼瓣等长，宽达 6 mm；雄蕊近分离，宿存；子房近无毛。荚果串珠状，长 2. 5～5 cm 或稍长，径约 10 mm，种子间缢缩不明显，种子排列较紧密，具肉质果皮，成熟后不开裂，具种子 1～6 粒；种子卵球形，淡黄绿色，干后黑褐色。花期 7～8 月，果期 8～10 月。

生长环境 喜光，稍耐阴。能适应干冷气候。喜生于土层深厚、湿润肥沃、排水良好的沙质壤土。深根性，根系发达，抗风力强，萌芽力亦强，寿命长。对二氧化硫、氟化氢、氯气等有毒气体及烟尘有一定抗性。

绿化用途 姿态优美，是优良的园林树种。宜孤植、对植、列植。寿命长，适应性强，对土壤要求不严格，较耐瘠薄，观赏价值高，园林绿化中应用较多，常作为门庭及道旁树，或作庭荫树，或置于草坪中作观赏树。若采用矮干盆栽观赏，使人感觉柔和潇洒。开花季节，米黄色花序布满枝头，似黄伞蔽目，则更加美丽可爱。

锦鸡儿

学名 *Caragana sinica*（Buc′hoz）Rehd.

俗名 老虎刺、小叶锦鸡儿、黄雀花。

科属 豆科锦鸡儿属。

形态特征 灌木，高 1～2 m。树皮深褐色；小枝有棱，无毛。托叶三角形，硬化成针刺，长 5～7 mm；叶轴脱落或硬化成针刺，针刺长 7～15 mm；小叶 2 对，羽状，有时假掌状，上部 1 对常较下部的为大，厚革质或硬纸质，倒卵形或长圆状倒卵形，长 1～3. 5 cm，宽 5～15 mm，先端圆形或微缺，具刺尖或无刺尖，基部楔形或宽楔形，上面深绿色，下面淡绿色。花单生，花梗长约 1 cm，中部有关节；花萼钟状，长 12～14 mm，宽 6～9 mm，基部偏斜；花冠黄色，常带红色，长 2. 8～3 cm，旗瓣狭倒卵形，具短瓣柄，翼瓣稍长于旗瓣，瓣柄与瓣片近等长，耳短小，龙骨瓣宽钝；子房无毛。荚果圆筒状，长 3~3.5 cm，宽约 5 mm。花期 4~5 月，果期 7 月。

生长环境 生长在海拔约 1 800 m 的山坡灌丛或栽培。喜温暖和阳光照射，能耐寒冷，耐干旱，耐贫瘠，忌水涝。在自然界中，能在山石缝隙处生长。在园林栽培中要求土壤疏松肥沃、通气渗水、富含有机质，土壤的理化性能为微酸性或中性，在这样的土壤中生长最好。

绿化用途 花朵鲜艳，状如蝴蝶的花蕾，盛开时呈现黄红色，展开的花瓣状如金雀，极为美丽，适宜于园林庭院作绿化栽培。其中，一些小叶矮化品种，还是制作树桩盆景的极好材料。

红花锦鸡儿

学名 *Caragana rosea* Turcz. ex Maxim.

俗名 乌兰-哈日嘎纳、黄枝条、金雀儿。

科属 豆科锦鸡儿属。

形态特征 灌木，高 0.4~1 m。树皮绿褐色或灰褐色，小枝细长，具条棱，托叶在长枝者成细针刺，长 3~4 mm，短枝者脱落；叶柄长 5~10 mm，脱落或宿存成针刺；叶假掌状；小叶 4 枚，楔状倒卵形，长 1~2.5 cm，宽 4~12 mm，先端圆钝或微凹，具刺尖，基部楔形，近革质，上面深绿色，下面淡绿色，无毛，有时小叶边缘、小叶柄、小叶下面沿脉被疏柔毛。花梗单生，长 8~18 mm，关节在中部以上，无毛；花萼管状，不扩大或仅下部稍扩大，长 7~9 mm，宽约 4 mm，常紫红色，萼齿三角形，渐尖，内侧密被短柔毛；花冠黄色，常紫红色或全部淡红色，凋时变为红色，长 20~22 mm，旗瓣长圆状倒卵形，先端凹入，基部渐狭成宽瓣柄，翼瓣长圆状线形，瓣柄较瓣片稍短，耳短齿状，龙骨瓣的瓣柄与瓣片近等长，耳不明显；子房无毛。荚果圆筒形，长 3~6 cm，具渐尖头。花期 4~6 月，果期 6~7 月。

生长环境 生长在山坡及沟谷。

绿化用途 枝繁叶茂，花冠蝶形，黄色带红，形似金雀，花、叶、枝可供观赏，园林绿化中可丛植于草地或配植于坡地、山石旁，或作地被植物。

金雀儿

学名 *Cytisus scoparius*（L.）Link

俗名 金香雀、金雀花。

科属 豆科金雀儿属。

形态特征 灌木，高 80~250 cm。枝丛生，直立，分枝细长，无毛，具纵长的细棱。上部常为单叶，下部为掌状三出复叶；具短柄；托叶小，通常不明显或无；小叶倒卵形至椭圆形全缘，长 5~15 mm，宽 3~5 mm，茎上部的单叶更小，先端钝圆，基部渐狭至短柄，上面无毛或近无毛，下面稀被贴伏短柔毛。花单生上部叶腋，与枝梢排成总状花序，基部有呈苞片状叶；花梗细，长约 1 cm；无小苞片；萼二唇形，无毛，通常粉白色，长约 4 mm，萼甚细短，上唇 3 短尖，下唇 3 短尖；花冠鲜黄色，无毛，长 1.5~2.5 cm，旗瓣卵形至圆形，先端微凹，翼瓣与旗瓣等长，钝头，龙骨瓣阔，弯头；雄蕊单体，花药二型；花柱细，伸出花冠并向内旋曲，长达 2 cm。荚果扁平，阔线形，长 4~5 cm，宽 1 cm，缝线上被长柔毛；有多数种子。种子椭圆形，长 3 mm，灰黄色。花期 5~7 月。

生长环境 喜光，耐寒，耐干旱瘠薄。

绿化用途 晚春开花，花密集，簇生于叶腋，花期长，花色丰富，有红色、黄色、双色等，花朵较鲜艳，芳香宜人，观赏价值较高。

紫荆

学名 *Cercis chinensis* Bunge

俗名 裸枝树、紫珠、满条红、白花紫荆。

科属 豆科紫荆属。

形态特征 丛生或单生灌木，高 2~5 m；树皮和小枝灰白色。叶纸质，近圆形或三角状圆形，长 5~10 cm，宽与长相若或略短于长，先端急尖，基部浅至深心形，两面通常无毛，嫩叶绿色，仅叶柄略带紫色，叶缘膜质透明，新鲜时明显可见。花紫红色或粉红色，2~10 余朵成束，簇生于老枝和主干上，尤以主干上花束较多，越到上部幼嫩枝条则花越少，通常先于叶开放，嫩枝或幼株上的花则与叶同时开放，花长 1~1.3 cm；花梗长 3~9 mm；龙骨瓣基部具深紫色斑纹；子房嫩绿色，花蕾时光亮无毛，后期则密被短柔毛，有胚珠 6~7 颗。荚果扁狭长形，绿色，长 4~8 cm，宽 1~1.2 cm，翅宽约 1.5 mm，先端急尖或短渐尖，喙细而弯曲，基部长渐尖，两侧缝线对称或近对称；果颈长 2~4 mm；种子 2~6 粒，阔长圆形，长 5~6 mm，宽约 4 mm，黑褐色，光亮。花期 3~4 月，果期 8~10 月。

生长环境 暖带树种，较耐寒。喜光，稍耐阴。喜肥沃、排水良好的土壤，不耐湿。萌芽力强，耐修剪，多植于庭园、屋旁、寺街边，少数生于密林或石灰岩地区。

绿化用途 先花后叶，花朵盛开之时，花色玫瑰红，花形似蝶栖枝，艳丽诱人。花朵漂亮，花量大，花色鲜艳，是春季重要的观赏灌木。可地栽，也可盆栽。可植于公园、庭院，也可植于建筑物前，或丛植于草地，与常绿或黄花树种配植，更具色彩美。生长健壮，萌蘖力强，耐修剪，管理简便，花、叶都有较高的观赏价值，是绿化、美化的优良花木。宜栽于庭院、草坪、岩石及建筑物前，用于小区的园林绿化，观赏价值较高。

肥皂荚

学名 *Gymnocladus chinensis* Baill

俗名 肉皂角、油皂、肥皂树、肥猪子。

科属 豆科肥皂荚属。

形态特征 落叶乔木，无刺，高达 5~12 m；树皮灰褐色，具明显的白色皮孔；当年生小枝被锈色或白色短柔毛，后变光滑无毛。二回偶数羽状复叶长 20~25 cm，无托叶；叶轴具槽，被短柔毛；羽片对生、近对生或互生，5~10 对；小叶互生，8~12 对，几无柄，具钻形的小托叶，小叶片长圆形，长 2.5~5 cm，宽 1~1.5 cm，两端圆钝，先端有时微凹，基部稍斜，两面被绢质柔毛。总状花序顶生，被短柔毛；花杂性，白色或带紫色，有长梗，下垂；苞片小或消失；花托深凹，长 5~6 mm，被短柔毛；萼片钻形，较花托稍短；花瓣长圆形，先端钝，较萼片稍长，被硬毛；花丝被柔毛；子房无毛，不具柄，有 4 颗胚珠，花柱粗短，柱头头状。荚果长圆形，长 7~10 cm，宽 3~4 cm，扁平或膨胀，无毛，顶端有短喙，有种子 2~4 粒；种子近球形而稍扁，直径约 2 cm，黑色，平滑无毛。8 月间结果。

生长环境 分布广，适应性强，为深根性树种，对土壤要求不严格，地下水位不可过高，喜光、不耐阴，耐干旱、耐酷暑、耐严寒，喜温暖气候，在土壤肥沃的沙质壤土上生长快。在年降水量 500 mm 左右的石质山地也能正常生长结实，在石灰岩山地及石灰质土壤上能正常生长，在轻盐碱地上也能长成大树，习生长在海拔 150~1 500 m 的山坡、山腰、杂木林中、竹林中以及岩边、村旁、宅旁和路边等地。寿命和结实期都很长。

绿化用途 树干高大，树姿雄伟，是生态环境林、经济林、城市景观林及乡村“四旁”绿化的优良树种。

山皂荚

学名 *Gleditsia japonica* Miq.

俗名 山皂角、皂荚树、皂角树。

科属 豆科皂荚属。

形态特征 落叶乔木或小乔木，高达 25 m；小枝紫褐色或脱皮后呈灰绿色，微有棱，具分散的白色皮孔，光滑无毛；刺略扁，粗壮，紫褐色至棕黑色，常分枝，长 2~15.5 cm。叶为一回或二回羽状复叶（具羽片 2~6 对），长 11~25 cm；小叶 3~10 对，纸质至厚纸质，卵状长圆形或卵状披针形至长圆形，长 2~7 cm，宽 1~3 cm，先端圆钝，有时微凹，基部阔楔形或圆形，微偏斜，全缘或具波状疏圆齿，上面被短柔毛或无毛，微粗糙，有时有光泽，下面基部及中脉被微柔毛，老时毛脱落；网脉不明显；小叶柄极短。花黄绿色，组成穗状花序；花序腋生或顶生，被短柔毛，雄花序长 8~20 cm，雌花序长 5~16 cm；雄花直径 5~6 mm；花托长 1.5 mm，深棕色，外面密被褐色短柔毛；萼片 3~4，三角状披针形，长约 2 mm，两面均被柔毛；花瓣 4，椭圆形，长约 2 mm，被柔毛；雄蕊 6~8。雌花直径 5~6 mm；花托长约 2 mm；萼片和花瓣均为 4~5，形状与雄花的相似，长约 3 mm，两面密被柔毛；不育雄蕊 4~8；子房无毛，花柱短，下弯，柱头膨大，2 裂；胚珠多数。荚果带形，扁平，长 20~35 cm，宽 2~4 cm，不规则旋扭或弯曲作镰刀状，先端具长 5~15 mm 的喙，果颈长 1.5~3.5 cm，果瓣革质，棕色或棕黑色，常具泡状隆起，无毛，有光泽；种子多数，椭圆形，长 9~10 mm，宽 5~7 mm，深棕色，光滑。花期 4~6 月，果期 6~11 月。

生长环境 生长在海拔 100~1 000 m 的向阳山坡或谷地、溪边路旁。

绿化用途 树冠宽广，叶密荫浓，用作庭荫树。可作“四旁”绿化树种。

胡枝子

学名 *Lespedeza bicolor* Turcz.

俗名 萩、胡枝条、扫皮、随军茶。

科属 豆科胡枝子属。

形态特征 直立灌木，高 1~3 m，多分枝，小枝黄色或暗褐色，有条棱，被疏短毛；芽卵形，长 2~3 mm，具数枚黄褐色鳞片。羽状复叶具 3 对小叶；托叶 2 枚，线状披针形，长 3~4.5 mm；叶柄长 2~7 cm；小叶质薄，卵形、倒卵形或卵状长圆形，长 1.5~6 cm，宽 1~3.5 cm，先端钝圆或微凹，稀稍尖，具短刺尖，基部近圆形或宽楔形，全缘，上面绿色，无毛，下面色淡，被疏柔毛，老时渐无毛。总状花序腋生，比叶长，常构成大型、较疏松的圆锥花序；总花梗长 4~10 cm；小苞片 2，卵形，长不到 1 cm，先端钝圆或稍尖，黄褐色，被短柔毛；花梗短，长约 2 mm，密被毛；花萼长约 5 mm，5 浅裂，裂片通常短于萼筒，上方 2 裂片合生成 2 齿，裂片卵形或三角状卵形，先端尖，外面被白毛；花冠红紫色，极稀白色，长约 10 mm，旗瓣倒卵形，先端微凹，翼瓣较短，近长圆形，基部具耳和瓣柄，龙骨瓣与旗瓣近等长，先端钝，基部具较长的瓣柄；子房被毛。荚果斜倒卵形，稍扁，长约 10 mm，宽约 5 mm，表面具网纹，密被短柔毛。花期 7~9 月，果期 9~10 月。

生长环境 生长在海拔 150~1 000 m 的山坡、林缘、路旁、灌丛及杂木林间。耐旱、耐瘠薄、耐酸性、耐盐碱、耐刈割。对土壤适应性强，在瘠薄的土地上可以生长，最适于壤土和腐殖土。耐寒性很强。

绿化用途 碧绿小叶再加上水粉的花朵，若是道路两旁成排栽种，观赏性超高。

美丽胡枝子

学名 *Lespedeza thunbergii* subsp. *formosa*（Vogel）H. Ohashi

俗名 毛胡枝子。

科属 豆科胡枝子属。

形态特征 直立灌木，高 1~2 m。多分枝，枝伸展，被疏柔毛。托叶披针形至线状披针形，长 4~9 mm，褐色，被疏柔毛；叶柄长 1~5 cm；被短柔毛；小叶椭圆形、长圆状椭圆形或卵形，稀倒卵形，两端稍尖或稍钝，长 2.5~6 cm，宽 1~3 cm，上面绿色，稍被短柔毛，下面淡绿色，贴生短柔毛。总状花序单一，腋生，比叶长，或构成顶生的圆锥花序；总花梗长可达 10 cm，被短柔毛；苞片卵状渐尖，长 1.5~2 mm，密被茸毛；花梗短，被毛；花萼钟状，长5~7 mm，5深裂，裂片长圆状披针形，长为萼筒的2~4倍，外面密被短柔毛；花冠红紫色，长10~15 mm，旗瓣近圆形或稍长，先端圆，基部具明显的耳和瓣柄，翼瓣倒卵状长圆形，短于旗瓣和龙骨瓣，长7~8 mm，基部有耳和细长瓣柄，龙骨瓣比旗瓣稍长，在花盛开时明显长于旗瓣，基部有耳和细长瓣柄。荚果倒卵形或倒卵状长圆形，长8 mm，宽4 mm，表面具网纹且被疏柔毛。花期7~9月，果期9~10月。

生长环境 通常生于向阳山坡、山谷、路边灌丛中或林缘，尤其在新开辟的山坡荒地、公路两边的上边坡和下边坡，以及马尾松林缘或疏林下，呈丛状、片状分布，覆盖率30%~50%，有的高达80%~90%。适生于偏酸性、有机质含量较高的土壤。

绿化用途 花色艳丽，适宜作观花灌木或作护坡地被的点缀。在绿化应用中，可以用作护坡地被景观元素，落叶丛生灌木和常绿藤本植物互相搭配，使护坡植物的搭配有特色。

马鞍树

学名 *Maackia hupehensis* Takeda

俗名 山槐、臭槐。

科属 豆科马鞍树属。

形态特征 乔木，高5~23 m，胸径20~80 cm；树皮绿灰色或灰黑褐色，平滑。幼枝及芽被灰白色柔毛，老枝紫褐色，毛脱落；芽多少被毛。羽状复叶，长17.5~20 cm；小叶4~5对，上部的对生，下部的近对生，卵形、卵状椭圆形或椭圆形，长2~6.8 cm，宽1.5~2.8 cm，先端钝，基部宽楔形或圆形，上面无毛，下面密被平伏褐色短柔毛，中脉尤密，后逐渐脱落，多少被毛。总状花序长3.5~8 cm，2~6个集生枝梢；总花梗密被淡黄褐色柔毛；花密集，长约10 mm；花梗长2~4 mm，纤细，密被锈褐色毛；苞片锥形，长2~3 mm；花萼长3~4 mm，萼齿5，其中2齿较浅，萼外面密被锈褐色柔毛；花冠白色，旗瓣圆形或椭圆形，长约6 mm，龙骨瓣基部一侧有耳，长达9 mm，宽3.5 mm；子房密被白色长柔毛，胚珠6粒。荚果阔椭圆形或长椭圆形，扁平，褐色，长4.5~8.4 cm，宽1.6~2.5 cm，其中翅宽占2~5 mm，幼时果瓣外面被毛，后脱落，果梗长5~7 mm，与果序均密生淡褐色毛；种子椭圆状微肾形，黄褐色，有光泽。花期6~7月，果期8~9月。

生长环境 生于山坡、溪边、谷地，海拔550~2 300 m。

绿化用途 良好的行道树种，也可栽植于池边、溪畔、山坡作为风景树种。

刺槐

学名 *Robinia pseudoacacia* L.

俗名 洋槐花、槐花。

科属 豆科刺槐属。

形态特征 落叶乔木，高10~25 m；树皮灰褐色至黑褐色，浅裂至深纵裂，稀光滑。

小枝灰褐色，幼时有棱脊，微被毛，后无毛；具托叶刺，长达 2 cm；冬芽小，被毛。羽状复叶长 10~25 cm；叶轴上面具沟槽；小叶 2~12 对，常对生，椭圆形、长椭圆形或卵形，长 2~5 cm，宽 1.5~2.2 cm，先端圆，微凹，具小尖头，基部圆至阔楔形，全缘，上面绿色，下面灰绿色，幼时被短柔毛，后变无毛；小叶柄长 1~3 mm；小托叶针芒状，总状花序腋生，长 10~20 cm，下垂，花多数，芳香；苞片早落；花梗长 7~8 mm；花萼斜钟状，长 7~9 mm，萼齿 5，三角形至卵状三角形，密被柔毛；花冠白色，各瓣均具瓣柄，旗瓣近圆形，长 16 mm，宽约 19 mm，先端凹缺，基部圆，反折，内有黄斑，翼瓣斜倒卵形，与旗瓣几等长，长约 16 mm，基部一侧具圆耳，龙骨瓣镰状，三角形，与翼瓣等长或稍短，前缘合生，先端钝尖；雄蕊二体，对旗瓣的 1 枚分离；子房线形，长约 1.2 cm，无毛，柄长 2~3 mm，花柱钻形，长约 8 mm，上弯，顶端具毛，柱头顶生。荚果褐色，或具红褐色斑纹，线状长圆形，长 5~12 cm，宽 1~1.3 cm，扁平，先端上弯，具尖头，果颈短，沿腹缝线具狭翅；花萼宿存，有种子 2~15 粒；种子褐色至黑褐色，微具光泽，有时具斑纹，近肾形，长 5~6 mm，宽约 3 mm，种脐圆形，偏于一端。花期 4~6 月，果期 8~9 月。

生长环境 温带树种。在年平均气温 8~14 ℃、年降水量 500~900 mm 的地方生长良好，干形通直圆满。抗风性差，在冲风口栽植易出现风折、风倒、倾斜或偏冠的现象。对水分条件很敏感，在地下水位过高、水分过多的地方生长缓慢，易诱发病害，造成植株烂根、枯梢甚至死亡。有一定的抗旱能力。喜土层深厚、肥沃、疏松、湿润的壤土、沙质壤土、沙土或黏壤土。喜光，不耐庇荫。萌芽力和根蘖性都很强。

绿化用途 树冠高大，叶色鲜绿，每当开花季节，绿白相映，素雅而芳香。可作为行道树、庭荫树、工矿区绿化及荒山荒地绿化的先锋树种。对二氧化硫、氯气、光化学烟雾等的抗性都较强，还有较强的吸收铅蒸气的能力。根部有根瘤，又有提高地力之效。冬季落叶后，枝条疏朗向上，很像剪影，造型具有国画韵味。

槐

学名 *Styphnolobium japonicum*（L.）Schott

俗名 国槐、金药树、豆槐、槐花树。

科属 豆科槐属。

形态特征 乔木，高达 25 m；树皮灰褐色，具纵裂纹。当年生枝绿色，无毛。羽状复叶长达 25 cm；叶轴初被疏柔毛，旋即脱净；叶柄基部膨大，包裹着芽；托叶形状多变，有时呈卵形，叶状，有时呈线形或钻状，早落；小叶 4~7 对，对生或近互生，纸质，卵状披针形或卵状长圆形，长 2.5~6 cm，宽 1.5~3 cm，先端渐尖，具小尖头，基部宽楔形或近圆形，稍偏斜，下面灰白色，初被疏短柔毛，旋变无毛；小托叶 2 枚，钻状。圆锥花序顶生，常呈金字塔形，长达 30 cm；花梗比花萼短；小苞片 2 枚，形似小托叶；花萼浅钟状，长约 4 mm，萼齿 5，近等大，圆形或钝三角形，被灰白色短柔毛，萼管近无毛；花冠白色或淡黄色，旗瓣近圆形，长和宽约 11 mm，具短柄，有紫色脉纹，先端微缺，基部浅心形，翼瓣卵状长圆形，长 10 mm，宽 4 mm，先端浑圆，基部斜戟形，无皱褶，龙骨瓣阔卵状长圆形，与翼瓣等长，宽达 6 mm；雄蕊近分离，宿存；子房近无毛。荚果串珠状，长 2.5~5 cm 或稍长，径约 10 mm，种子间缢缩不明显，种子排列较紧密，具肉质果皮，成熟后不开裂，具种子 1~6 粒；种子卵球形，淡黄绿色，干后黑褐色。花期 7~8 月，果期 8~10 月。

生长环境 以土质肥沃、土层深厚的壤土或沙壤土为宜。其对中性、石灰性和微酸性土质均能适应，在轻度盐碱土上能正常生长，在干旱、瘠薄及低洼积水圃地上生长不良。

绿化用途 庭院常用树种，枝叶茂密，绿荫如盖，适作庭荫树，多用作行道树。配植于公园、建筑四周、街坊住宅区及草坪上，也极相宜。宜门前对植或列植，或孤植于亭台山石旁，也可作工矿区绿化之用。夏可观花，优良的蜜源植物。是城乡良好的遮阴树和行道树种，对二氧化硫、氯气等有毒气体抗性较强。

紫藤

学名 *Wisteria sinensis* (Sims) DC.

俗名 紫藤萝、朱藤、招藤、藤萝。

科属 豆科紫藤属。

形态特征 落叶藤本。茎左旋，枝较粗壮，嫩枝被白色柔毛，后秃净；冬芽卵形。奇数羽状复叶长 15~25 cm；托叶线形，早落；小叶 3~6 对，纸质，卵状椭圆形至卵状披针形，上部小叶较大，基部 1 对最小，长 5~8 cm，宽 2~4 cm，先端渐尖至尾尖，基部钝圆或楔形，或歪斜，嫩叶两面被平伏毛，后秃净；小叶柄长 3~4 mm，被柔毛；小托叶刺毛状，长 4~5 mm，宿存。总状花序发自去年短枝的腋芽或顶芽，长 15~30 cm，径 8~10 cm，花序轴被白色柔毛；苞片披针形，早落；花长 2~2.5 cm，芳香；花梗细，长 2~3 cm；花萼杯状，长 5~6 mm，宽 7~8 mm，密被细绢毛，上方 2 齿甚钝，下方 3 齿卵状三角形；花冠细绢毛，上方 2 齿甚钝，下方 3 齿卵状三角形；花冠紫色，旗瓣圆形，先端略凹陷，花开后反折，基部有 2 胼胝体，翼瓣长圆形，基部圆，龙骨瓣较翼瓣短，阔镰形，子房线形，密被茸毛，花柱无毛，上弯，胚珠 6~8 粒。荚果倒披针形，长 10~15 cm，宽 1.5~2 cm，密被茸毛，悬垂枝上不脱落，有种子 1~3 粒；种子褐色，具光泽，圆形，宽 1.5 cm，扁平。花期 4 月中旬至 5 月上旬，果期 5~8 月。

生长环境 对气候和土壤的适应性强，较耐寒，能耐水湿及瘠薄土壤，喜光，较耐阴。以土层深厚、排水良好、向阳避风的地方栽培适宜。主根深，侧根浅，不耐移栽。生长较快，寿命很长。缠绕能力强，对其他植物有绞杀作用。适应能力强，耐热、耐寒，从南方到北方都有栽培。越冬时应置于 0 ℃左右低温处，保持盆土微湿，使植株充分休眠。

绿化用途 栽培作庭园棚架植物，先叶开花，紫穗满垂缀以稀疏嫩叶，十分优美，为优良的观花藤木植物，一般应用于园林棚架，春季紫花烂漫，别有情趣，适栽于湖畔、池边、假山、石坊等处，具独特风格，盆景也常用。长寿树种，成年的植株茎蔓蜿蜒屈曲，开花繁多，串串花序悬挂于绿叶藤蔓之间。在庭院中用其攀绕棚架，制成花廊，或用其攀绕枯木，有枯木逢生之意。还可做成姿态优美的悬挂式盆景，置于高几架、书柜顶上，繁花满树，老桩横斜，别有韵致。

皂荚

学名 *Gleditsia sinensis* Lam.

俗名 皂荚树、皂角、猪牙皂、牙皂。

科属 豆科皂荚属。

形态特征 落叶乔木或小乔木，高可达 30 m；枝灰色至深褐色；刺粗壮，圆柱形，常分枝，多呈圆锥状，长达 16 cm。叶为一回羽状复叶，长 10~18 cm；小叶 3~9 对，纸质，卵状披针形至长圆形，长 2~8.5 cm，宽 1~4 cm，先端急尖或渐尖，顶端圆钝，具小尖头，基部圆形或楔形，有时稍歪斜，边缘具细锯齿，上面被短柔毛，下面中脉上稍被柔毛；网脉明显，在两面凸起；小叶柄长 1~2 mm，被短柔毛。花杂性，黄白色，组成总状花序；花序腋生或顶生，长 5~14 cm，被短柔毛；雄花：直径 9~10 mm；花梗长 2~8 mm；花托长 2.5~3 mm，深棕色，外面被柔毛；萼片 4，三角状披针形，长 3 mm，两面被柔毛；花瓣 4，长圆形，长 4~5 mm，被微柔毛；雄蕊 8；退化雌蕊长 2.5 mm；两性花：直径 10~12 mm；花梗长 2~5 mm；萼、花瓣与雄花的相似，唯萼片长 4~5 mm，花瓣长 5~6 mm；雄蕊 8；子房缝线上及基部被毛，柱头浅 2 裂；胚珠多数。荚果带状，长 12~37 cm，宽 2~4 cm，劲直或扭曲，果肉稍厚，两面臌起，或有的荚果短小，多少呈柱形，长 5~13 cm，宽 1~1.5 cm，弯曲作新月形，通常称猪牙皂，内无种子；果颈长 1~3.5 cm；果瓣革质，褐棕色或红褐色，常被白色粉霜；种子多粒，长圆形或椭圆形，长 11~13 mm，宽 8~9 mm，棕色，光亮。花期 3~5 月，果期 5~12 月。

生长环境 喜光，稍耐阴，生于山坡林中或谷地、路旁，海拔自平地至 2 500 m。常栽培于庭院或宅旁。在微酸性、石灰质、轻盐碱土甚至黏土或沙土上均能正常生长。属于深根性植物，具较强耐旱性，寿命可达六七百年。

绿化用途 生态经济型树种，耐旱节水，根系发达，可用作防护林和水土保持林。耐热、耐寒，抗污染，可用于城乡景观林、道路绿化。具有固氮、适应性广、抗逆性强等综合价值。

黄檀

学名 *Dalbergia hupeana* Hance

俗名 不知春、檀树、檀木。

科属 豆科黄檀属。

形态特征 乔木，高 10~20 m；树皮暗灰色，呈薄片状剥落。幼枝淡绿色，无毛。羽状复叶长 15~25 cm；小叶 3~5 对，近革质，椭圆形至长圆状椭圆形，长 3.5~6 cm，宽 2.5~4 cm，先端钝或稍凹入，基部圆形或阔楔形，两面无毛，细脉隆起，上面有光泽。

圆锥花序顶生或生于最上部的叶腋间，连总花梗长 15~20 cm，径 10~20 cm，疏被锈色短柔毛；花密集，长 6~7 mm；与花萼同疏被锈色柔毛；基生和副萼状小苞片卵形，被柔毛，脱落；花萼钟状，长 2~3 mm，萼齿 5，上方 2 枚阔圆形，近合生，侧方的卵形，最下一枚披针形，长为其余 4 枚数倍；花冠白色或淡紫色，长倍于花萼，各瓣均具柄，旗瓣圆形，先端微缺，翼瓣倒卵形，龙骨瓣关月形，与翼瓣内侧均具耳；雄蕊 10，子房具短柄，除基部与子房柄外，无毛，胚珠 2~3 粒，花柱纤细，柱头小，头状。荚果长圆形或阔舌状，长 4~7 cm，宽 13~15 mm，顶端急尖，基部渐狭成果颈，果瓣薄革质，对种子部分有网纹，有 1~2 粒种子；种子肾形，长 7~14 mm，宽 5~9 mm。花期 5~7 月。

生长环境 生长在海拔 600~1 400 m 的山地林中或灌丛中，山沟溪旁及有小树林的坡地常见，喜光，耐干旱瘠薄，不择土壤，以在深厚、湿润、排水良好的土壤上生长较好，忌盐碱地；深根性，萌芽力强。对立地条件要求不严格。在陡坡、山脊、岩石裸露、干旱瘦瘠的地区均能适生。

绿化用途 绿化先锋树种。作庭荫树、风景树、行道树应用。花香，开花能吸引大量蜂蝶，也可放养紫胶虫。

亚麻科

石海椒

学名 *Reinwardtia indica* Dum.

俗名 黄花香草、黄亚麻、迎春柳。

科属 亚麻科石海椒属。

形态特征 小灌木，高达 1 m；树皮灰色，无毛，枝干后有纵沟纹。叶纸质，椭圆形或倒卵状椭圆形，长 2~8.8 cm，宽 0.7~3.5 cm，先端急尖或近圆形，有短尖，基部楔形，全缘或有圆齿状锯齿，表面深绿色，背面浅绿色，干后表面灰褐色，背面灰绿色，背面中脉稍凸；叶柄长 8~25 mm；托叶小，早落。花序顶生或腋生，或单花腋生；花有大有小，直径 1.4~3 cm；萼片 5 枚，分离，披针形，长 9~12 mm，宽约 3 mm，宿存；同一植株上的花瓣有 5 片、有 4 片，黄色，分离，旋转排列，长 1.7~3 cm，宽 1.3 cm，早萎；雄蕊 5，长约 13 mm，花丝下部两侧扩大成翅状或瓣状，基部合生成环，花药长约 2 mm，退化雄蕊 5，锥尖状，与雄蕊互生；腺体 5 个，与雄蕊环合生；子房 3 室，每室有 2 小室，每小室有胚珠 1 枚；花柱 3 枚，长 7~18 mm，下部合生，柱头头状。蒴果球形，3 裂，每裂瓣有种子 2 粒；种子具膜质翅，翅长稍短于蒴果。花果期 4~12 月，直至第 2 年 1 月。

生长环境 喜欢温暖、湿润和阳光充足的气候环境，具有喜光和耐阴的特性。对水分敏感性居中，也有一定的抗旱能力，有一定的耐低温能力。在土体疏松、排水良好、富含有机质、肥沃的土壤上种植，生长速度较快，在石灰岩发育形成的土壤或石灰含量较高的土壤上种植，生长速度快、健壮、生长势强、生长状况良好。

绿化用途 园林绿化在草坪上几株或十几株一起，植成花丛或大花丛，开花时期十分美丽。在道路两旁或街道边、大楼周围的植成绿化带、绿篱或花篱。萌蘖力强，耐修剪，每次修剪后发枝多而整齐，叶色嫩绿，非常美观，常年披绿，花朵具有较浓郁的芳香，有益于身心健康。也可以盆栽摆设，美化门前庭院、阳台和居室。

芸香科

枳

学名 *Poncirus trifoliata* L.

俗名 臭杞、臭橘、枸橘。

科属 芸香科枳属。

形态特征 小乔木，株高 1~5 m 不等，树冠伞形或圆头形。枝绿色，嫩枝扁，有纵棱，刺长达4 cm，刺尖干枯状，红褐色，基部扁平。叶柄有狭长的翼叶，通常指状3出叶，很少4~5小叶，或杂交种的则除3小叶外尚有2小叶或单小叶同时存在，小叶等长或中间的一片较大，长2~5 cm，宽1~3 cm，对称或两侧不对称，叶缘有细钝裂齿或全缘，嫩叶中脉上有细毛。花单朵或成对腋生，一般先叶开放，也有先叶后花的，有完全花及不完全花，后者雄蕊发育，雌蕊萎缩，花有大、小二型，花径3.5~8 cm；萼片长5~7 mm；花瓣白色，匙形，长1.5~3 cm；雄蕊通常20枚，花丝不等长。果近圆球形或梨形，大小差异较大，通常纵径3~4.5 cm，横径3.5~6 cm，果顶微凹，有环圈，果皮暗黄色，粗糙，也有无环圈，果皮平滑的，油胞小而密，果心充实，瓢囊6~8瓣，汁胞有短柄，果肉含黏液，微有香橼气味，甚酸且苦，带涩味，有种子20~50粒；种子阔卵形，乳白色或乳黄色，有黏液，平滑或间有不明显的细脉纹，长9~12 mm。花期5~6月，果期10~11月。

生长环境 喜光、温暖环境，适生光照充足处。也较耐寒，幼苗需采取防寒措施，喜湿润环境，怕积水，喜微酸性土壤，中性土壤也可生长良好。

绿化用途 树姿浑圆，四季常青，春季白花芳香，秋季果实累累，是著名的果树。可辟果园供人们游玩尝鲜；亦可丛植于草坪、林缘；宜在庭园、门旁、屋边、窗前种植；亦是春节传统的盆栽观果树种。盆栽冬季可陈列于厅室，芳香浓郁，鲜果色艳，观赏性极佳；在庭院中常作绿篱屏障，并能吸收二氧化硫、氯气等有害气体，有益居住环境。

苦木科

臭椿

学名 *Ailanthus altissima*（Mill.）Swingle

俗名 臭椿皮、皮黑樗、黑皮樗。

科属 苦木科臭椿属。

形态特征 落叶乔木，高可达 20 余 m，树皮平滑而有直纹；嫩枝有髓，幼时被黄色或黄褐色柔毛，后脱落。叶为奇数羽状复叶，长 40~60 cm，叶柄长 7~13 cm，有小叶 13~27 枚；小叶对生或近对生，纸质，卵状披针形，长 7~13 cm，宽 2.5~4 cm，先端长渐尖，基部偏斜，截形或稍圆，两侧各具 1 个或 2 个粗锯齿，齿背有腺体 1 个，叶面深绿色，背面灰绿色，柔碎后具臭味。圆锥花序长 10~30 cm；花淡绿色，花梗长 1~2.5 mm；萼片 5，覆瓦状排列，裂片长 0.5~1 mm；花瓣 5，长 2~2.5 mm，基部两侧被硬粗毛；雄蕊 10，花丝基部密被硬粗毛，雄花中的花丝长于花瓣，雌花中的花丝短于花瓣；花药长圆形，长约 1 mm；心皮 5，花柱黏合，柱头 5 裂。翅果长椭圆形，长 3~4.5 cm，宽 1~1.2 cm；种子位于翅的中间，扁圆形。花期 4~5 月，果期 8~10 月。

生长环境 喜光，不耐阴。适应性强，除黏土外，各种土壤和中性、酸性及钙质土都能生长，适生于深厚、肥沃、湿润的沙质土壤。耐寒，耐旱，不耐水湿，长期积水会烂根死亡。深根性。垂直分布在海拔 100~2 000 m 范围内。对土壤要求不严格，在重黏土和积水区生长不良。耐微碱，pH 适宜范围为 5.5~8.2。对中性或石灰性土层深厚的壤土或沙壤土适宜，对氯气抗性中等，对氟化氢及二氧化硫抗性强。生长快，根系深，萌芽力强。

绿化用途 树干通直高大，春季嫩叶紫红色，秋季红果满树，是良好的观赏树和行道树。可孤植、丛植或与其他树种混栽，适宜于工厂、矿区等绿化。枝叶繁茂，春季嫩叶紫红色，秋季满树红色翅果，颇为美观。

大果臭椿

学名 *Ailanthus altissima* var. *sutchuenensis*（Dpde）Rehd. et Wils

俗名 臭椿皮、大果臭椿。

科属 苦木科臭椿属。

形态特征 落叶乔木，高可达 20 余 m，树皮平滑而有直纹；嫩枝有髓，幼时被黄色或黄褐色柔毛，后脱落。叶为奇数羽状复叶，长 40~60 cm，叶柄长 7~13 cm，有小叶 13~27 枚；小叶对生或近对生，纸质，卵状披针形，长 7~13 cm，宽 2.5~4 cm，先端长渐尖，基部偏斜，截形或稍圆，两侧各具 1 个或 2 个粗锯齿，齿背有腺体 1 个，叶面深绿色，背面灰绿色，柔碎后具臭味。圆锥花序长 10~30 cm；花淡绿色，花梗长 1~2.5 mm；萼片 5，覆瓦状排列，裂片长 0.5~1 mm；花瓣 5，长 2~2.5 mm，基部两侧被硬粗毛；雄蕊 10，花丝基部密被硬粗毛，雄花中的花丝长于花瓣，雌花中的花丝短于花瓣；花药长圆形，长约 1 mm；心皮 5，花柱黏合，柱头 5 裂。翅果长椭圆形，长 3~4.5 cm，宽 1~1.2 cm；种子位于翅的中间，扁圆形。花期 4~5 月，果期 8~10 月。

生长环境 垂直分布在海拔 100~2 000 m 范围内。喜光，不耐阴。适应性强，除黏土外，各种土壤和中性、酸性及钙质土都能生长，适生于深厚、肥沃、湿润的沙质土壤。耐寒，耐旱，不耐水湿，长期积水会烂根死亡。深根性。

绿化用途 树干通直高大，春季嫩叶紫红色，秋季红果满树，是良好的观赏树和行道树。可孤植、丛植或与其他树种混栽，适宜于工厂、矿区等绿化。枝叶繁茂，春季嫩叶紫红色，秋季满树红色翅果，颇为美观。

毛臭椿

学名 *Ailanthus giraldii* Dode

俗名 四川樗树。

科属 苦木科臭椿属。

形态特征 落叶乔木，高 10 余 m；幼枝密被灰白色或灰褐色微柔毛。叶为奇数羽状复叶，长 30~60 cm，有小叶 9~16 对；小叶片阔披针形或镰刀状披针形，长 7~15 cm，宽 2.5~5 cm，先端长渐尖或渐尖，基部楔形，偏斜，两侧各有 1~2 粗齿，齿背有 1 个腺体，边缘具浅波状或波状锯齿，侧脉 14~15 对，叶面深绿色，除叶脉被微柔毛外，其余无毛，背面苍绿色，密被白色微柔毛；小叶柄长 3~7 mm，被与叶轴、叶柄相同的微柔毛。花组成圆锥花序，长 20~30 cm。花未见。翅果长 4.5~6 cm，宽 1.5~2 cm。花期 4~5 月，果期 9~10 月。

生长环境 较喜光，在次生林或混交林中均居于林冠上层。对气候条件要求不严格，在年降水量 400~1 400 mm、年平均气温 2~18 ℃的条件下均可正常生长，对极端气温的耐性很强，-35 ℃低温和 47 ℃高温情况下极少受害。为深根性树种，根系庞大，主根和侧根都很发达，主根可深入土壤达 1 m 以下。耐干旱、瘠薄等不良条件，除黏土外，在盐碱土、石灰质等各类土壤上均能保持其正常的生长发育，适合生长在深厚、肥沃、湿润的沙质土壤。喜潮湿，不耐水淹，长期积水会烂根死亡。对烟尘、二氧化硫等有毒气体抗性较强。

绿化用途 树干通直高大，树冠圆如半球状，颇为壮观。枝叶繁茂，春季嫩叶紫红色，秋季满树红色翅果，颇为美观，具有较强的抗烟能力，对二氧化硫、氯气、氟化氢、二氧化氮的抗性极强。

刺臭椿

学名 *Ailanthus vilmoriniana* Dode

俗名 刺樗。

科属 苦木科臭椿属。

形态特征 乔木，通常高10余m；幼嫩枝条被软刺。叶为奇数羽状复叶，长50~90 cm，有小叶8~17对；小叶对生或近对生，披针状长椭圆形，长9~15 cm，宽3~5 cm，先端渐尖，基部阔楔形或稍带圆形，每侧基部有2~4粗锯齿，锯齿背面有1个腺体，叶面除叶脉有较密柔毛外，其余无毛或有微柔毛，背面苍绿色，有短柔毛；叶柄通常紫红色，有时有刺。圆锥花序长约30 cm。翅果长约5 cm。

生长环境 可孤植、丛植或与其他树种混栽，适宜于工厂、矿区等绿化。喜光，阳性树种，生长较快，胸径1 m以上，干形端直，喜生于向阳山坡或灌丛中。

绿化用途 具有很好的观赏价值，用来美化、绿化环境是非常美妙的选择。树干通直高大，春季嫩叶紫红色，秋季红果满树，是良好的观赏树和行道树。可孤植、丛植或与其他树种混栽，适宜于工厂、矿区等绿化。枝叶繁茂，春季嫩叶紫红色，秋季满树红色翅果，颇为美观。

苦树

学名 *Picrasma quassioides*（D. Don）Benn.

俗名 苦皮树、苦檀木、苦楝树。

科属 苦木科苦树属。

形态特征 落叶乔木，高达10余m；树皮紫褐色，平滑，有灰色斑纹，全株有苦味。叶互生，奇数羽状复叶，长15~30 cm；小叶9~15枚，卵状披针形或广卵形，边缘具不整齐的粗锯齿，先端渐尖，基部楔形，除顶生叶外，其余小叶基部均不对称，叶面无毛，背面仅幼时沿中脉和侧脉有柔毛，后变无毛；落叶后留有明显的半圆形或圆形叶痕；托叶披针形，早落。花雌雄异株，组成腋生复聚伞花序，花序轴密被黄褐色微柔毛；萼片小，通常5，偶4，卵形或长卵形，外面被黄褐色微柔毛，覆瓦状排列；花瓣与萼片同数，卵形或阔卵形，两面中脉附近有微柔毛；雄花中雄蕊长为花瓣的2倍，与萼片对生，雌花中雄蕊短于花瓣；花盘4~5裂；心皮2~5，分离，每心皮有1胚珠。核果成熟后蓝绿色，长6~8 mm，宽5~7 mm，种皮薄，萼宿存。花期4~5月，果期6~9月。

生长环境 生长在海拔1 400~2 400 m的山地杂木林中。喜光，耐干旱瘠薄，耐阴，多生于山坡、山谷及村边较潮湿处。在排水良好、有机质丰富的壤土上生长发育较好。

绿化用途 秋叶红黄，秋色观叶树种，园林上可作为风景树、观赏树利用。

楝科

楝树

学名 *Melia azedarach* L.

俗名 苦楝树、森树、紫花树、楝。

科属 楝科楝属。

形态特征 落叶乔木，高达 10 余 m；树皮灰褐色，纵裂。分枝广展，小枝有叶痕。叶为 2~3 回奇数羽状复叶，长 20~40 cm；小叶对生，卵形、椭圆形至披针形，顶生 1 片通常略大，长 3~7 cm，宽 2~3 cm，先端短渐尖，基部楔形或宽楔形，多少偏斜，边缘有钝锯齿，幼时被星状毛，后两面均无毛，侧脉每边 12~16 条，广展，向上斜举。圆锥花序约与叶等长，无毛或幼时被鳞片状短柔毛；花芳香；花萼 5 深裂，裂片卵形或长圆状卵形，先端急尖，外面被微柔毛；花瓣淡紫色，倒卵状匙形，长约 1 cm，两面均被微柔毛，通常外面较密；雄蕊管紫色，无毛或近无毛，长 7~8 mm，有纵细脉，管口有钻形、2~3 齿裂的狭裂片 10 枚，花药 10 枚，着生于裂片内侧，且与裂片互生，长椭圆形，顶端微凸尖；子房近球形，5~6 室，无毛，每室有胚珠 2 颗，花柱细长，柱头头状，顶端具 5 齿，不伸出雄蕊管。核果球形至椭圆形，长 1~2 cm，宽 8~15 mm，内果皮木质，4~5 室，每室有种子 1 粒；种子椭圆形。花期 4~5 月，果期 10~12 月。

生长环境 生于旷野或路旁，常栽培于屋前房后。在湿润的沃土上生长迅速，对土壤要求不严格，在酸性土、中性土与石灰岩地区均能生长，是低海拔丘陵区的良好造林树种，在村边路旁种植更为适宜。喜温暖湿润气候，耐寒、耐碱、耐瘠薄。适应性较强。以土层深厚、疏松肥沃、排水良好、富含腐殖质的沙质壤土栽培为宜。苦楝喜温暖湿润、雨量充沛，年平均温度为 12~20 ℃，造林地一般在海拔 800 m 以下。

绿化用途 树形优美，枝条秀丽，在春夏之交开淡紫色花，香味浓郁；耐烟尘，抗二氧化硫能力强，并能杀菌。适宜作庭荫树和行道树，是良好的城市及矿区绿化树种。与其他树种混栽，能起到对树木虫害的防治作用。适宜在草坪中孤植、丛植或配植于建筑物旁，也可种植于水边、山坡、墙角等处。

香椿

学名 *Toona sinensis*（A. Juss.）Roem.

俗名 毛椿、椿芽、春甜树。

科属 楝科香椿属。

形态特征 乔木；树皮粗糙，深褐色，片状脱落。叶具长柄，偶数羽状复叶，长 30~

50 cm 或更长；小叶 16~20 枚，对生或互生，纸质，卵状披针形或卵状长椭圆形，长 9~15 cm，宽 2.5~4 cm，先端尾尖，基部一侧圆形，另一侧楔形，不对称，边全缘或有疏离的小锯齿，两面均无毛，无斑点，背面常呈粉绿色，侧脉每边 18~24 条，平展，与中脉几成直角开出，背面略凸起；小叶柄长 5~10 mm。圆锥花序与叶等长或更长，被稀疏的锈色短柔毛或有时近无毛，小聚伞花序生于短的小枝上，多花；花长 4~5 mm，具短花梗；花萼 5 齿裂或浅波状，外面被柔毛，且有睫毛；花瓣 5，白色，长圆形，先端钝，长 4~5 mm，宽 2~3 mm，无毛；雄蕊 10，其中 5 枚能育，5 枚退化；花盘无毛，近念珠状；子房圆锥形，有 5 条细沟纹，无毛，每室有胚珠 8 颗，花柱比子房长，柱头盘状。蒴果狭椭圆形，长 2~3.5 cm，深褐色，有小而苍白色的皮孔，果瓣薄；种子基部通常钝，上端有膜质的长翅，下端无翅。花期 6~8 月，果期 10~12 月。

生长环境 喜温，适宜在平均气温 8~10 ℃的地区栽培，抗寒能力随树龄的增加而提高。用种子直播的一年生幼苗在-10 ℃左右可能受冻。喜光，较耐湿，适宜生长在河边、宅院周围肥沃湿润的土壤上，一般以沙壤土为好。适宜的土壤 pH 值为 5.5~8.0。

绿化用途 重要用材树种，也作观赏及行道树种。园林中配植于疏林，作上层树种，其下栽以耐阴花木，是优良的“四旁”绿化树种。

大戟科

山麻杆

学名 *Alchornea davidii* Franch.

俗名 红荷叶、狗尾巴树、桐花杆。

科属 大戟科山麻杆属。

形态特征 落叶灌木，高 1~4 m；嫩枝被灰白色短茸毛，一年生小枝具微柔毛。叶薄纸质，阔卵形或近圆形，长 8~15 cm，宽 7~14 cm，顶端渐尖，基部心形、浅心形或近截平，边缘具粗锯齿或具细齿，齿端具腺体，上面沿叶脉具短柔毛，下面被短柔毛，基部具斑状腺体 2 个或 4 个；基出脉 3 条；小托叶线状，长 3~4 mm，具短毛；叶柄长 2~10 cm，具短柔毛，托叶披针形，长 6~8 mm，基部宽 1~1.5 mm，具短毛，早落。雌雄异株，雄花序穗状，1~3 个生于一年生枝已落叶腋部，长 1.5~2.5 cm，花序梗几无，呈葇荑花序状，苞片卵形，长约 2 mm，顶端近急尖，具柔毛，未开花时覆瓦状密生，雄花 5~6 朵簇生于苞腋，花梗长约 2 mm，无毛，基部具关节；小苞片长约 2 mm；雌花序总状，顶生，长 4~8 cm，具花 4~7 朵，各部均被短柔毛，苞片三角形，长 3.5 mm，小苞片披针形，长 3.5 mm；花梗短，长约 5 mm。雄花：花萼花蕾时球形，无毛，直径约 2 mm，萼片 3 枚；雄蕊 6~8 枚；雌花：萼片 5 枚，长三角形，长 2.5~3 mm，具短柔毛；子房球形，被茸毛，花柱3枚，线状，长10~12 mm，合生部分长1.5~2 mm。蒴果近球形，具3圆棱，直径1~1.2 cm，密生柔毛；种子卵状三角形，长约6 mm，种皮淡褐色或灰色，具小瘤体。花期3~5月，果期6~7月。

生长环境 生长在海拔300~700 m的沟谷或溪畔、河边的坡地灌丛中，或栽种于坡地。为暖温带阳性树种，耐阴，抗寒能力较弱，对土壤要求不严格，在疏松肥沃、富含有机质的沙质土壤上生长最好。

绿化用途 观叶、观花又赏果树种。茎干直立通达，株形矮壮，幼枝细，密被茸毛，老时变为光滑而具古铜色，阔叶互生，幼时红色或紫红色，观赏价值较高。叶色、叶形、色彩变化丰富，是鲜艳美丽的园林、庭院树种。既适于园林群植，又适于庭院门侧、窗前孤植，可在路边、水滨列植，可盆栽置于阳台观赏。

乌桕

学名 *Triadica sebifera*（Linnaeus）Small

俗名 腊子树、柏子树、木子树。

科属 大戟科乌桕属。

形态特征 乔木，高可达15 m许，各部均无毛而具乳状汁液；树皮暗灰色，有纵裂纹；枝广展，具皮孔。叶互生，纸质，叶片菱形、菱状卵形或稀有菱状倒卵形，长3~8 cm，宽3~9 cm，顶端骤然紧缩具长短不等的尖头，基部阔楔形或钝，全缘；中脉两面微凸起，侧脉6~10对，纤细，斜上升，离缘2~5 mm弯拱网结，网状脉明显；叶柄纤细，长2.5~6 cm，顶端具2个腺体；托叶顶端钝，长约1 mm。花单性，雌雄同株，聚集成顶生、长6~12 cm的总状花序，雌花通常生于花序轴最下部或罕有在雌花下部亦有少数雄花着生，雄花生于花序轴上部或有时整个花序全为雄花。雄花：花梗纤细，长1~3 mm，向上渐粗；苞片阔卵形，长和宽近相等约2 mm，顶端略尖，基部两侧各具一近肾形的腺体，每一苞片内具10~15朵花；小苞片3，不等大，边缘撕裂状；花萼杯状，3浅裂，裂片钝，具不规则的细齿；雄蕊2枚，罕有3枚，伸出于花萼之外，花丝分离，与球状花药近等长。雌花花梗粗壮，长3~3.5 mm；苞片深3裂，裂片渐尖，基部两侧的腺体与雄花的相同，每一苞片内仅1朵雌花，间有1朵雌花和数朵雄花同聚生于苞腋内；花萼3深裂，裂片卵形至卵状披针形，顶端短尖至渐尖；子房卵球形，平滑，3室，花柱3，基部合生，柱头外卷。蒴果梨状球形，成熟时黑色，直径1~1.5 cm。具3粒种子，分果爿脱落后而中轴宿存；种子扁球形，黑色，长约8 mm，宽6~7 mm，外被白色、蜡质的假种皮。花期4~8月。

生长环境 生于旷野、塘边或疏林中。喜光树种，对光照、温度均有一定的要求，在年平均温度15 ℃以上、年降水量在750 mm以上地区均可栽植。在海拔500 m以下当阳的缓坡或石灰岩山地上生长良好。能耐间歇或短期水淹，对土壤适应性较强，在红壤土、紫色土、黄壤土、棕壤土及冲积土上均能生长，对中性、微酸性和钙质土都能适应，在含盐量为0.3%以下的盐碱土上也能生长良好。深根性，侧根发达，抗风、抗氟化氢，生长快，栽后一般3~4年开花结实，嫁接可提前1~2年开花结实，10年以后进入盛果期，可延续至50年。经济寿命在70年左右。

绿化用途 树冠整齐，叶形秀丽，秋叶经霜时如火如荼，十分美观，有“乌桕赤于枫，园林二月中”之赞名。若与亭廊、花墙、山石等相配，也甚协调。冬日白色的乌桕子挂满枝头，经久不凋，也颇美观，古人就有“偶看桕树梢头白，疑是江海小着花”的诗句。可孤植、丛植于草坪和湖畔、池边，在园林绿化中可栽作护堤树、庭荫树及行道树，可栽植于道路景观带，也可栽植于广场、公园、庭院中，或成片栽植于景区、森林公园中，能产生良好的效果。

叶底珠

学名 *Flueggea suffruticosa*（Pall.）Baill.

俗名 一叶萩、狗杏条、花幕条。

科属 大戟科白饭树属。

形态特征 灌木，高1~3 m，多分枝；小枝浅绿色，近圆柱形，有棱槽，有不明显的皮孔；全株无毛。叶片纸质，椭圆形或长椭圆形，稀倒卵形，长1.5~8 cm，宽1~3 cm，顶端急尖至钝，基部钝至楔形，全缘或间中有不整齐的波状齿或细锯齿，下面浅绿色；侧脉每边5~8条，两面凸起，网脉略明显；叶柄长2~8 mm；托叶卵状披针形，长1 mm，宿存。花小，雌雄异株，簇生于叶腋。雄花：3~18朵簇生；花梗长2.5~5.5 mm；萼片通常5，椭圆形，长1~1.5 mm，宽0.5~1.5 mm，全缘或具不明显的细齿；雄蕊5，花丝长1~2.2 mm，花药卵圆形，长0.5~1 mm；花盘腺体及退化雌蕊圆柱形，高0.6~1 mm，顶端2~3裂。雌花：花梗长2~15 mm；萼片5，椭圆形至卵形，长1~1.5 mm，近全缘，背部呈龙骨状凸起；花盘盘状，全缘或近全缘；子房卵圆形，3室，花柱3，长1~1.8 mm，分离或基部合生，直立或外弯。蒴果三棱状扁球形，直径约5 mm，成熟时淡红褐色，有网纹，3片裂；果梗长2~15 mm，基部常有宿存的萼片；种子卵形而侧扁压状，长约3 mm，褐色而有小疣状凸起。花期3~8月，果期6~11月。

生长环境 生于山坡灌丛中或山沟、路边，海拔800~2 500 m。

绿化用途 枝叶繁茂，花果密集，花色黄绿，果梗细长，果三棱扁平状。叶入秋变红，极为美观，在园林绿化中配植于假山、草坪、河畔、路边，具有良好的观赏价值。

青灰叶下珠

学名 *Phyllanthus glaucus* Wall. ex Muell. Arg

科属 大戟科叶下珠属。

形态特征 灌木，高达4 m；枝条圆柱形，小枝细柔；全株无毛。叶片膜质，椭圆形或长圆形，长2.5~5 cm，宽1.5 ~2.5 cm，顶端急尖，有小尖头，基部钝至圆，下面稍苍白色；侧脉每边8~10条；叶柄长2~4 mm；托叶卵状披针形，膜质。花直径约3 mm，数朵簇生于叶腋；花梗丝状，顶端稍粗。雄花花梗长约 8 mm；萼片 6 枚，卵形；花盘腺体 6 个；雄蕊 5，花丝分离，药室纵裂；花粉粒圆球形，具 3 孔沟，沟细长，内孔圆形。雌花通常 1 朵与数朵雄花同生于叶腋；花梗长约 9 mm；萼片 6 枚，卵形；花盘环状；子房卵圆形，3 室，每室 2 颗胚珠，花柱 3，基部合生。蒴果浆果状，直径约 1 cm，紫黑色，基部有宿存的萼片；种子黄褐色。花期 4~7 月，果期 7~10 月。

生长环境 生长在海拔 200~800 m 的山坡疏林内或林缘。

绿化用途 花小，通常 1 朵雌花和数朵雄花簇长在叶腋处，结出紫黑色的果子，像是叶片下面挂了一串珠子，很是奇特。

重阳木

学名 *Bischofia polycarpa*（Levl.）Airy Shaw

俗名 乌杨、秋枫、赤木。

科属 大戟科秋枫属。

形态特征 落叶乔木，高达 15 m，胸径 50 cm，有时达 1 m；树皮褐色，厚 6 mm，纵裂；木材表面槽棱不显；树冠伞状，大枝斜展，小枝无毛，当年生枝绿色，皮孔明显，灰白色，老枝变褐色，皮孔变锈褐色；芽小，顶端稍尖或钝，具有少数芽鳞；全株均无毛。三出复叶，叶柄长 9~13.5 cm；顶生小叶通常较两侧的大，小叶片纸质，卵形或椭圆状卵形，有时长圆状卵形，长 5~9 cm，宽 3~6 cm，顶端突尖或短渐尖，基部圆形或浅心形，边缘具钝细锯齿，每 1 cm 长 4~5 个；顶生小叶柄长 1.5~4 cm，侧生小叶柄长 3~14 mm；托叶小，早落。花雌雄异株，春季与叶同时开放，组成总状花序；花序通常着生于新枝的下部，花序轴纤细而下垂；雄花序长 8~13 cm，雌花序长 3~12 cm。雄花：萼片半圆形，膜质，向外张开；花丝短；有明显的退化雌蕊。雌花：萼片与雄花的相同，有白色膜质的边缘；子房 3~4 室，每室 2 胚珠，花柱 2~3，顶端不分裂。果实浆果状，圆球形，直径 5~7 mm，成熟时褐红色。花期 4~5 月，果期 10~11 月。

生长环境 暖温带树种，属阳性。喜光，稍耐阴。喜温暖气候，耐寒性较弱。对土壤的要求不严格，在酸性土和微碱性土中皆可生长，在湿润、肥沃的土壤上生长最好。耐旱，耐瘠薄，且能耐水湿，抗风耐寒，生长快速，根系发达。

绿化用途 树姿优美，冠如伞盖，花叶同放，花色淡绿，秋叶转红，艳丽夺目，抗风、耐湿，生长快速，是良好的庭荫树和行道树种。用于堤岸、溪边、湖畔和草坪周围作为点缀树种，极有观赏价值。孤植、丛植或与常绿树种配植，秋日分外壮丽。

黄杨科

黄杨

学名 *Buxus sinica*（Rehd. et Wils.）Cheng

俗名 锦熟黄杨、瓜子黄杨、黄杨木。

科属 黄杨科黄杨属。

形态特征 灌木或小乔木，高1~6 m；枝圆柱形，有纵棱，灰白色；小枝四棱形，全面被短柔毛或外方相对两侧面无毛，节间长0.5~2 cm。叶革质，阔椭圆形、阔倒卵形、卵状椭圆形或长圆形，大多数长1.5~3.5 cm，宽0.8~2 cm，先端圆或钝，常有小凹口，不尖锐，基部圆或急尖或楔形，叶面光亮，中脉凸出，下半段常有微细毛，侧脉明显，叶背中脉平坦或稍凸出，中脉上常密被白色短线状钟乳体，全无侧脉，叶柄长1~2 mm，上面被毛。花序腋生，头状，花密集，花序轴长3~4 mm，被毛，苞片阔卵形，长2~2.5 mm，背部多少有毛；雄花约10朵，无花梗，外萼片卵状椭圆形，内萼片近圆形，长2.5~3 mm，无毛，雄蕊连花药长4 mm，不育雌蕊有棒状柄，末端膨大，高2 mm左右（高度约为萼片长度的2/3或和萼片几等长）；雌花：萼片长3 mm，子房较花柱稍长，无毛，花柱粗扁，柱头倒心形，下延达花柱中部。蒴果近球形，长6~8 mm，宿存花柱长2~3 mm。花期3月，果期5~6月。

生长环境 多生长在海拔1 200~2 600 m的山谷、溪边、林下。

绿化用途 春季嫩叶初发，满树嫩绿，十分悦目。树姿优美，叶小如豆瓣，质厚而有光泽，四季常青，可终年观赏。园林绿化中常作绿篱、大型花坛镶边，修剪成球形或其他整形栽培，点缀山石或制作盆景。

雀舌黄杨

学名 *Buxus bodinieri* Lévl.

俗名 匙叶黄杨、细叶黄杨。

科属 黄杨科黄杨属。

形态特征 灌木，高3~4 m；枝圆柱形；小枝四棱形，被短柔毛，后变无毛。叶薄革质，通常匙形，亦有狭卵形或倒卵形，大多数中部以上最宽，长2~4 cm，宽8~18 mm，先端圆或钝，往往有浅凹口或小尖凸头，基部狭长楔形，有时急尖，叶面绿色，光亮，叶背苍灰色，中脉两面凸出，侧脉极多，在两面或仅叶面显著，与中脉成50°~60°角，叶面中脉下半段大多数被微细毛；叶柄长1~2 mm。花序腋生，头状，长5~6 mm，花密集，花序轴长约2.5 mm；苞片卵形，背面无毛，或有短柔毛；雄花约10朵，花梗长仅0.4

mm，萼片卵圆形，长约 2.5 mm，雄蕊连花药长 6 mm，不育雌蕊有柱状柄，末端膨大，高约 2.5 mm，和萼片近等长，或稍超出；雌花外萼片长约 2 mm，内萼片长约 2.5 mm，受粉期间，子房长 2 mm，无毛，花柱长 1.5 mm，略扁，柱头倒心形，下延达花柱 1/3~1/2 处。蒴果卵形，长 5 mm，宿存花柱直立，长 3~4 mm。花期 2 月，果期 5~8 月。

生长环境 生长在海拔 400~2 700 m 的平地或山坡林下，喜温暖湿润和阳光充足的环境，较耐寒，耐干旱和半阴，以疏松、肥沃和排水良好的沙壤土适宜。

绿化用途 枝叶繁茂，叶形别致，四季常青，常用于绿篱、花坛和盆栽，修剪成各种形状，是点缀小庭院和入口的材料。

漆树科

黄栌

学名 *Cotinus coggygria* Scop.

俗名 黄栌木、黄栌树、黄栌台、摩林罗。

科属 漆树科黄栌属。

形态特征 落叶小乔木或灌木，树冠圆形，高可达 3~8 m，宽 2.5~6 cm，木质部黄色，树汁有异味；单叶互生，叶片全缘或具齿，叶柄细，无托叶，叶倒卵形或卵圆形。圆锥花序疏松、顶生，花小、杂性，仅少数发育；不育花的花梗花后伸长，被羽状长柔毛，宿存；苞片披针形，早落；花萼 5 裂，宿存，裂片披针形；花瓣 5 枚，长卵圆形或卵状披针形，长度为花萼大小的 2 倍；雄蕊 5 枚，着生于环状花盘的下部，花药卵形，与花丝等长，花盘 5 裂，紫褐色；子房近球形，偏斜，1 室 1 胚珠；花柱 3 枚，分离，侧生而短，柱头小而退化。核果小，干燥，肾形扁平，绿色，侧面中部具残存花柱；外果皮薄，具脉纹，不开裂；内果皮角质；种子肾形，无胚乳。花期 5~6 月，果期 7~8 月。

生长环境 喜光，耐半阴；耐寒，耐干旱瘠薄和碱性土壤，不耐水湿，宜植于土层深厚、肥沃而排水良好的沙质壤土上。生长快，根系发达，萌蘖性强。对二氧化硫有较强抗性。秋季当昼夜温差大于 10 ℃时，叶色变红。

绿化用途 重要的观赏树种，树姿优美，茎、叶、花都有较高的观赏价值，深秋叶片经霜变，色彩鲜艳，美丽壮观；其果形别致，成熟果实色鲜红、艳丽夺目。花后久留不落的不孕花的花梗呈粉红色羽毛状，在枝头形成似云似雾的景观，远远望去，宛如万缕罗纱缭绕树间，被文人墨客比作“叠翠烟罗寻旧梦”和“雾中之花”，又有“烟树”之称。夏赏“紫烟”，秋观红叶，加之其极其耐瘠薄的特性，成为营建水土保持林和生态景观林的首选树种。

毛黄栌

学名 *Cotinus coggygria* var. *pubescens* Engl.

俗名 柔毛黄栌、红栌。

科属 漆树科黄栌属。

形态特征 灌木，高3~5 m。叶倒卵形或卵圆形，长3~8 cm，宽2.5~6 cm，先端圆形或微凹，基部圆形或阔楔形，全缘，两面，尤其叶背显著被灰色柔毛，侧脉6~11对，先端常叉开；叶柄短。叶多为阔椭圆形，稀圆形，叶背尤其沿脉上和叶柄密被柔毛。圆锥花序无毛或近无毛；花杂性，径约3 mm；花梗长7~10 mm，花萼无毛，裂片卵状三角形，长约1.2 mm，宽约0.8 mm；花瓣卵形或卵状披针形，长2~2.5 mm，宽约1 mm，无毛；雄蕊5，长约1.5 mm，花药卵形，与花丝等长，花盘5裂，紫褐色；子房近球形，径约0.5 mm，花柱3，分离，不等长，果肾形，长约4.5 mm，宽约2.5 mm，无毛。

生长环境 生长在海拔800~1 500 m的山坡林中。毛黄栌喜光，能耐半阴，耐寒，耐干旱，耐瘠薄，耐盐碱，不耐水湿。以深厚、肥沃而排水良好的沙壤土生长最好。生长迅速，根系发达，萌蘖性强。

绿化用途 春季花形及花色奇特美丽，秋季叶色变红或橘红色异常鲜艳，属于美丽的秋季观果兼观花树种。是优良的水土保持树种，也是北方地区重要的观赏树种、盐碱地造林树种。

黄连木

学名 *Pistacia chinensis* Bunge

俗名 楷木、黄连茶、岩拐角、凉茶树。

科属 漆树科黄连木属。

形态特征 落叶乔木，高达20余m；树干扭曲，树皮暗褐色，呈鳞片状剥落，幼枝灰棕色，具细小皮孔，疏被微柔毛或近无毛。奇数羽状复叶互生，有小叶5~6对，叶轴具条纹，被微柔毛，叶柄上面平，被微柔毛；小叶对生或近对生，纸质，披针形或卵状披针形或线状披针形，长5~10 cm，宽1.5~2.5 cm，先端渐尖或长渐尖，基部偏斜，全缘，两面沿中脉和侧脉被卷曲微柔毛或近无毛，侧脉和细脉两面突起；小叶柄长1~2 mm。花单性异株，先花后叶，圆锥花序腋生，雄花序排列紧密，长6~7 cm，雌花序排列疏松，长15~20 cm，均被微柔毛；花小，花梗长约1 mm，被微柔毛；苞片披针形或狭披针形，内凹，长1.5~2 mm，外面被微柔毛，边缘具睫毛。雄花：花被片2~4，披针形或线状披针形，大小不等，长1~1.5 mm，边缘具睫毛；雄蕊3~5，花丝极短，长不到0.5 mm，花药长圆形，大，长约2 mm；雌蕊缺。雌花：花被片7~9枚，大小不等，长0.7~1.5 mm，宽0.5~0.7 mm，外面2~4片远较狭，披针形或线状披针形，外面被柔毛，边缘具睫毛，里面5片卵形或长圆形，外面无毛，边缘具睫毛。不育雄蕊缺；子房球形，无毛，径约0.5 mm，花柱极短，柱头3，厚，肉质，红色。核果倒卵状球形，略压扁，径约5 mm，成熟时紫红色，干后具纵向细条纹，先端细尖。

生长环境 喜光，幼时稍耐阴；喜温暖，畏严寒；耐干旱瘠薄，对土壤要求不严格，对微酸性、中性和微碱性的沙质、黏质土均能适应，以在肥沃、湿润而排水良好的石灰岩山地生长最好。深根性，主根发达，抗风力强，萌芽力强。生长较慢，寿命可长达300年以上。对二氧化硫、氯化氢和煤烟的抗性较强。

绿化用途 先叶开花，树冠浑圆，枝叶繁茂而秀丽，早春嫩叶红色，入秋叶又变成深红或橙黄色，红色的雌花序也极美观。是城市及风景区的优良绿化树种，宜作庭荫树、行道树及观赏风景树，也常作“四旁”绿化及低山区造林树种。在园林绿化中植于草坪、坡地、山谷或于山石、亭阁之旁配植，构成大片秋色红叶林，可与槭类、枫香等混植，效果更好。

盐肤木

学名 *Rhus chinensis* Mill.

俗名 肤连泡、盐酸白、盐肤子。

科属 漆树科盐肤木属。

形态特征 落叶小乔木或灌木，高2~10 m；小枝棕褐色，被锈色柔毛，具圆形小皮孔。奇数羽状复叶有小叶3~6对，叶轴具宽的叶状翅，小叶自下而上逐渐增大，叶轴和叶柄密被锈色柔毛；小叶多形，卵形或椭圆状卵形或长圆形，长6~12 cm，宽3~7 cm，先端急尖，基部圆形，顶生小叶基部楔形，边缘具粗锯齿或圆齿，叶面暗绿色，叶背粉绿色，被白粉，叶面沿中脉疏被柔毛或近无毛，叶背被锈色柔毛，脉上较密，侧脉和细脉在叶面凹陷，在叶背突起；小叶无柄。圆锥花序宽大，多分枝，雄花序长30~40 cm，雌花序较短，密被锈色柔毛；苞片披针形，长约1 mm，被微柔毛，小苞片极小，花白色，花梗长约1 mm，被微柔毛。雄花：花萼外面被微柔毛，裂片长卵形，长约1 mm，边缘具细睫毛；花瓣倒卵状长圆形，长约2 mm，开花时外卷；雄蕊伸出，花丝线形，长约2 mm，无毛，花药卵形，长约0.7 mm；子房不育。雌花：花萼裂片较短，长约0.6 mm，外面被微柔毛，边缘具细睫毛；花瓣椭圆状卵形，长约1.6 mm，边缘具细睫毛，里面下部被柔毛。雄蕊极短；花盘无毛；子房卵形，长约1 mm，密被白色微柔毛，花柱3，柱头头状。核果球形，略压扁，径4~5 mm，被具节柔毛和腺毛，成熟时红色，果核径3~4 mm。花期8~9月，果期10月。

生长环境 生长在海拔280~2 800 m的山坡、沟谷的疏林或灌丛中。喜光，喜温暖湿润气候。适应性强，耐寒。对土壤要求不严格，在酸性、中性及石灰性土壤乃至干旱瘠薄的土壤上均能生长。根系发达，根萌蘖性很强，生长快。

绿化用途 秋叶鲜红，果实成熟时也呈橘红色，是很好的观叶、观果树种。可群植来配植秋景，也可列植于步道、溪岸或用来点缀风景。适应性强，生长快，耐干旱瘠薄，根蘖力强，是重要的造林及园林绿化树种，也是废弃地恢复的先锋植物。

冬青科

枸骨

学名 *Ilex cornuta* Lindl. et Paxt.

俗名 猫儿刺、老虎刺、八角刺。

科属 冬青科冬青属。

形态特征 常绿灌木或小乔木，高1~3 m；幼枝具纵脊及沟，沟内被微柔毛或变无毛，二年生枝褐色，三年生枝灰白色，具纵裂缝及隆起的叶痕，无皮孔。叶片厚革质，二型，四角状长圆形或卵形，长4~9 cm，宽2~4 cm，先端具3枚尖硬刺齿，中央刺齿常反曲，基部圆形或近截形，两侧各具1~2刺齿，有时全缘（此情况常出现在卵形叶上），叶面深绿色，具光泽，叶背淡绿色，无光泽，两面无毛，主脉在上面凹下，背面隆起，侧脉5对或6对，于叶缘附近网结，在叶面不明显，在背面凸起，网状脉两面不明显；叶柄长4~8 mm，上面具狭沟，被微柔毛；托叶胼胝质，宽三角形。花序簇生于二年生枝的叶腋内，基部宿存鳞片近圆形，被柔毛，具缘毛；苞片卵形，先端钝或具短尖头，被短柔毛和缘毛；花淡黄色，4基数。雄花花梗长5~6 mm，无毛，基部具1~2枚阔三角形的小苞片；花萼盘状；直径约2.5 mm，裂片膜质，阔三角形，长约0.7 mm，宽约1.5 mm，疏被微柔毛，具缘毛；花冠辐状，直径约7 mm，花瓣长圆状卵形，长3~4 mm，反折，基部合生；雄蕊与花瓣近等长或稍长，花药长圆状卵形，长约1 mm；退化子房近球形，先端钝或圆形，不明显的4裂。雌花花梗长8~9 mm，果期长达13~14 mm，无毛，基部具2枚小的阔三角形苞片；花萼与花瓣像雄花；退化雄蕊长为花瓣的4/5，略长于子房，败育花药卵状箭头形；子房长圆状卵球形，长3~4 mm，直径2 mm，柱头盘状，4浅裂。果球形，直径8~10 mm，成熟时鲜红色，基部具四角形宿存花萼，顶端宿存柱头盘状，明显4裂；果梗长8~14 mm。分核4，轮廓倒卵形或椭圆形，长7~8 mm，背部宽约5 mm，遍布皱纹和皱纹状纹孔，背部中央具1纵沟，内果皮骨质。花期4~5月，果期10~12月。

生长环境 生长在海拔150~1 900 m的山坡、丘陵等的灌丛中、疏林中以及路边、溪旁和村舍附近。耐干旱，喜肥沃的酸性土壤，不耐盐碱。较耐寒，能耐-5 ℃的短暂低温。喜阳光，耐阴，宜在阴湿的环境中生长。夏季需在阴棚下或林阴下养护。冬季需温室越冬。

绿化用途 枝繁叶茂，叶浓绿而有光泽，且叶形奇特。秋冬红果满枝，浓艳夺目，是优良的观叶观花盆景树种。枸骨枝叶稠密，叶形奇特，深绿光亮，入秋红果累累，经冬不凋，鲜艳美丽，是良好的观叶、观果树种。宜作基础种植及岩石园材料，也可孤植于花坛中心，对植于前庭、路口，或丛植于草坪边缘。又是很好的绿篱及盆栽材料，选其老桩制作盆景亦饶有风趣。果枝可作瓶插，经久不凋。

冬青

学名 *Ilex chinensis* Sims

俗名 冻青。

科属 冬青科冬青属。

形态特征 常绿乔木，高达 13 m；树皮灰黑色，当年生小枝浅灰色，圆柱形，具细棱；二至多年生枝具不明显的小皮孔，叶痕新月形，凸起。叶片薄革质至革质，椭圆形或披针形，稀卵形，长 5~11 cm，宽 2~4 cm，先端渐尖，基部楔形或钝，边缘具圆齿，或有时在幼叶为锯齿，叶面绿色，有光泽，干时深褐色，背面淡绿色，主脉在叶面平，背面隆起，侧脉 6~9 对，在叶面不明显，叶背明显，无毛，或有时在雄株幼枝顶芽、幼叶叶柄及主脉上有长柔毛；叶柄长 8~10 mm，上面平或有时具窄沟。雄花花序具 3~4 回分枝，总花梗长 7~14 mm，二级轴长 2~5 mm，花梗长 2 mm，无毛，每分枝具花 7~24 朵；花淡紫色或紫红色，4~5 基数；花萼浅杯状，裂片阔卵状三角形，具缘毛；花冠辐状，直径约 5 mm，花瓣卵形，长 2. 5 mm，宽约 2 mm，开放时反折，基部稍合生；雄蕊短于花瓣，长 1. 5 mm，花药椭圆形；退化子房圆锥状，长不足 1 mm；雌花花序具 1~2 回分枝，具花 3~7 朵，总花梗长 3~10 mm，扁，二级轴发育不好；花梗长 6~10 mm；花萼和花瓣同雄花，退化雄蕊长约为花瓣的 1/2，败育花药心形；子房卵球形，柱头具不明显的 4~5 裂，厚盘形。果长球形，成熟时红色，长 10~12 mm，直径 6~8 mm；分核 4~5，狭披针形，长 9~11 mm，宽约 2. 5 mm，背面平滑，凹形，断面呈三棱形，内果皮厚革质。花期 4~6 月，果期 7~12 月。

生长环境 喜温暖气候，有一定耐寒力。适生于肥沃湿润、排水良好的酸性土壤。较耐阴湿，萌芽力强，耐修剪。对二氧化碳抗性强。常生于山坡杂木林中，生长在海拔 500~1 000 m 的山坡常绿阔叶林中和林缘。

绿化用途 枝繁叶茂，四季常青，由于树形优美，枝叶碧绿青翠，是公园篱笆绿化首选苗木，多被种植于庭园作美化，应用于公园、庭园、绿墙和高速公路中央隔离带。是园林绿化中使用最多的灌木，植株清脆油亮，生长健康旺盛，观赏价值较高，是庭园中的优良观赏树种。宜在草坪上孤植，门庭、墙边、园道两侧列植，或散植于叠石、小丘之上，葱郁可爱。采取老桩或抑制生长使其矮化，用作制作盆景。

卫矛科

苦皮藤

学名 *Celastrus angulatus* Maxim.

俗名 苦树皮、马断肠、老虎麻。

科属 卫矛科南蛇藤属。

形态特征 藤状灌木；小枝常具4~6纵棱，皮孔密生，圆形至椭圆形，白色，腋芽卵圆状，长2~4 mm。叶大，近革质，长方阔椭圆形、阔卵形、圆形，长7~17 cm，宽5~13 cm，先端圆阔，中央具尖头，侧脉5~7对，在叶面明显突起，两面光滑或稀于叶背的主侧脉上具短柔毛；叶柄长1.5~3 cm；托叶丝状，早落。聚伞圆锥花序顶生，下部分枝长于上部分枝，略呈塔锥形，长10~20 cm，花序轴及小花轴光滑或被锈色短毛；小花梗较短，关节在顶部；花萼镊合状排列，三角形至卵形，长约1.2 mm，近全缘；花瓣长方形，长约2 mm，宽约1.2 mm，边缘不整齐；花盘肉质，浅盘状或盘状，5浅裂；雄蕊着生于花盘之下，长约3 mm，在雌花中退化雄蕊长约1 mm；雌蕊长3~4 mm，子房球状，柱头反曲，在雄花中退化雌蕊长约1.2 mm。蒴果近球状，直径8~10 mm；种子椭圆状，长3.5~5.5 mm，直径1.5~3 mm。花期5~6月。

生长环境 生长在海拔1000~2 500 m的山地丛林及山坡灌丛中。耐旱、耐寒、耐半阴，管理粗放。

绿化用途 入秋后叶色变红，果黄色球形，开裂后露出红色假种皮，红黄相映生辉，具有较高的观赏价值，攀缘能力强，是庭院理想的棚架绿化材料。

南蛇藤

学名 *Celastrus orbiculatus* Thunb.

俗名 金银柳、金红树、过山风。

科属 卫矛科南蛇藤属。

形态特征 小枝光滑无毛，灰棕色或棕褐色，具稀而不明显的皮孔；腋芽小，卵状至卵圆状，长1~3 mm。叶通常阔倒卵形，近圆形或长方椭圆形，长5~13 cm，宽3~9 cm，先端圆阔，具有小尖头或短渐尖，基部阔楔形至近钝圆形，边缘具锯齿，两面光滑无毛或叶背脉上具稀疏短柔毛，侧脉3~5对；叶柄细长1~2 cm。聚伞花序腋生，间有顶生，花序长1~3 cm，小花1~3朵，偶仅1~2朵，小花梗关节在中部以下或近基部；雄花萼片钝三角形；花瓣倒卵状椭圆形或长方形，长3~4 cm，宽2~2.5 mm；花盘浅杯状，裂片浅，顶端圆钝；雄蕊长2~3 mm，退化雌蕊不发达；雌花花冠较雄花窄小，花盘稍深厚，肉质，退化雄蕊极短小；子房近球状，花柱长约 1.5 mm，柱头 3 深裂，裂端再 2 浅裂。蒴果近球状，直径 8~10 mm；种子椭圆状稍扁，长 4~5 mm，直径 2.5~3 mm，赤褐色。花期 5~6 月，果期 7~10 月。

生长环境 一般多野生于山地沟谷及临缘灌木丛中，垂直分布可达 1 500 m。喜阳、耐阴，分布广，抗寒、耐旱，对土壤要求不严格。栽植于背风向阳、湿润而排水良好的肥沃沙质壤土上生长最好。

绿化用途 大型藤本植物，以周边植物或山体岩石为攀缘对象，远望形似一条蟒蛇在林间、岩石上爬行，蜿蜒曲折，野趣横生。植株姿态优美，茎、蔓、叶、果都具有较高的观赏价值，是城市垂直绿化的优良树种。秋季叶片经霜变红或变黄时，美丽壮观；成熟的累累硕果，竞相开裂，露出鲜红色的假种皮，宛如颗颗宝石。作为攀缘绿化材料，宜植于棚架、墙垣、岩壁等处，如在湖畔、塘边、溪旁、河岸种植，倒映成趣；种植于坡地、林绕及假山、石隙等处，颇具野趣；若剪取成熟果枝瓶插，装点居室，也能满室生辉。

卫矛

学名 *Euonymus alatus* (Thunb.) Sieb.

俗名 鬼箭羽、鬼箭、六月凌。

科属 卫矛科卫矛属。

形态特征 灌木，高 3~4 m；枝条硬直，常具 4 纵裂木栓厚翅，在老枝上宽可达 5~6 mm。叶长椭圆形或略呈椭圆倒披针形，长 6~11 cm，宽 2~4 cm，先端窄长渐尖，边缘具细密锯齿；叶柄长 8~15 mm。聚伞花序 2~3 次分枝，有花 7~15 朵；花序梗长 10~15 mm，第一次分枝长 2~3 mm，第二次分枝极短或近无；小花梗长达 5 mm；花白绿色，直径约 8 mm，4 数；雄蕊花丝长 2~3 mm；花柱短，长 1~1.5 mm，柱头圆钝不膨大。蒴果 4 棱，倒圆心状，长 7~9 mm，直径约 1 cm，粉红色；种子椭圆状，长 5~6 mm，直径 3~4 mm，种脐、种皮棕色，假种皮橘红色，包被种子全部。花期 7 月，果期 9~10 月。

生长环境 喜光，也稍耐阴；对气候和土壤适应性强，能耐干旱、瘠薄和寒冷，在中性、酸性及石灰性土上均能生长。萌芽力强，耐修剪，对二氧化硫有较强抗性。

绿化用途 枝翅奇特，秋叶红艳耀目，果裂亦红，甚为美观，堪称观赏佳木。新叶亦红，夏季适当摘去老叶，施以肥水，可促使再发新叶，增加观赏期。为使秋叶及早变红，夏季应择半阴处放置，使叶质不致增厚，易于形成优美红叶。落叶后，枝翅如箭羽，宿存蒴果裂后亦红，冬态也颇具欣赏价值。广泛应用于城市园林、道路、公路绿化的绿篱带、色带拼图和造形。抗性强，能净化空气，美化环境。适应范围广，较其他树种，栽植成本低，见效快，具有广阔的空间。

白杜

学名 *Euonymus maackii* Rupr.

俗名 丝绵木、明开夜合、华北卫矛、桃叶卫矛。

科属 卫矛科卫矛属。

形态特征 小乔木，高达 6 m。叶卵状椭圆形、卵圆形或窄椭圆形，长 4~8 cm，宽 2~5 cm，先端长渐尖，基部阔楔形或近圆形，边缘具细锯齿，有时极深而锐利；叶柄通常细长，常为叶片的 1/4~1/3，有时较短。聚伞花序有花 3 朵至多朵，花序梗略扁，长 1~2 cm；花 4 数，淡白绿色或黄绿色，直径约 8 mm；小花梗长 2.5~4 mm；雄蕊花药紫红色，花丝细长，长 1~2 mm。蒴果倒圆心状，4 浅裂，长 6~8 mm，直径 9~10 mm，成熟后果皮粉红色；种子长椭圆状，长 5~6 mm，直径约 4 mm，种皮棕黄色，假种皮橙红色，全包种子，成熟后顶端常有小口。花期 5~6 月，果期 9 月。

生长环境 喜光，稍耐阴；耐寒，对土壤要求不严格，耐干旱，耐水湿，以肥沃、湿润而排水良好的土壤生长最好。根系深而发达，能抗风；根蘖萌发力强，生长速度中等偏慢。对二氧化硫抗性中等。

绿化用途 树姿优美，枝叶秀丽，入秋蒴果粉红色，在树上悬挂长达 2 个月，引来鸟雀成群，颇具特色，是园林绿化的优美观赏树种。抗性较强，耐粗放管理，可用作防护林或工厂绿化树种。是近几年引起重视的乡土树种，由于其观赏价值高、抗性强、适应性广，在城市园林、庭院绿化中越来越得到重视。

肉花卫矛

学名 *Euonymus carnosus* Hemsl.

科属 卫矛科卫矛属。

形态特征 半常绿乔木或灌木，高达 10 m。叶对生，叶片近革质，呈长圆状椭圆形或长圆状倒卵形，长 5~15 cm，宽 3~9 cm。聚伞花序，有花 5~15 朵，花绿色或黄白色，径达 2 cm。花瓣圆形，表面有窝状皱纹或光滑。蒴果近球形，黄色，有 4 条翅状窄棱，初黄色，后变红色。种子数粒，亮黑色，假种皮橘红色。花期 5~6 月，果期 8~10 月。

生长环境 喜温暖湿润气候，耐半阴，较耐寒，不耐积水。性强健，适应性强，耐盐碱，对土壤要求不严格。

绿化用途 树姿形态优美，秋季叶色深红并伴以下垂的果实，可孤植、群植于草坪、庭院、林缘，也可作绿篱栽培。在海岛、海滨海岸带也有自然分布，是极好的盐碱地造林树种。

冬青卫矛

学名 *Euonymus japonicus* Thunb.

俗名 扶芳树、正木、大叶黄杨。

科属 卫矛科卫矛属。

形态特征 灌木，高可达 3 m；小枝四棱，具细微皱突。叶革质，有光泽，倒卵形或椭圆形，长 3~5 cm，宽 2~3 cm，先端圆阔或急尖，基部楔形，边缘具有浅细钝齿；叶柄长约 1 cm。聚伞花序，有花 5~12 朵，花序梗长 2~5 cm，2~3 次分枝，分枝及花序梗均扁壮，第三次分枝常与小花梗等长或较短；小花梗长 3~5 mm；花白绿色，直径 5~7 mm；花瓣近卵圆形，长宽各约 2 mm，雄蕊花药长圆状，内向；花丝长 2~4 mm；子房每室 2 胚珠，着生中轴顶部。蒴果近球状，直径约 8 mm，淡红色；种子每室 1，顶生，椭圆状，长约 6 mm，直径约 4 mm，假种皮橘红色，全包种子。花期 6~7 月，果熟期 9~10 月。

生长环境　阳性树种，喜光，耐阴，喜温暖湿润的气候和肥沃土壤。酸性土、中性土或微碱性土均能适应。萌生性强，适应性强，较耐寒，耐干旱瘠薄。极耐修剪整形。

绿化用途　春季嫩叶初发，满树嫩绿，十分悦目，是培养盆景的优良材料，叶色斑斓，可盆栽观赏。枝叶密集而常青，生性强健，一般作绿篱种植，也可修剪成球形。叶色光泽洁净，新叶尤为嫩绿可爱。它耐整形扎剪，园林绿化中多作为绿篱材料和整形植株材料，植于门旁、草地，或作大型花坛中心。

扶芳藤

学名　*Euonymus fortunei*（Turcz.）Hand. - Mazz.

俗名　金线风、九牛造、靠墙风。

科属　卫矛科卫矛属。

形态特征　常绿藤本灌木，高 1 m 至数米；小枝方棱不明显。叶薄革质，椭圆形、长方椭圆形或长倒卵形，宽窄变异较大，可窄至近披针形，长 3.5~8 cm，宽 1.5~4 cm，先端钝或急尖，基部楔形，边缘齿浅不明显，侧脉细微和小脉全不明显；叶柄长 3~6 mm。聚伞花序 3~4 次分枝，花序梗长 1.5~3 cm，第一次分枝长 5~10 mm，第二次分枝长 5 mm 以下，最终小聚伞花密集，有花 4~7 朵，分枝中央有单花，小花梗长约 5 mm；花白绿色，4 数，直径约 6 mm；花盘方形，直径约 2.5 mm；花丝细长，长 2~3 mm，花药圆心形；子房三角锥状，四棱，粗壮明显，花柱长约 1 mm。蒴果粉红色，果皮光滑，近球状，直径 6~12 mm；果序梗长 2~3.5 cm，小果梗长 5~8 mm；种子长方椭圆状，棕褐色，假种皮鲜红色，全包种子。花期 6 月，果期 10 月。

生长环境　喜温暖、湿润环境，喜阳光，亦耐阴。在雨量充沛、云雾多、土壤和空气湿度大的条件下，植株生长健壮。对土壤适应性强，在酸碱及中性土壤上均能正常生长，可在砂石地、石灰岩山地栽培，适于疏松、肥沃的沙壤土生长，适生温度为 15~30 ℃。抗二氧化硫、氧化氢等有害气体，可作为空气污染严重的工矿区环境绿化树种。

绿化用途　地面覆盖最佳绿化观叶植物，彩叶变异品种，有较高的观赏价值。夏季黄绿相容，犹如绿色的海洋泛起金色的波浪；到了秋冬季，则叶色艳红，是园林彩化绿化的优良植物。生长快，耐修剪，而老枝干上的隐芽萌芽力强，成球后，基部枝叶茂盛丰满，非常美观。冬季耐寒，已越来越多地应用于园林绿化中。

省沽油科

省沽油

学名 *Staphylea bumalda* DC.

俗名 珍珠花、水条。

科属 省沽油科省沽油属。

形态特征 落叶灌木，高约2 m，稀达5 m，树皮紫红色或灰褐色，有纵棱；枝条开展，绿白色复叶对生，有长柄，柄长2.5~3 cm，具3小叶；小叶椭圆形、卵圆形或卵状披针形，长4.5~8 cm，宽2.5~5 cm，先端锐尖，具尖尾，尖尾长约1 cm，基部楔形或圆形，边缘有细锯齿，齿尖具尖头，上面无毛，背面青白色，主脉及侧脉有短毛；中间小叶柄长5~10 mm，两侧小叶柄长1~2 mm。圆锥花序顶生，直立，花白色；萼片长椭圆形，浅黄白色，花瓣5，白色，倒卵状长圆形，较萼片稍大，长5~7 mm，雄蕊5，与花瓣略等长。蒴果膀胱状，扁平，2室，先端2裂；种子黄色，有光泽。花期4~5月，果期8~9月。

生长环境 生长在路旁、山地或丛林中。生长发育与光照有密切关系。在郁闭度较高的天然次生林分中，与各种乔木、小乔木混生，处于下层时，往往其单株冠幅枝条稀疏，树势弱，开花结果少，果实也较小；在林缘开阔地分布的树体相对生长旺盛。在天然残次林分内，由于林分受到人为频繁采伐，其林内无明显的高大乔木，野生植株经多次砍伐，形成丛状分布，阳性偏耐阴性树种。适宜土壤为沙壤土、麻骨土，疏松土层、有机质含量高、速效钾含量高、pH 5~6的酸性或偏酸性土壤，更适宜生长；土层瘠薄、有机质含量低、速效钾含量低的砂土、石砂、石灰性土壤上几乎不能生长。

绿化用途 叶、果均具观赏价值，适宜在林缘、路旁、角隅及池边种植，应用于园林绿化可产生很好的景观效果。

膀胱果

学名 *Staphylea holocarpa* Hemsl.

俗名 大果省沽油。

科属 省沽油科省沽油属。

形态特征 落叶灌木或小乔木，高3~10 m，幼枝平滑，3枚小叶，小叶近革质，无毛，长圆状披针形至狭卵形，长5~10 cm，基部钝，先端突渐尖，上面淡白色，边缘有硬细锯齿，侧脉10，有网脉，侧生小叶近无柄，顶生小叶具长柄，柄长2~4 cm。广展的伞房花序，长5 cm，或更长，花白色或粉红色，在叶后开放。果为3裂、梨形膨大的蒴果，长4~5 cm，宽2.5~3 cm，基部狭，顶平截，种子近椭圆形，灰色，有光泽。

生长环境 散生长在海拔1000~1 800 m的疏林及灌丛内。膀胱果在河南分布的年平均气温 12.6 ℃左右，1 月平均气温 0~1 ℃，最低气温-19 ℃，年降水量 600~1 000 mm，生长季相对湿度不低于 70%。常生于山谷、溪畔、疏林地或杂灌丛中。伴生树种有短柄椬树、柳树、钓樟、花楸、灯台树等。喜光树种，林冠下生长不良，常不能开花结实。

绿化用途 花白色，有香气，果实奇特，植株秀丽，可栽培作庭园观赏花木。

瘿椒树

学名 *Tapiscia sinensis* Oliv.

俗名 银鹊树、丹树、瘿漆树、银雀树。

科属 省沽油科瘿椒树属。

形态特征 落叶乔木，高 8~15 m，树皮灰黑色或灰白色，小枝无毛；芽卵形。奇数羽状复叶，长达 30 cm；小叶 5~9 枚，狭卵形或卵形，长 6~14 cm，宽 3.5~6 cm，基部心形或近心形，边缘具锯齿，两面无毛或仅背面脉腋被毛，上面绿色，背面带灰白色，密被近乳头状白粉点；侧生小叶柄短，顶生小叶柄长达 12 cm。圆锥花序腋生，雄花与两性花异株，雄花序长达 25 cm，两性花的花序长约 10 cm，花小，长约 2 mm，黄色，有香气；两性花；花萼钟状，长约 1 mm，5 浅裂；花瓣 5，狭倒卵形，比萼稍长；雄蕊 5，与花瓣互生，伸出花外；子房 1 室，有 1 胚珠，花柱长过雄蕊；雄花有退化雌蕊。果序长达 10 cm，核果近球形或椭圆形，长仅达 7 mm。

生长环境 喜光又耐阴，喜阴湿和深厚肥沃土壤。

绿化用途 秋叶黄色，花具芳香，可作庭园观赏。

槭树科

青榨槭

学名 *Acer davidii* Franch.

俗名 青虾蟆、大卫槭。

科属 槭树科槭属。

形态特征 落叶乔木，高 10~15 m，稀达 20 m。树皮黑褐色或灰褐色，常纵裂成蛇皮状。小枝细瘦，圆柱形，无毛；当年生的嫩枝紫绿色或绿褐色，具很稀疏的皮孔，多年生的老枝黄褐色或灰褐色。冬芽腋生，长卵圆形，绿褐色，长 4~8 mm；鳞片的外侧无毛。叶纸质，外貌长圆卵形或近于长圆形，长 6~14 cm，宽 4~9 cm，先端锐尖或渐尖，常有尖尾，基部近于心脏形或圆形，边缘具不整齐的钝圆齿；上面深绿色，无毛；下面淡绿色，嫩时沿叶脉被紫褐色的短柔毛，渐老成无毛状；主脉在上面显著，在下面凸起，侧脉 11~12 对，成羽状，在上面微现，在下面显著；叶柄细瘦，长 2~8 cm，嫩时被红褐色短柔毛，渐老则脱落。花黄绿色，杂性，雄花与两性花同株，成下垂的总状花序，顶生于着叶的嫩枝，开花与嫩叶的生长大约同时，雄花的花梗长 3~5 mm，通常 9~12 朵组成长 4~7 cm 的总状花序；两性花的花梗长 1~1.5 cm，通常 15~30 朵组成长 7~12 cm 的总状花序；萼片 5，椭圆形，先端微钝，长约 4 mm；花瓣 5，倒卵形，先端圆形，与萼片等长；雄蕊 8，无毛，在雄花中略长于花瓣，在两性花中不发育，花药黄色，球形，花盘无毛，现裂纹，位于雄蕊内侧，子房被红褐色的短柔毛，在雄花中不发育。花柱无毛，细瘦，柱头反卷。翅果嫩时淡绿色，成熟后黄褐色；翅宽 1~1.5 cm，连同小坚果共长 2.5~3 cm，展开成钝角或几成水平。花期 4 月，果期 9 月。

生长环境 常生长在海拔 500~1 500 m 的疏林中。耐-30~-35 ℃的低温。耐瘠薄，适宜中性土壤。常与山杨、栎、白桦、漆树、鹅耳枥等混生。

绿化用途 叶在秋季变鲜红色，后转为橙黄色，最后呈暗紫色，为极美丽的观赏植物。叶片深绿阔大，叶多繁茂。青榨槭的树皮为竹绿或蛙绿色，颜色独具一格，似竹而胜于竹，具有极佳的观赏效果。1~2 年生枝条银白色，成龄树树皮似青蛙皮绿色，并纵向配有墨绿色条纹。树干端直，树形自然开张，树态苍劲挺拔，枝繁叶茂，优美的树形、绿色的树皮、银白色枝条与繁茂的叶片巧妙而完美的组合，是城市园林、风景区等各种园林绿地的优美绿化树种。用于园林绿化可培育主干型或丛株型。多株墩状绿化效果极佳。

血皮槭

学名 *Acer griseum* (Franch.) Pax

俗名 马梨光。

科属 槭树科槭属。

形态特征 落叶乔木，高 10~20 m。树皮赭褐色，常成卵形，纸状的薄片脱落。小枝圆柱形，当年生枝淡紫色，密被淡黄色长柔毛，多年生枝深紫色或深褐色，2~3 年的枝上尚有柔毛宿存。冬芽小，鳞片被疏柔毛，覆叠。复叶有 3 小叶；小叶纸质，卵形、椭圆形或长圆椭圆形，长 5~8 cm，宽 3~5 cm，先端钝尖，边缘有 2~3 个钝形大锯齿，顶生的小叶片基部楔形或阔楔形，有 5~8 mm 的小叶柄，侧生小叶基部斜形，有长 2~3 mm 的小叶柄，上面绿色，嫩时有短柔毛，渐老则近于无毛；下面淡绿色，略有白粉，有淡黄色疏柔毛，叶脉上更密，主脉在上面略凹下，在下面凸起，侧脉 9~11 对，在上面微凹下，在下面显著；叶柄长 2~4 cm，有疏柔毛，嫩时更密。聚伞花序有长柔毛，花常仅有 3 朵；总花梗长 6~8 mm；花淡黄色，杂性，雄花与两性花异株；萼片 5，长圆卵形，长 6 mm，宽 2~3 mm；花瓣 5，长圆倒卵形，长 7~8 mm，宽 5 mm；雄蕊 10，长 1~1.2 cm，花丝无毛，花药黄色；花盘位于雄蕊的外侧；子房有茸毛；花梗长 10 mm。小坚果黄褐色，凸起，近于卵圆形或球形，长 8~10 mm，宽 6~8 mm，密被黄色茸毛；翅宽 1.4 cm，连同小坚果长 3.2~3.8 cm，张开近于锐角或直角。花期 4 月，果期 9 月。

生长环境 生长在海拔 1 500~2 000 m 的疏林中，是中、高山分布植物，集中分布在半阳坡、半阴坡、阴坡以及沟谷中，土壤类型以棕壤、黄棕壤、褐土为主，土层厚度在

30 cm 左右不等，部分生长在岩石缝隙中。

绿化用途 树皮色彩奇特，观赏价值极高。叶变色于 10 月、11 月，从黄色、橘黄色至红色。落叶晚，是槭树类中最优秀的树种之一，常被作为庭园主景树，也可于园林中孤植点缀或群植，是优良的绿化树种。在行道树应用上，树干笔直、树冠整洁，尤其是秋色叶片娇艳明亮，彩叶持续时间长，具有非常高的观赏价值。成片种植进行风景林建设，可以获得独特的景观，其叶色和姿态一年四季都很美丽，在深秋又具有极高的观叶价值。

建始槭

学名 *Acer henryi* Pax

俗名 三叶槭、亨氏槭、亨利槭树、亨利槭。

科属 槭树科槭属。

形态特征 落叶乔木，高约 10 m。树皮浅褐色。小枝圆柱形，当年生嫩枝紫绿色，有短柔毛，多年生老枝浅褐色，无毛。冬芽细小，鳞片 2，卵形，褐色，镊合状排列。叶纸质，3 小叶组成的复叶；小叶椭圆形或长圆椭圆形，长 6~12 cm，宽 3~5 cm，先端渐尖，基部楔形、阔楔形或近于圆形，全缘或近先端部分有稀疏的 3~5 个钝锯齿，顶生小叶的小叶柄长约 1 cm，侧生小叶的小叶柄长 3~5 mm，有短柔毛；嫩时两面无毛或有短柔毛，在下面沿叶脉被毛更密，渐老时无毛，主脉和侧脉均在下面较在上面显著；叶柄长 4~8 cm，有短柔毛。穗状花序，下垂，长 7~9 cm，有短柔毛，常由 2~3 年生无叶的小枝旁边生出，稀由小枝顶端生出，近于无花梗，花序下无叶，稀有叶，花淡绿色，单性，雄花与雌花异株；萼片 5，卵形，长 1.5 mm，宽 1 mm；花瓣 5，短小或不发育；雄花有雄蕊 4~6，通常 5，长约 2 mm；花盘微发育；雌花的子房无毛，花柱短，柱头反卷。翅果嫩时淡紫色，成熟后黄褐色，小坚果凸起，长圆形，长 1 cm，宽 5 mm，脊纹显著，翅宽 5 mm，连同小坚果长 2~2.5 cm，张开成锐角或近于直立。果梗长约 2 mm。花期 4 月，果期 9 月。

生长环境 生长在海拔 500~1 500 m 的疏林中。

绿化用途 树皮颜色为浅褐色，可作为观树的景观乔木。

长柄槭

学名 *Acer longipes* Franch. ex Rehd.

科属 槭树科槭属。

形态特征 落叶乔木，常高 4~5 m，稀逾 10 m。树皮灰色或紫灰色，微现裂纹。小枝圆柱形；当年生的嫩枝紫绿色，无毛，多年生的老枝淡紫色或紫灰色，具圆形或卵形的皮孔。冬芽小，具 4 枚鳞片，边缘有纤毛。叶纸质，基部近于心形，长 8~12 cm，宽 7~13 cm，通常 3 裂，稀 5 裂或不裂；裂片三角形，先端锐尖并具小尖头，长 3~5 cm，宽 2~4 cm；上面深绿色，无毛，下面淡绿色，有灰色短柔毛，在叶脉上更密；叶柄细瘦，长 5~9 cm，无毛或于上段有短柔毛。伞房花序，顶生，长 8 cm，直径 7~12 cm，无毛，总花梗长 1~1.5 cm。花淡绿色，杂性，雄花与两性花同株，开花在叶长大以后；萼片 5 枚，长圆椭圆形，先端微钝，黄绿色，长 4 mm；花瓣 5 枚，黄绿色，长圆倒卵形，与萼片等长；雄蕊 8 枚，无毛，生于雄花中者长于花瓣，在两性花中较短，花药黄色，球形；花盘位于雄蕊外侧，微现裂纹；子房有腺体，无毛，柱头反卷。小坚果压扁状，长 1~1.3 cm，宽 7 mm，嫩时紫绿色，成熟时黄色或黄褐色；翅宽 1 cm，连同小坚果共长 3~3.5 cm，张开成锐角。花期 4 月，果期 9 月。

生长环境 生长在海拔 1 000~1 500 m 的疏林中。

绿化用途 树姿优美，枝繁叶茂，叶果秀丽，叶色多样，是著名园林观赏和庭院绿化树种，也是珍贵的盆栽品种。

鸡爪槭

学名 *Acer palmatum* Thunb.

俗名 鸡爪枫、槭树、七角枫。

科属 槭树科槭属。

形态特征 落叶小乔木。树皮深灰色。小枝细瘦；当年生枝紫色或淡紫绿色；多年生枝淡灰紫色或深紫色。叶纸质，外貌圆形，直径 7~10 cm，基部心脏形或近于心脏形，稀截形，5~9 掌状分裂，通常 7 裂，裂片长圆卵形或披针形，先端锐尖或长锐尖，边缘具紧贴的尖锐锯齿；裂片间的凹缺钝尖或锐尖，深达叶片的直径的 1/2 或 1/3；上面深绿色，无毛；下面淡绿色，在叶脉的脉腋被有白色丛毛；主脉在上面微显著，在下面凸起；叶柄长 4~6 cm，细瘦，无毛。花紫色，杂性，雄花与两性花同株，生于无毛的伞房花序，总花梗长 2~3 cm，叶发出以后才开花；萼片 5，卵状披针形，先端锐尖，长 3 mm；花瓣 5，椭圆形或倒卵形，先端钝圆，长约 2 mm；雄蕊 8，无毛，较花瓣略短而藏于其内；花盘位于雄蕊的外侧，微裂；子房无毛，花柱长，2 裂，柱头扁平，花梗长约 1 cm，细瘦，无毛。翅果嫩时紫红色，成熟时淡棕黄色；小坚果球形，直径 7 mm，脉纹显著；翅与小坚果共长 2~2.5 cm，宽 1 cm，张开成钝角。花期 5 月，果期 9 月。

生长环境 生长在海拔 200~1 200 m 的林边或疏林中。喜疏荫的环境，夏日怕日光暴晒，抗寒性强，能忍受较干旱的气候条件。多生于阴坡湿润山谷，耐酸碱，较耐干燥，不耐水涝。适宜于湿润和富含腐殖质的土壤。为弱阳性树种，耐半阴，在阳光直射处孤植夏季易遭日灼之害；喜温暖湿润气候及肥沃、湿润而排水良好的土壤，酸性、中性及石灰质土均能适应。生长速度中等。

绿化用途 可作行道和观赏树栽植，“四季”绿化树种。是园林绿化中名贵的观赏乡土树种。在园林绿化中，常和不同品种配植于一起，形成色彩斑斓的槭树园；也可在常绿树丛中杂以槭类品种，营造“万绿丛中一点红”的景观；植于山麓、池畔，以显其潇洒、婆娑的绰约风姿；配以山石则具古雅之趣。另外，还可植于花坛中作主景树，植于园门两侧、建筑物角隅，装点风景；以盆栽用于室内美化，也极为雅致。

飞蛾槭

学名 *Acer oblongum* Wall. ex DC.

俗名 飞蛾树。

科属 槭树科槭属。

形态特征 常绿乔木，常高 10 m，稀达 20 m。树皮灰色或深灰色，粗糙，裂成薄片脱落。小枝细瘦，近于圆柱形；当年生嫩枝紫色或紫绿色，近于无毛；多年生老枝褐色或深褐色。冬芽小，褐色，近于无毛。叶革质，长圆卵形，长 5~7 cm，宽 3~4 cm，全缘，基部钝形或近于圆形，先端渐尖或钝尖；下面有白粉；主脉在上面显著，在下面凸起，侧脉 6~7 对，基部的一对侧脉较长，其长度为叶片的 1/3~1/2，小叶脉显著，成网状；叶柄长 2~3 cm，黄绿色，无毛。花杂性，绿色或黄绿色，雄花与两性花同株，常成被短毛的伞房花序，顶生于具叶的小枝上；萼片 5，长圆形，先端钝尖，长 2 mm；花瓣 5，倒卵形，长 3 mm；雄蕊 8，细瘦，无毛，花药圆形；花盘微裂，位于雄蕊外侧；子房被短柔毛，在雄花中不发育，花柱短，无毛，2 裂，柱头反卷；花梗长 1~2 cm，细瘦。翅果嫩时绿色，成熟时淡黄褐色；小坚果凸起成四棱形，长 7 mm，宽 5 mm；翅与小坚果长 1.8~2.5 cm，宽 8 mm，张开近于直角；果梗长 1~2 cm，细瘦，无毛。花期 4 月，果期 9 月。

生长环境 生长在海拔 1 000~1 800 m 的阔叶林中。喜阳耐阴，喜湿怕涝，喜土壤肥厚疏松地段生长。

绿化用途 枝叶茂密，树形优美，叶果秀丽，落果时，景观独特，好似蝴蝶飞舞，是优良的园林绿化和观赏树种。

三角槭

学名 *Acer buergerianum* Miq.

俗名 三角枫、君范槭、福州槭。

科属 槭树科槭属。

形态特征 落叶乔木，高 5~10 m，稀达 20 m。树皮褐色或深褐色，粗糙。小枝细瘦；当年生枝紫色或紫绿色，近于无毛；多年生枝淡灰色或灰褐色，稀被蜡粉。冬芽小，褐色，长卵圆形，鳞片内侧被长柔毛。叶纸质，基部近于圆形或楔形，外貌椭圆形或倒卵形，长 6~10 cm，通常浅 3 裂，裂片向前延伸，稀全缘，中央裂片三角卵形，急尖、锐尖或短渐尖；侧裂片短钝尖或甚小，以至于不发育，裂片边缘通常全缘，稀具少数锯齿；裂片间的凹缺钝尖；上面深绿色，下面黄绿色或淡绿色，被白粉，略被毛，在叶脉上较密；初生脉 3 条，稀基部叶脉也发育良好，致成 5 条，在上面不显著，在下面显著；侧脉通常在两面都不显著；叶柄长 2.5~5 cm，淡紫绿色，细瘦，无毛。花多数常成顶生被短柔毛的伞房花序，直径约 3 cm，总花梗长 1.5~2 cm，开花在叶长大以后；萼片 5，黄绿色，卵形，无毛，长约1.5 mm；花瓣5，淡黄色，狭窄披针形或匙状披针形，先端钝圆，长约2 mm，雄蕊8，与萼片等长或微短，花盘无毛，微分裂，位于雄蕊外侧；子房密被淡黄色长柔毛，花柱无毛，很短、2裂，柱头平展或略反卷；花梗长5~10 mm，细瘦，嫩时被长柔毛，渐老近于无毛。翅果黄褐色；小坚果特别凸起，直径6 mm；翅与小坚果共长2~2.5 cm，稀达3 cm，宽9~10 mm，中部最宽，基部狭窄，张开成锐角或近于直立。花期4月，果期8月。

生长环境 生长在海拔300~1 000 m的阔叶林中，弱阳性树种，稍耐阴。喜温暖、湿润环境及中性至酸性土壤。耐寒，较耐水湿，萌芽力强，耐修剪。树系发达，根蘖性强。

绿化用途 树姿优雅，干皮美丽，枝叶浓密，夏季浓荫覆地，入秋叶色变成暗红，是良好的园林绿化树种和观叶树种。宜孤植、丛植作庭荫树，也可作行道树及护岸树。在湖岸、溪边、谷地、草坪配植，或点缀于亭廊间都合适。老桩常制成盆景，主干扭曲隆起，颇为奇特。栽作绿篱，年久后枝条劈刺连接密合，也别具风味。

茶条槭

学名 *Acer tataricum* subsp. *ginnala*（Maximowicz）Wesmael.

俗名 茶条、华北茶条槭。

科属 槭树科槭属。

形态特征 落叶灌木或小乔木，高5~6 m。树皮粗糙、微纵裂，灰色，稀深灰色或灰褐色。小枝细瘦，近于圆柱形，无毛，当年生枝绿色或紫绿色，多年生枝淡黄色或黄褐色，皮孔椭圆形或近于圆形、淡白色。冬芽细小，淡褐色，鳞片8枚，近边缘具长柔毛，覆叠。叶纸质，基部圆形，截形或略近于心脏形，叶片长圆卵形或长圆椭圆形，长6~10 cm，宽4~6 cm，常较深的3~5裂；中央裂片锐尖或狭长锐尖，侧裂片通常钝尖，向前伸展，各裂片的边缘均具不整齐的钝尖锯齿，裂片间的凹缺钝尖；上面深绿色，无毛，下面淡绿色，近于无毛，主脉和侧脉均在下面，较在上面为显著；叶柄长4~5 cm，细瘦，绿色或紫绿色，无毛。伞房花序长6 cm，无毛，具多数的花；花梗细瘦，长3~5 cm。花杂性，雄花与两性花同株；萼片5，卵形，黄绿色，外侧近边缘被长柔毛，长1.5~2 mm；花瓣5，长圆卵形白色，较长于萼片；雄蕊8，与花瓣近于等长，花丝无毛，花药黄色；花盘无毛，位于雄蕊外侧；子房密被长柔毛（在雄花中不发育）；花柱无毛，长3~4 mm，顶端2裂，柱头平展或反卷。果实黄绿色或黄褐色；小坚果嫩时被长柔毛，脉纹显著，长8 mm，宽5 mm；翅连同小坚果长2.5~3 cm，宽8~10 mm，中段较宽或两侧近于平行，张开近于直立或成锐角。花期5月，果期10月。

生长环境 阳性树种，耐阴，耐寒，喜湿润土壤，耐旱，耐瘠薄，抗性强，适应性广。多生长在海拔800 m以下的河岸、向阳山坡、湿草地，散生或形成丛林，在半阳坡或半阴坡杂木林缘也有分布。

绿化用途 叶、果有很强的观赏价值，叶型十分美丽，在秋季的时候，叶子会变红色，红艳且引人注目。树干直，花有清香，夏季果翅红色美丽，秋叶鲜红，翅果成熟前也红艳可观，秋色叶树种，也是良好的庭园观赏树种，可栽作绿篱及小型行道树，也可丛植、群植、盆栽。

葛萝槭

学名 *Acer grosseri* Pax

俗名 来苏槭、葛萝枫。

科属 槭树科槭属。

形态特征 落叶乔木。树皮光滑，淡褐色。小枝无毛，细瘦，当年生枝绿色或紫绿色，多年生枝灰黄色或灰褐色。叶纸质，卵形，长 7~9 cm，宽 5~6 cm，边缘具密而尖锐的重锯齿，基部近于心脏形，5 裂；中裂片三角形或三角状卵形，先端钝尖，有短尖尾；侧裂片和基部的裂片钝尖，或不发育；上面深绿色，无毛；下面淡绿色，嫩时在叶脉基部被有淡黄色丛毛，渐老则脱落；叶柄长 2~3 cm，细瘦，无毛。花淡黄绿色，单性，雌雄异株，常成细瘦下垂的总状花序；萼片 5，长圆卵形，先端钝尖，长 3 mm，宽 1.5 mm；花瓣 5，倒卵形，长 3 mm，宽 2 mm；雄蕊 8，长 2 mm，无毛，在雌花中不发育；花盘无毛，位于雄蕊的内侧；子房紫色，无毛，在雄花中不发育；花梗长 3~4 mm。翅果嫩时淡紫色，成熟后黄褐色；小坚果长 7 mm，宽 4 mm，略微扁平；翅连同小坚果长 2.5~2.0 cm，宽 5 mm，张开成钝角或近于水平。花期 4 月，果期 9 月。

生长环境 生长在海拔 1 000~1 600 m 的疏林中。

绿化用途 树形优美，树皮绿色具纵纹，秋叶变红或变黄，植株可栽培成乔木型、丛生型，或修剪成球形，是园林绿化的优良树种。枝叶茂密、树干端直，在园林绿化中适宜草坪、庭院孤植或丛植。孤植时，春夏绿叶如盖，深秋槭叶红黄相间，灿若朝霞，色泽娇艳，十分醒目；丛植时，可形成万千红叶尽染丛林的壮丽景观。可作庭荫树、景观树、行道树。

五角枫

学名 *Acer pictum* subsp. *mono*（Maxim.）H. Ohashi

俗名 地锦槭、五角槭、色木槭。

科属 槭树科槭属。

形态特征 落叶乔木，高达 15~20 m，树皮粗糙，常纵裂，灰色，稀深灰色或灰褐色。小枝细瘦，无毛，当年生枝绿色或紫绿色，多年生枝灰色或淡灰色，具圆形皮孔。冬芽近于球形，鳞片卵形，外侧无毛，边缘具纤毛。叶纸质，基部截形或近于心脏形，叶片的外貌近于椭圆形，长 6~8 cm，宽 9~11 cm，常 5 裂，有时 3 裂及 7 裂的叶生于同一树上；裂片卵形，先端锐尖或尾状锐尖，全缘，裂片间的凹缺常锐尖，深达叶片的中段，上面深绿色，无毛，下面淡绿色，除在叶脉上或脉腋被黄色短柔毛外，其余部分无毛；主脉 5 条，在上面显著，在下面微凸起，侧脉在两面均不显著；叶柄长 4~6 cm，细瘦，无毛。花多数，杂性，雄花与两性花同株，多数常成无毛的顶生圆锥状伞房花序，长与宽均约 4 cm，生于有叶的枝上，花序的总花梗长1~2 cm，花的开放与叶的生长同时；萼片5，黄绿色，长圆形，顶端钝形，长2~3 mm；花瓣5，淡白色，椭圆形或椭圆倒卵形，长约3 mm；雄蕊8，无毛，比花瓣短，位于花盘内侧的边缘，花药黄色，椭圆形；子房无毛或近于无毛，在雄花中不发育，花柱无毛，很短，柱头2裂，反卷；花梗长1 cm，细瘦，无毛。翅果嫩时紫绿色，成熟时淡黄色；小坚果压扁状，长1~1.3 cm，宽5~8 mm；翅长圆形，宽5~10 mm，连同小坚果长2~2.5 cm，张开成锐角或近于钝角。花期5月，果期9月。

生长环境 生长在海拔800~1 500 m的山坡或山谷疏林中。稍耐阴，深根性，喜湿润肥沃土壤，在酸性、中性、石炭岩土壤上均可生长。萌蘖性强。在干旱山坡、河边、河谷、林缘、林中、路边、山谷栎林下、疏林中、谷水边、山坡阔叶林中、林缘、阴坡林中、杂木林中均可生长。

绿化用途 叶色、叶形变异丰富，其中秋季紫红变色型红叶期长，观赏性强。极具开发前景，是优良的乡土彩叶树种资源。能吸附烟尘及有害气体，分泌挥发性杀菌物质，净化空气。其树皮灰棕色或暗灰色，单叶对生，叶片5裂，花序顶生，花叶同放，树姿优美，叶色多变，是优良的城乡绿化树种。

中华槭

学名 *Acer sinense* Pax

俗名 风木树、华槭、华槭树。

科属 槭树科槭属。

形态特征 落叶乔木，高3~5 m，稀达10 m。树皮平滑，淡黄褐色或深黄褐色。小枝细瘦，无毛，当年生枝淡绿色或淡紫绿色，多年生枝绿褐色或深褐色，平滑。冬芽小，在叶脱落以前常为膨大的叶柄基部所覆盖，鳞片6，边缘有长柔毛及纤毛。叶近于革质，基部心形或近于心形，稀截形，长10~14 cm，宽12~15 cm，常5裂；裂片长圆卵形或三角状卵形，先端锐尖，除靠近基部的部分外，其余的边缘有紧贴的圆齿状细锯齿；裂片间的凹缺锐尖，深达叶片长度的1/2，上面深绿色，无毛，下面淡绿色，有白粉，除脉腋有黄色丛毛外，其余部分无毛；主脉在上面显著，在下面凸起，侧脉在上面微显著，在下面显著；叶柄粗状，无毛，长3~5 cm。花杂性，雄花与两性花同株，多花组成下垂的顶生圆锥花序，长5~9 cm，总花梗长3~5 cm；萼片5，淡绿色，卵状长圆形或三角状长圆形，先端微钝尖，边缘微有纤毛，长约3 mm；花瓣5，白色，长圆形或阔椭圆形；雄蕊5~8，长于萼片，在两性花中很短，花药黄色；花盘肥厚，位于雄蕊的外侧，微被长柔毛；子房有白色疏柔毛，在雄花中不发育，花柱无毛，长3~4 mm，2裂，柱头平展或反卷；花梗细瘦，无毛，长约5 mm。翅果淡黄色，无毛，常生成下垂的圆锥果序；小坚果椭圆形，特别凸起，长5~7 mm，宽3~4 mm；翅宽1 cm，连同小坚果长3~3.5 cm，张开成近于锐角或钝角。花期5月，果期9月。

生长环境 生长在海拔1 500~2 000 m的林缘或疏林中。果具双翅，像长了翅膀的鸟，将其中的种子带向远方。大苗育苗槭树主要是用种子来进行繁殖。翅果成熟后脱落期较长，逐渐随风飘落，故应及时采集。

绿化用途 在大型公园或名胜古迹、天然公园、植物园内群植成林最能显示其红叶之美，可结合植物引种，建设专门的“槭树园”。也适宜植于瀑口、山麓、溪旁、池畔、园林建筑和各园林小品附近，以资点缀。一般应植于较为庇荫、湿润而肥沃的地方，以免日光直射，树叶萎缩，而秋季红叶者，则宜日照充分。

红枫

学名 *Acer palmatum*‘Atropurpureum’（Van Houtte）Schwerim

俗名 紫红鸡爪槭、红枫树、红叶。

科属 槭树科槭树属。

形态特征 落叶小乔木。树姿开张，小枝细长。树皮光滑，呈灰褐色。单叶交互对生，常丛生于枝顶。叶掌状深裂，裂片5~9，裂深至叶基，裂片长卵形或披针形，叶缘具锐锯齿。春、秋季叶红色，夏季叶紫红色。嫩叶红色，老叶终年紫红色。伞房花序，顶生，杂性花。花期4~5月。翅果，幼时紫红色，成熟时黄棕色，果核球形。果熟期10月。

生长环境 喜湿润、温暖的气候和凉爽的环境，较耐阴、耐寒，忌烈日暴晒，春、秋季能在全光照下生长。对土壤要求不严格，适宜在肥沃、富含腐殖质的酸性或中性沙壤土上生长，不耐水涝。喜温暖湿润、气候凉爽的环境，喜光、怕烈日，属中性偏阴树种，夏季高温日灼会损伤树皮。在土壤pH5.5~7.5的范围内能适应，在微酸性土、中性土和石灰性土上均可生长。

绿化用途 非常美丽的观叶树种，其叶形优美，红色鲜艳持久，枝序整齐，层次分明，错落有致，树姿美观，观赏价值非常高。枝叶呈紫红色，艳丽夺目，为重要彩色树种，被广泛用于园林绿地及庭院中做观赏树，以孤植、散植为主，宜布置在草坪中央、高大建筑物前后、角隅等地，红叶绿树相映成趣，也可盆栽做成露根、倚石、悬崖、枯干等形状，风雅别致，彩叶植物在绿化中的应用越来越广泛。

无患子科

七叶树

学名 *Aesculus chinensis* Bunge

俗名 梭椤树、梭椤子、天师栗。

科属 无患子科七叶树属。

形态特征 落叶乔木，高达25 m，树皮深褐色或灰褐色，小枝圆柱形，黄褐色或灰褐色，无毛或嫩时有微柔毛，有圆形或椭圆形淡黄色的皮孔。冬芽大型，有树脂。

掌状复叶，由 5~7 小叶组成，叶柄长 10~12 cm，有灰色微柔毛；小叶纸质，长圆披针形至长圆倒披针形，稀长椭圆形，先端短锐尖，基部楔形或阔楔形，边缘有钝尖形的细锯齿，长 8~16 cm，宽 3~5 cm，上面深绿色，无毛，下面除中肋及侧脉的基部嫩时有疏柔毛外，其余部分无毛；中肋在上面显著，在下面凸起，侧脉 13~17 对，在上面微显著，在下面显著；中央的小叶柄长 1~1.8 cm，两侧的小叶柄长 5~10 mm，有灰色微柔毛。花序圆筒形，连同长 5~10 cm 的总花梗在内共长 21~25 cm，花序总轴有微柔毛，小花序常由 5~10 朵花组成，平斜向伸展，有微柔毛，长 2~2.5 cm，花梗长 2~4 mm。花杂性，雄花与两性花同株，花萼管状钟形，长 3~5 mm，外面有微柔毛，不等 5 裂，裂片钝形，边缘有短纤毛；花瓣 4，白色，长圆倒卵形至长圆倒披针形，长 8~12 mm，宽 5~1.5 mm，边缘有纤毛，基部爪状；雄蕊 6，长 1.8~3 cm，花丝线状，无毛，花药长圆形，淡黄色，长 1~1.5 mm；子房在雄花中不发育，在两性花中发育良好，卵圆形，花柱无毛。果实球形或倒卵圆形，顶部短尖或钝圆而中部略凹下，直径 3~4 cm，黄褐色，无刺，具很密的斑点，果壳干后厚 5~6 mm，种子常 1~2 粒发育，近于球形，直径 2~3.5 cm，栗褐色；种脐白色，约占种子体积的 1/2。花期 4~5 月，果期 10 月。

生长环境 自然分布在海拔 700 m 以下的山地，系优良的行道树和庭园树。喜光，稍耐阴；喜温暖气候，耐寒；喜深厚、肥沃、湿润而排水良好的土壤。深根性，萌芽力强；生长速度中等偏慢，寿命长。在炎热的夏季叶子易遭日灼。

绿化用途 树干耸直，冠大荫浓，初夏繁花满树，硕大的白色花序又似一盏华丽的烛台，蔚然可观，是优良的行道树和园林观赏植物，可作人行步道、公园、广场绿化树种，既可孤植，也可群植，或与常绿树和阔叶树混种。作为行道树、庭荫树广泛栽培，孤植或栽于建筑物前及疏林之间，花开之时风景十分美丽。

黄山栾树

学名 *Koelreuteria bipinnata integrifoliola* (Merr.) T. Chen

俗名 巴拉子、山膀胱、全缘叶栾树。

科属 无患子科栾树属。

形态特征 乔木，高可达 20 余 m；皮孔圆形至椭圆形；枝具小疣点。叶平展，二回羽状复叶，长 45~70 cm；叶轴和叶柄向轴面常有一纵行皱曲的短柔毛；小叶 9~17 枚，互生，很少对生，纸质或近革质，斜卵形，长 3.5~7 cm，宽 2~3.5 cm，顶端短尖至短渐尖，基部阔楔形或圆形，略偏斜，边缘有内弯的小锯齿，两面无毛或上面中脉上被微柔毛，下面密被短柔毛，有时杂以皱曲的毛；小叶柄长约 3 mm 或近无柄。小叶通常全缘，有时一侧近顶部边缘有锯齿。圆锥花序大型，长 35~70 cm，分枝广展，与花梗同被短柔毛；萼 5 裂达中部，裂片阔卵状三角形或长圆形，有短而硬的缘毛及流苏状腺体，边缘呈啮蚀状；花瓣 4，长圆状披针形，瓣片长 6~9 mm，宽 1.5~3 mm，顶端钝或短尖，瓣爪长 1.5~3 mm，被长柔毛，鳞片深 2 裂；雄蕊 8 枚，长 4~7 mm，花丝被白色、开展的长柔毛，下半部毛较多，花药有短疏毛；子房三棱状长圆形，被柔毛。蒴果椭圆形或近球形，具3棱，淡紫红色，老熟时褐色，长4~7 cm，宽3.5~5 cm，顶端钝或圆；有小凸尖，果瓣椭圆形至近圆形，外面具网状脉纹，内面有光泽；种子近球形，直径5~6 mm。花期7~9月，果期8~10月。

生长环境 生长在海拔100~300 m的丘陵地、村旁或山地疏林中。群落及主要伴生植物有构树、茶树、山茱萸、四照花、水杉、柚、棕榈、小叶女贞。

绿化用途 树形端正，枝叶茂密而秀丽，春季嫩叶紫红，夏季开花满树金黄，入秋鲜红的蒴果又似一盏盏灯笼，是良好的三季可观赏的绿化树种，也是既可观花又可观果的观赏树种。夏季金黄色的顶生圆锥花絮布满树顶，花期陆续开放60~90 d，秋冬季三角状卵形蒴果，橘红色或红褐色，酷似灯笼，经冬不落，从远处望去，一片金黄或橘红色，甚为艳丽和壮观，是比较理想的绿化、美化树种，适宜作行道树或庭院绿化，也是良好的水土保持林树种。

栾树

学名 *Koelreuteria paniculata* Laxm.

俗名 木栾、栾华、乌拉。

科属 无患子科栾树属。

形态特征 落叶乔木或灌木；树皮厚，灰褐色至灰黑色，老时纵裂；皮孔小，灰至暗褐色；小枝具疣点，与叶轴、叶柄均被皱曲的短柔毛或无毛。叶丛生于当年生枝上，平展，一回、不完全二回或偶有二回羽状复叶，长可达50 cm；小叶11~18枚，无柄或具极短的柄，对生或互生，纸质，卵形、阔卵形至卵状披针形，长5~10 cm，宽3~6 cm，顶端短尖或短渐尖，基部钝至近截形，边缘有不规则的钝锯齿，齿端具小尖头，有时近基部的齿疏离呈缺刻状，或羽状深裂达中肋而形成二回羽状复叶，上面仅中脉上散生皱曲的短柔毛，下面在脉腋具髯毛，有时小叶背面被茸毛。聚伞圆锥花序长25~40 cm，密被微柔毛，分枝长而广展，在末次分枝上的聚伞花序具花3~6朵，密集呈头状；苞片狭披针形，被小粗毛；花淡黄色，稍芬芳；花梗长2.5~5 mm；萼裂片卵形，边缘具腺状缘毛，呈啮蚀状；花瓣4，开花时向外反折，线状长圆形，长5~9 mm，瓣爪长1~2.5 mm，被长柔毛，瓣片基部的鳞片初时黄色，开花时橙红色，参差不齐的深裂，被疣状皱曲的毛；雄蕊8枚，在雄花中的长7~9 mm，在雌花中的长4~5 mm，花丝下半部密被白色、开展的长柔毛；花盘偏斜，有圆钝小裂片；子房三棱形，除棱上具缘毛外无毛，退化子房密被小粗毛。蒴果圆锥形，具3棱，长4~6 cm，顶端渐尖，果瓣卵形，外面有网纹，内面平滑且略有光泽；种子近球形，直径6~8 mm。花期6~8月，果期9~10月。

生长环境 喜光，稍耐半阴；耐寒，不耐水淹，耐干旱和瘠薄，对环境的适应性强，喜欢生长在石灰质土壤上，耐盐渍及短期水涝。深根性，萌蘖力强，生长速度中等，幼树生长较慢，以后渐快，有较强抗烟尘能力。抗风能力较强，可抗-25 ℃

低温，对粉尘、二氧化硫和臭氧抗性均较强。多分布在海拔 1 500 m 以下的低山及平原。

绿化用途　春季嫩叶多为红叶，夏季黄花满树，入秋叶色变黄，果实紫红，形似灯笼，十分美丽；适应性强，季相明显，是理想的绿化、观叶树种。宜做庭荫树、行道树，是工业污染区配植的好树种。春季观叶，夏季观花，秋冬观果，宜大量作为庭荫树、行道树，也作为居民区、工厂区及村旁绿化树种。

无患子

学名　*Sapindus saponaria* Linnaeus

俗名　黄金树、洗手果、苦患树。

科属　无患子科无患子属。

形态特征　落叶大乔木，高可达 20 余 m，树皮灰褐色或黑褐色；嫩枝绿色，无毛。叶连柄长 25~45 cm 或更长，叶轴稍扁，上面两侧有直槽，无毛或被微柔毛；小叶 5~8 对，通常近对生，叶片薄纸质，长椭圆状披针形或稍呈镰形，长 7~15 cm 或更长，宽 2~5 cm，顶端短尖或短渐尖，基部楔形，稍不对称，腹面有光泽，两面无毛或背面被微柔毛；侧脉纤细而密，15~17 对，近平行；小叶柄长约 5 mm。花序顶生，圆锥形；花小，辐射对称，花梗常很短；萼片卵形或长圆状卵形，大的长约 2 mm，外面基部被疏柔毛；花瓣 5，披针形，有长爪，长约 2. 5 mm，外面基部被长柔毛或近无毛，鳞片 2 个，小耳状；花盘碟状，无毛；雄蕊 8，伸出，花丝长约 3. 5 mm，中部以下密被长柔毛；子房无毛。果的发育分果爿近球形，直径 2~2. 5 cm，橙黄色，干时变黑。花期春季，果期夏秋。

生长环境　喜光，稍耐阴，耐寒能力较强。对土壤要求不严格，深根性，抗风力强。不耐水湿，能耐干旱。萌芽力弱，不耐修剪。生长较快，寿命长。对二氧化硫抗性较强，是工业城市生态绿化的首选树种。5~6 年长成，1 年一结果，生长快，易种植养护。100~200 年树龄，寿命长。

绿化用途　树干通直，枝叶广展，绿荫稠密。到了冬季，满树叶色金黄，故又名黄金树。到了 10 月，果实累累，橙黄美观。彩叶树种，具有很好的观叶、观果效果。不仅是荒山绿化的最佳树种之一，也是优良的园林绿化树种。

清风藤科

多花泡花树

学名 *Meliosma myriantha* Sieb. et Zucc.

俗名 山东泡花树。

科属 清风藤科泡花树属。

形态特征 落叶乔木，高可达 20 m；树皮灰褐色，小块状脱落；幼枝及叶柄被褐色平伏柔毛。叶为单叶，膜质或薄纸质，倒卵状椭圆形、倒卵状长圆形或长圆形，长 8~30 cm，宽 3.5~12 cm，先端锐渐尖，基部圆钝，基部至顶端有侧脉伸出的刺状锯齿，嫩叶面被疏短毛，后脱落无毛，叶背被展开的疏柔毛；侧脉每边 20~25 条，直达齿端，脉腋有髯毛，叶柄长 1~2 cm。圆锥花序顶生，直立，被展开的柔毛，分枝细长，主轴具 3 棱，侧枝扁；花直径约 3 mm，具短梗；萼片 5 片或 4 片，卵形或宽卵形，长约 1 mm，顶端圆，有缘毛；外面 3 片花瓣近圆形，宽约 1.5 mm，内面 2 片花瓣披针形，约与外花瓣等长；发育雄蕊长 1~1.2 mm；雌蕊长约 2 mm，子房无毛，花柱长约 1 mm。核果倒卵形或球形，直径 4~5 mm，核中肋稍钝、隆起，从腹孔一边不延至另一边，两侧具细网纹，腹部不凹入也不伸出。花期夏季，果期 5~9 月。

生长环境 多生长在海拔 1 300 m 以下的沟谷、溪流两岸或湿润山坡，常与刺楞、青稠、酸枣、枫香、木荷、山槐等混生。

绿化用途 树冠开展，花清丽，果红色美观，供观赏，可作“四旁”及庭院绿化树。

鼠李科

多花勾儿茶

学名 *Berchemia floribunda*（Wall.）Brongn.

俗名 勾儿茶、牛鼻圈、牛儿藤。

科属 鼠李科勾儿茶属。

形态特征 藤状或直立灌木；幼枝黄绿色，光滑无毛。叶纸质，上部叶较小，卵形或卵状椭圆形至卵状披针形，长 4~9 cm，宽 2~5 cm，顶端锐尖，下部叶较大，椭圆形至矩圆形，长达 11 cm，宽达 6.5 cm，顶端钝或圆形，稀短渐尖，基部圆形，稀心形，上面绿色，无毛，下面干时栗色，无毛，或仅沿脉基部被疏短柔毛，侧脉每边 9~12 条，两面稍凸起；叶柄长 1~2 cm，稀 5.2 cm，无毛；托叶狭披针形，宿存。花多数，通常数个簇生排成顶生宽聚伞圆锥花序，或下部兼腋生聚伞总状花序，花序长可达 15 cm，侧枝长在 5 cm 以下，花序轴无毛或被疏微毛；花芽卵球形，顶端急狭成锐尖或渐尖；花梗长 1~2 mm；萼三角形，顶端尖；花瓣倒卵形，雄蕊与花瓣等长。核果圆柱状椭圆形，长 7~10 mm，直径 4~5 mm，有时顶端稍宽，基部有盘状的宿存花盘；果梗长 2~3 mm，无毛。花期 7~10 月，果期第 2 年 4~7 月。

生长环境 生长在海拔 2 600 m 以下的山坡、沟谷、林缘、林下或灌丛中。耐阴，喜湿，喜凉爽的气候环境。

绿化用途 优良的观果树种，萌芽能力强，耐修剪。枝叶光亮，柔枝轻盈，颇具特色。金秋时节，硕果累累，红艳缤纷，是优良的观果植物。公园点缀、花坛造景等均可使用，城市景观营造中可作灌木层配植。

铜钱树

学名 *Paliurus hemsleyanus* Rehd.

俗名 刺凉子、摇钱树、金钱树、钱串树。

科属 鼠李科马甲子属。

形态特征 乔木，稀灌木，高达 13 m；小枝黑褐色或紫褐色，无毛。叶互生，纸质或厚纸质，宽椭圆形、卵状椭圆形或近圆形，长 4~12 cm，宽 3~9 cm，顶端长渐尖或渐尖，基部偏斜，宽楔形或近圆形，边缘具圆锯齿或钝细锯齿，两面无毛，基生三出脉；叶柄长 0.6~2 cm，近无毛或仅上面被疏短柔毛；无托叶刺，幼树叶柄基部有 2 个斜向直立的针刺。聚伞花序或聚伞圆锥花序，顶生或兼有腋生，无毛；萼片三角形或宽卵形，长 2 mm，宽 1.8 mm；花瓣匙形，长 1.8 mm，宽 1.2 mm；雄蕊长于花瓣；花盘五边形，5 浅裂；子房 3 室，每室具 1 胚珠，花柱 3 深裂。核果草帽状，周围具革质宽翅，红褐色或紫红色，无毛，直径 2~3.8 cm；果梗长 1.2~1.5 cm。花期 4~6 月，果期 7~9 月。

生长环境 生长在海拔 1 600 m 以下的山地林中，庭园中常有栽培。

绿化用途 翅果果形特别，是优良的观赏树种。

马甲子

学名 *Paliurus ramosissimus* (Lour.) Poir.

俗名 棘盘子、簕子、雄虎刺。

科属 鼠李科马甲子属。

形态特征 灌木，高达 6 m；小枝褐色或深褐色，被短柔毛，稀近无毛。叶互生，纸质，宽椭圆形或近圆形，长 3~5.5 cm，宽 2.2~5 cm，顶端钝或圆形，基部宽楔形、楔形或近圆形，稍偏斜，边缘具钝细锯齿或细锯齿，稀上部近全缘，上面沿脉被棕褐色短柔毛，幼叶下面密生棕褐色细柔毛，后渐脱落，仅沿脉被短柔毛或无毛，基生三出脉；叶柄长 5~9 mm，被毛，基部有 2 个紫红色斜向直立的针刺，长 0.4~1.7 cm。腋生聚伞花序，被黄色茸毛；萼片宽卵形，长 2 mm，宽 1.6~1.8 mm；花瓣匙形，短于萼片，长 1.5~1.6 mm，宽 1 mm；雄蕊与花瓣等长或略长于花瓣；花盘圆形，边缘 5 齿裂或 10；子房 3 室，每室具 1 胚珠，花柱 3 深裂。核果杯状，被黄褐色或棕褐色茸毛，周围具木栓质 3 浅裂的窄翅，直径 1~1.7 cm，长 7~8 mm；果梗被棕褐色茸毛；种子紫红色或红褐色，扁圆形。花期 5~8 月，果期 9~10 月。

生长环境 生长在海拔 2 000 m 以下的山地和平原，野生或栽培。

绿化用途 分枝密且具针刺，常栽培作绿篱，适应性强，易种且速生。

鼠李

学名 *Rhamnus davurica* Pall.

俗名 牛李子、女儿茶、老鹳眼。

科属 鼠李科鼠李属。

形态特征 灌木或小乔木，高达 10 m；幼枝无毛，小枝对生或近对生，褐色或红褐色，稍平滑，枝顶端常有大的芽而不形成刺，或有时仅分叉处具短针刺；顶芽及腋芽较大，卵圆形，长 5~8 mm，鳞片淡褐色，有明显的白色缘毛。叶纸质，对生或近对生，或在短枝上簇生，宽椭圆形或卵圆形，稀倒披针状椭圆形，长 4~13 cm，宽 2~6 cm，顶端突尖或短渐尖至渐尖，稀钝或圆形，基部楔形或近圆形，有时稀偏斜，边缘具圆齿状细锯齿，齿端常有红色腺体，上面无毛或沿脉有疏柔毛，下面沿脉被白色疏柔毛，侧脉每边 4~5 条，两面凸起，网脉明显；叶柄长 1.5~4 cm，无毛或上面有疏柔毛。花单性，雌雄异株，4 基数，有花瓣，雌花 1~3 个生于叶腋或数个至 20 余个簇生于短枝端，有退化雄蕊，花柱 2~3 浅裂或半裂；花梗长 7~8 mm。核果球形，黑色，直径 5~6 mm，具 2 分核，基部有宿存的萼筒；果梗长 1~1.2 cm；种子卵圆形，黄褐色，背侧有与种子等长的狭纵沟。花期 5~6 月，果期 7~10 月。

生长环境 适应性强，耐寒，耐旱，耐瘠薄。生长在海拔 1 800 m 以下的山坡林下、灌丛或林缘和沟边。

绿化用途 树形美观，是优良的用材和庭院绿化树种，也是优良的盆景树种。

雀梅藤

学名 *Sageretia thea* (Osbeck) Johnst.

俗名 酸色子、酸铜子、酸味。

科属 鼠李科雀梅藤属。

形态特征 藤状或直立灌木；小枝具刺，互生或近对生，褐色，被短柔毛。叶纸质，近对生或互生，通常椭圆形、矩圆形或卵状椭圆形，稀卵形或近圆形，长 1~4.5 cm，宽

0.7~2.5 cm，顶端锐尖，钝或圆形，基部圆形或近心形，边缘具细锯齿，上面绿色，无毛，下面浅绿色，无毛或沿脉被柔毛，侧脉每边 3~4 条，上面不明显，下面明显凸起；叶柄长 2~7 mm，被短柔毛。花无梗，黄色，有芳香，通常 2 个至数个簇生排成顶生或腋生疏散穗状或圆锥状穗状花序；花序轴长 2~5 cm，被茸毛或密短柔毛；花萼外面被疏柔毛；萼片三角形或三角状卵形，长约 1 mm；花瓣匙形，顶端 2 浅裂，常内卷，短于萼片；花柱极短，柱头 3 浅裂，子房 3 室，每室具 1 胚珠。核果近圆球形，直径约 5 mm，成熟时黑色或紫黑色，具 1~3 分核，味酸；种子扁平，两端微凹。花期 7~11 月，果期第 2 年 3~5 月。

生长环境 常生长在海拔 2 100 m 以下的丘陵、山地林下或灌丛中。喜温暖湿润的环境，在半阴半湿的地方最好。适应性好，耐贫瘠干燥，对土壤要求不严格，在疏松肥沃的酸性、中性土壤上都能适应。

绿化用途 茎枝节间长，梢蔓斜出横展，叶秀花繁；晚秋时节，淡黄色小花发出幽幽的清香，藤蔓依石攀岩，高低分层，错落有致；适于园林建筑中，配植于山石坡岩、陡坎峭壁，在假山、石矶的隐蔽面，以其作为立体绿化更为适宜；形态苍古奇特，耐修剪，宜蟠扎，是制作树桩盆景的极好材料，素有树桩盆景“七贤”之一的美称。

酸枣

学名 *Ziziphus jujuba* var. *spinosa*（Bunge）Hu ex H. F. Chow.

俗名 山枣树、硬枣、角针。

科属 鼠李科枣属。

形态特征 落叶灌木或小乔木，高 1~4 m；小枝呈“之”字形弯曲，紫褐色。酸枣树上的托叶刺有两种：一种直伸，长达 3 cm；另一种常弯曲。叶互生，叶片椭圆形至卵状披针形，长 1.5~3.5 cm，宽 0.6~1.2 cm，边缘有细锯齿，基部 3 出脉。花黄绿色，2~3 朵簇生于叶腋。核果小，近球形或短矩圆形，熟时红褐色，近球形或长圆形，长 0.7~1.2 cm，味酸，核两端钝。花期 6~7 月，果期 8~9 月。

生长环境 生长在海拔 1 700 m 以下的山区、丘陵或平原，野生于山坡、旷野或路旁。已广为栽培。喜温暖干燥的环境，低洼水涝地不宜栽培，对土质要求不严格，播后一般 3 年结果。

绿化用途 色、香、形态、季相变化等，均可作为园林造景的主题，与其他题材配合组成动人的景观。枣花盛开、群蜂飞舞，美不胜收。无论是孤植、丛植还是群植，也无论是个体美还是群体美的展现，都能给人以美的享受。

枳椇

学名 *Hovenia acerba* Lindl.

俗名 拐枣、鸡爪子、万字果、鸡爪树。

科属 鼠李科枳椇属。

形态特征 高大乔木，高10~25 m；小枝褐色或黑紫色，被棕褐色短柔毛或无毛，有明显白色的皮孔。叶互生，厚纸质至纸质，宽卵形、椭圆状卵形或心形，长8~17 cm，宽6~12 cm，顶端长渐尖或短渐尖，基部截形或心形，稀近圆形或宽楔形，边缘常具整齐浅而钝的细锯齿，上部或近顶端的叶有不明显的齿，稀近全缘，上面无毛，下面沿脉或脉腋常被短柔毛或无毛；叶柄长2~5 cm，无毛。二歧式聚伞圆锥花序，顶生和腋生，被棕色短柔毛；花两性，直径5~6.5 mm；萼片具网状脉或纵条纹，无毛，长1.9~2.2 mm，宽1.3~2 mm；花瓣椭圆状匙形，长2~2.2 mm，宽1.6~2 mm，具短爪；花盘被柔毛；花柱半裂，稀浅裂或深裂，长1.7~2.1 mm，无毛。浆果状核果近球形，直径5~6.5 mm，无毛，成熟时黄褐色或棕褐色；果序轴明显膨大；种子暗褐色或黑紫色，直径3.2~4.5 mm。花期5~7月，果期8~10月。

生长环境 生长在海拔2 100 m以下的开旷地、山坡林缘或疏林中，庭院宅旁常有栽培。

绿化用途 生长快，叶大而圆，叶色浓绿，树形优美，病虫害少，适应性强，是良好的庭荫树、行道树和“四旁”绿化树种。

葡萄科

乌头叶蛇葡萄

学名 *Ampelopsis aconitifolia* Bunge

俗名 草葡萄、草白蔹。

科属 葡萄科蛇葡萄属。

形态特征 木质藤本。小枝圆柱形，有纵棱纹，被疏柔毛。卷须2~3叉分枝，相隔2节间断与叶对生。叶为掌状5枚小叶，小叶3~5羽裂，披针形或菱状披针形，长4~9 cm，宽1.5~6 cm，顶端渐尖，基部楔形，中央小叶深裂，或有时外侧小叶浅裂或不裂，上面绿色无毛或疏生短柔毛，下面浅绿色，无毛或脉上被疏柔毛；小叶有侧脉3~6对，网脉不明显；叶柄长1.5~2.5 cm，无毛或被疏柔毛，小叶几无柄；托叶膜质，褐色，卵披针形，长约2.3 mm，宽1~2 mm，顶端钝，无毛或被疏柔毛。花序为疏散的伞房状复二歧聚伞花序，通常与叶对生或假顶生；花序梗长1.5~4 cm，无毛或被疏柔毛，花梗长1.5~2.5 mm，几无毛；花蕾卵圆形，高2~3 mm，顶端圆形；萼碟形，波状浅裂或几全缘，无毛；花瓣5，卵圆形，高1.7~2.7 mm，无毛；雄蕊5，花药卵圆形，长宽近相等；花盘发达，边缘呈波状；子房下部与花盘合生，花柱钻形，柱头扩大不明显。果实近球形，直径0.6~0.8 cm，有种子2~3粒，种子倒卵圆形，顶端圆形，基部有短喙，种脐在种子背面中部近圆形，种脊向上渐狭呈带状，腹部中棱脊微突出，两侧洼穴呈沟状，从基部向上斜展达种子上部1/3处。花期5~6月，果期8~9月。

生长环境 多生在海拔350~2 300 m的路边、沟边、山坡林下灌丛中、山坡石砾地及砂质地，耐阴。性较抗寒，冬季不需埋土。喜肥沃而疏松的土壤。

绿化用途 多用于篱垣、林缘地带，还可以作棚架绿化。适用于攀缘小棚架，也可配植山石或栅栏，观果赏叶。

白蔹

学名 *Ampelopsis japonica*（Thunb.）Makino

俗名 山地瓜、野红薯、山葡萄秧。

科属 葡萄科蛇葡萄属。

形态特征 木质藤本。小枝圆柱形，有纵棱纹，无毛。卷须不分枝或卷须顶端有短的分叉，相隔3节以上间断与叶对生。叶为掌状3~5枚小叶，小叶片羽状深裂或小叶边缘有深锯齿而不分裂，羽状分裂者裂片宽0.5~3.5 cm，顶端渐尖或急尖，掌状5小叶者中央小叶深裂至基部并有1~3个关节，关节间有翅，翅宽2~6 mm，侧小叶无关节或有1个关节，3小叶者中央小叶有1个或无关节，基部狭窄呈翅状，翅宽2~3 mm，上面绿色，无毛，下面浅绿色，无毛或有时在脉上被稀疏短柔毛；叶柄长1~4 cm，无毛；托叶早落。聚伞花序通常集生于花序梗顶端，直径1~2 cm，通常与叶对生；花序梗长1.5~5 cm，常呈卷须状卷曲，无毛；花梗极短或几无梗，无毛；花蕾卵球形，高1.5~2 mm，顶端圆形；萼碟形，边缘呈波状浅裂，无毛；花瓣5，卵圆形，高1.2~2.2 mm，无毛；雄蕊5，花药卵圆形，长宽近相等；花盘发达，边缘波状浅裂；子房下部与花盘合生，花柱短棒状，柱头不明显扩大。果实球形，直径0.8~1 cm，成熟后带白色，有种子1~3粒；种子倒卵形，顶端圆形，基部喙短钝，种脐在种子背面中部呈带状椭圆形，向上渐狭，表面无肋纹，背部种脊突出，腹部中棱脊突出，两侧洼穴呈沟状，从基部向上达种子上部1/3处。花期5~6月，果期7~9月。

生长环境 生长在海拔100~900 m的山坡地边、灌丛或草地。

绿化用途 多作地栽，进行棚架绿化效果很好，适合用来配植在假山之侧，其枝蔓可作为插花材料。

花叶地锦

学名 *Parthenocissus henryana*（Hemsl.）Diels et Gilg

俗名 红叶爬山虎、花叶爬山虎。

科属 葡萄科地锦属。

形态特征 木质藤本。小枝显著四棱形，无毛。卷须总状4~7分枝，相隔2节间断与叶对生，卷须顶端嫩时膨大呈块状，后遇附着物扩大成吸盘状。叶为掌状5枚小叶，小叶倒卵形、倒卵长圆形或宽倒卵披针形，长 3~10 cm，宽 1.5~5 cm，最宽处在上部，顶端急尖、渐尖或圆钝，基部楔形，边缘上半部有 2~5 个锯齿，上面绿色，下面浅绿色，两面均无毛或嫩时微被稀疏短柔毛，侧脉 3~6 对，网脉上面不明显，下面微突出；叶柄长 2.5~8 cm，小叶柄长 0.3~1.5 cm，无毛。圆锥状多歧聚伞花序主轴明显，假顶生，花序内常有退化较小的单叶；花序梗长 1.5~9 cm，无毛；花梗长 0.5~1.5 mm，无毛；花蕾椭圆形或近球形，高 1~2.2 mm，顶端圆形；萼碟形，边缘全缘，无毛；花瓣 5，长椭圆形，高 0.8~2 mm，无毛；雄蕊 5，花丝长 0.7~0.9 mm，花药长椭圆形，长 0.9~1.1 mm；花盘不明显；子房卵状椭圆形，花柱基部略比子房顶端小或界限极不明显，柱头不显著或微扩大。果实近球形，直径 0.8~1 cm，有种子 1~3 粒；种子倒卵形，顶端圆形，基部有短喙，种脐在种子背面中部呈椭圆形，腹部中棱脊突出，两侧洼穴呈沟状，从种子基部向上达种子顶端。花期 5~7 月，果期 8~10 月。

生长环境 生长在海拔 160~1 500 m 的沟谷岩石上或山坡林中，喜光，稍耐阴，抗寒、耐热，对土壤和气候适应性强，在肥沃的沙质壤土上生长更好。

绿化用途 蔓茎纵横，密布气根，翠叶遮盖如屏，秋后入冬，叶色变红，较为艳丽，且根系发达，抗风力强，抗污染力强，适应性强。适于坡地、堤岸种植，可配植于宅院墙壁、围墙、庭园入口处等，是优良的彩色攀缘植物。

异叶爬山虎

学名 *Parthenocissus heterophylla* Merr.

俗名 爬墙虎、趴壁虎。

科属 葡萄科爬山虎属。

形态特征 落叶藤本，植株全无毛，营养枝上的叶为单叶，心状卵形，宽 2~4 cm，缘有粗齿；花果枝上的叶为具长柄的三出复叶，中间小叶倒长卵形，长 5~10 cm，侧生小叶斜卵形，基部极偏斜，叶缘有不明显的小齿或近全缘。聚伞花序常生于短枝端叶腋。果熟时紫黑色。

生长环境 灌丛中，密林阴地，攀缘于石上、树上，山坡林中石上，山坡疏林中阴石上。

绿化用途 在砖墙或水泥墙上攀附高度可达 20 m 以上，蔓茎纵横，叶密色翠，春季幼叶、秋季霜叶或红或橙色，可供观赏，且生长快、病虫害少，无论建筑物、墙垣、假山、阳台、长廊、栅栏、岩壁、棚架都能靠卷须上的吸盘和气生根攀附而上并正常生长，是观赏性攀缘植物，应用甚广，特别在建筑物墙面绿化的应用非常普遍。除攀缘绿化，也可用作地被。

三叶地锦

学名 *Parthenocissus semicordata* (Wall.) Planch.

俗名 大血藤、三角风。

科属 葡萄科地锦属。

形态特征 木质藤本。小枝圆柱形，嫩时被疏柔毛，以后脱落几无毛。卷须总状 4~6 分枝，相隔 2 节间断与叶对生，顶端嫩时尖细卷曲，后遇附着物扩大成吸盘。叶为 3 枚小叶，着生在短枝上，中央小叶倒卵椭圆形或倒卵圆形，长 6~13 cm，宽 3~6.5 cm，顶端骤尾尖，基部楔形，最宽处在上部，边缘中部以上每侧有 6~11 个锯齿，侧生小叶卵椭圆形或长椭圆形，长 5~10 cm，宽 3~5 cm，顶端短尾尖，基部不对称，近圆形，外侧边缘有 7~15 个锯齿，内侧边缘上半部有 4~6 个锯齿，上面绿色，下面浅绿色，下面中脉和侧脉上被短柔毛；侧脉 4~7 对，网脉两面不明显或微突出；叶柄长 3.5~15 cm，疏生短柔毛，小叶几无柄。多歧聚伞花序着生在短枝上，花序基部分枝，主轴不明显；花序梗长 1.5~3.5 cm，无毛或被疏柔毛；花梗长 2~3 mm，无毛；花蕾椭圆形，高 2~3 mm，顶端圆形；萼碟形，边缘全缘，无毛；花瓣 5，卵椭圆形，高 1.8~2.8 mm，无毛；雄蕊 5，花丝长 0.6~0.9 mm，花药卵椭圆形，长 0.4~0.6 mm；花盘不明显；子房扁球形，花柱短，柱头不扩大。果实近球形，直径 0.6~0.8 cm，有种子 1~2 粒；种子倒卵形，顶端圆形，基部急尖成短喙，种脐在背面中部呈圆形，腹部中棱脊突出，两侧洼穴呈沟状，从基部向上斜展达种子顶端。花期 5~7 月，果期 9~10 月。

生长环境 生长在海拔 500~3 800 m 的山坡林中或灌丛中。

绿化用途 叶大而密，叶形美丽，攀缘能力很强，生长势旺，可以大面积地在墙面上攀缘生长，在短期内能形成浓荫。常用作垂直绿化和美化高层建筑物、假山、公园棚架、高大树木以及围墙等，尤其适宜于高层建筑物的墙体绿化和美化，也可用作地面覆盖材料，秋季叶色红艳，别具一格。覆盖墙面，可以增强墙面的保温隔热能力，并能减少噪声的干扰。在园林绿化应用中，常用其与五叶地锦混合栽植，攀缘与绿化效果更好。

爬山虎

学名 *Parthenocissus tricuspidata*

俗名 爬墙虎、地锦、飞天蜈蚣。

科属 葡萄科地锦属。

形态特征 多年生大型落叶木质藤本植物，其形态与野葡萄藤相似。藤茎可长达 18 m。夏季开花，花小，成簇不显，黄绿色或浆果紫黑色，与叶对生。花多为两性，雌雄同株，聚伞花序常着生于两叶间的短枝上，长 4~8 cm，较叶柄短；花 5 数；萼全缘；花瓣顶端反折，子房 2 室，每室有 2 胚珠。表皮有皮孔，髓白色。枝条粗壮，老枝灰褐色，幼枝紫红色。枝上有卷须，卷须短，多分枝，卷须顶端及尖端有黏性吸盘，遇到物体便吸附在上面，无论是岩石、墙壁还是树木，均能吸附。叶互生，小叶肥厚，基部楔形，变异很大，边缘有粗锯齿，叶片及叶脉对称。花枝上的叶宽卵形，长 8~18 cm，宽 6~16 cm，常 3 裂，或下部枝上的叶分裂成 3 枚小叶，基部心形。叶绿色，无毛，背面具有白粉，叶背叶脉处有柔毛，秋季变为鲜红色。幼枝上的叶较小，常不分裂。浆果小球形，熟时蓝黑色，被白粉，鸟喜食。花期6月，果期在9~10月。

生长环境 适应性强，喜阴湿环境，不怕强光，耐寒，耐旱，耐贫瘠，适应性广泛，在暖温带以南冬季也可以保持半常绿或常绿状态。耐修剪，怕积水，对土壤要求不严格，阴湿环境或向阳处均能茁壮生长，在阴湿、肥沃的土壤上生长最佳。对二氧化硫和氯化氢等有害气体抗性较强，对空气中的灰尘有吸附能力。

绿化用途 垂直绿化的优选植物，表皮有皮孔，夏季枝叶茂密，常攀缘在墙壁或岩石上，适于配植于宅院墙壁、围墙、庭园入口、桥头等处。可用于绿化房屋墙壁、公园山石，既可美化环境，又能降温，调节空气，减少噪声。种植的时间长了，密集的绿叶覆盖了建筑物的外墙，就像建筑物穿上了绿装。春天郁郁葱葱，夏天绿色小花，秋天叶子变成橙黄色，色彩富于变化，是藤本类绿化植物中用得最多的材料之一。

椴树科

扁担杆

学名 *Grewia biloba* G. Don

俗名 扁担木、孩儿拳头。

科属 椴树科扁担杆属。

形态特征 灌木或小乔木，高1~4 m，多分枝；嫩枝被粗毛。叶薄革质，椭圆形或倒卵状椭圆形，长4~9 cm，宽2.5~4 cm，先端锐尖，基部楔形或钝，两面有稀疏星状粗毛，基出脉3条，两侧脉上行过半，中脉有侧脉3~5对，边缘有细锯齿；叶柄长4~8 mm，被粗毛；托叶钻形，长3~4 mm。聚伞花序腋生，多花，花序柄长不到1 cm；花柄长3~6 mm；苞片钻形，长3~5 mm；萼片狭长圆形，长4~7 mm，外面被毛，内面无毛；花瓣长1~1.5 mm；雌雄蕊柄长0.5 mm，有毛；雄蕊长2 mm；子房有毛，花柱与萼片平齐，柱头扩大，盘状，有浅裂。核果红色，有2~4颗分核。花期5~7月。

生长环境 适生于疏松、肥沃、排水良好的土壤，耐干旱瘠薄土壤。中性树种，喜光，稍耐阴。喜温暖湿润气候，有一定耐寒力，黄河流域可露地越冬。

绿化用途 果实橙红鲜丽，且可宿存枝头达数月之久，为良好的观果树种。宜于园林丛植、篱植或与假山、岩石配植，也可作疏林下木。

小花扁担杆

学名 *Grewia biloba* var. *parviflora* (Bunge) Hand. - Mazz.

俗名 小花扁担木。

科属 椴树科扁担杆属。

形态特征　落叶灌木，高1~2 m。小枝和叶柄密生黄褐色短毛。叶菱状卵形或菱形，先端渐尖或急尖，基部圆或楔形，边缘密生不整齐的小牙齿，有时为不明显浅裂，两面生有星状短柔毛，下面毛较密。聚伞花序与叶对生，有多数朵花或为3朵花；花淡黄色；萼片5，狭披针形，长4~8 mm，外面密生短绒毛；花瓣5，形小；雄蕊多数；子房密生柔毛，2室。核果红色，直径8~12 mm，无毛，2裂，每裂有2小核。花期5月，果期10月。

生长环境　生长在山坡、沟谷、灌丛及林下，喜光，耐寒，耐干瘠，对土壤要求不严格，在富有腐殖质的土壤上生长旺盛。

绿化用途　优良的园林绿化和盆景树种。具有树形美观、果色艳丽等特点，既可观叶，又可观果，价值较高。

粉椴

学名　*Tilia oliveri* Szyszyl.

科属　椴树科椴树属。

形态特征　乔木，高8 m，树皮灰白色；嫩枝通常无毛，或偶有不明显微毛，顶芽秃净。叶卵形或阔卵形，长9~12 cm，宽6~10 cm，有时较细小，先端急锐尖，基部斜心形或截形，上面无毛，下面被白色星状茸毛，侧脉7~8对，边缘密生细锯齿；叶柄长3~5 cm，近秃净。聚伞花序长6~9 cm，有花6~15朵，花序柄长5~7 cm，有灰白色星状茸毛，下部3~4.5 cm与苞片合生；花柄长4~6 mm；苞片窄倒披针形，长6~10 cm。宽1~2 cm，先端圆，基部钝，有短柄，上面中脉有毛，下面被灰白色星状柔毛；萼片卵状披针形，长5~6 mm，被白色毛；花瓣长6~7 mm；退化雄蕊比花瓣短；雄蕊约与萼片等长；子房有星状茸毛，花柱比花瓣短。果实椭圆形，被毛，有棱或仅在下半部有棱突，多少突起。花期7~8月。

生长环境　生长在海拔600~2 200 m的山坡、山谷林下、林中、林缘或阳坡草丛中，是我国特有的植物。

绿化用途　在园林绿化上一般作行道树，公园、绿地丛植或孤植。

糯米椴

学名　*Tilia henryana* var. *subglabra* V. Engl.

俗名　光叶糯米椴。

科属　椴树科椴树属。

形态特征　乔木，嫩枝及顶芽均无毛或近秃净。叶圆形，长6~10 cm，宽6~10 cm，先端宽而圆，有短尖尾，基部心形，整正或偏斜，有时截形，上面无毛，下面除脉腋有毛丛外，其余秃净无毛，侧脉5~6对，边缘有锯齿，由侧脉末梢突出成齿刺，长3~5 mm；叶柄长3~5 cm。聚伞花序长10~12 cm，有花30~100朵以上，花序柄有星状柔毛；花柄长 7~9 mm，有毛；苞片狭窄倒披针形，长 7~10 cm，宽 1~1.3 cm，先端钝，基部狭窄，仅下面有稀疏星状柔毛，下半部 3~5 cm 与花序柄合生，基部有柄长 7~20 mm；萼片长卵形，长 4~5 mm，外面有毛；花瓣长 6~7 mm；退化雄蕊花瓣状，比花瓣短；雄蕊与萼片等长；子房有毛，花柱长 4 mm。果实倒卵形，长 7~9 mm，有棱 5 条，被星状毛。花期 6 月。

生长环境 生长在海拔 1 400 m 以下的山林中。喜阳，幼苗稍耐阴，耐干旱贫瘠，稍耐寒，对土壤要求不严格。

绿化用途 树形美观，树姿雄伟，叶大荫浓，寿命长，花香馥郁，可用作行道树或庭园观赏。

锦葵科

木芙蓉

学名 *Hibiscus mutabilis* L.

俗名 芙蓉花、拒霜花、木莲、地芙蓉。

科属 锦葵科木槿属。

形态特征 落叶灌木或小乔木，高 2~5 m；小枝、叶柄、花梗和花萼均密被星状毛与直毛相混的细绵毛。叶宽卵形至圆卵形或心形，直径 10~15 cm，常 5~7 裂，裂片三角形，先端渐尖，具钝圆锯齿，上面疏被星状细毛和点，下面密被星状细茸毛；主脉 7~11 条；叶柄长 5~20 cm；托叶披针形，长 5~8 mm，常早落。花单生于枝端叶腋间，花梗长 5~8 cm，近端具节；小苞片 8，线形，长 10~16 mm，宽约 2 mm，密被星状绵毛，基部合生；萼钟形，长 2.5~3 cm，裂片 5，卵形，渐尖头；花初开时白色或淡红色，后变深红色，直径约 8 cm，花瓣近圆形，直径 4~5 cm，外面被毛，基部具髯毛；雄蕊柱长 2.5~3 cm，无毛；花柱枝 5，疏被毛。蒴果扁球形，直径约 2.5 cm，被淡黄色刚毛和绵毛，果爿 5；种子肾形，背面被长柔毛。花期 8~10 月。

生长环境 喜光，稍耐阴，喜温暖湿润气候，不耐寒。喜肥沃湿润而排水良好的沙壤土。生长较快，萌蘖性强。对二氧化硫抗性特强，对氯气、氯化氢也有一定抗性。

绿化用途 枝、干、芽、叶有不同形态，表现在春季梢头嫩绿，一派生机盎然的景象；夏季绿叶成荫，浓荫覆地，消除炎热带来清凉；秋季拒霜抑霜，花团锦簇，形色兼备；冬季褪去树叶，尽显扶疏枝干，寂静中孕育新的生机；一年四季，各有风姿和妙趣。花大而色丽，自古以来多在庭园栽植，可孤植、丛植于墙边、路旁、厅前等处。配植水滨，开花时波光花影，相映益妍，分外妖娆，植于庭院、坡地、路边、林缘及建筑前，或栽作花篱。

木槿

学名 *Hibiscus syriacus* L.

俗名 木棉、荆条、朝开暮落花、喇叭花。

科属 锦葵科木槿属。

形态特征 落叶灌木，高3~4 m，小枝密被黄色星状茸毛。叶菱形至三角状卵形，长3~10 cm，宽2~4 cm，具深浅不同的3裂或不裂，先端钝，基部楔形，边缘具不整齐齿缺，下面沿叶脉微被毛或近无毛；叶柄长5~25 mm，上面被星状柔毛；托叶线形，长约6 mm，疏被柔毛。花单生于枝端叶腋间，花梗长4~14 mm，被星状短茸毛；小苞片6~8，线形，长6~15 mm，宽1~2 mm，密被星状疏茸毛；花萼钟形，长14~20 mm，密被星状短茸毛，裂片5，三角形；花钟形，淡紫色，直径5~6 cm，花瓣倒卵形，长3.5~4.5 cm，外面疏被纤毛和星状长柔毛；雄蕊柱长约3 cm；花柱枝无毛。蒴果卵圆形，直径约12 mm，密被黄色星状茸毛；种子肾形，背部被黄白色长柔毛。花期7~10月。

生长环境 对环境的适应性强，较耐干燥和贫瘠，对土壤要求不严格，尤喜光和温暖潮湿的气候。稍耐阴，喜温暖、湿润气候，耐修剪、耐热又耐寒，好水湿而又耐旱，对土壤要求不严格，在重黏土上也能生长。萌蘖性强。

绿化用途 盛夏季节开花，开花时满树花朵，是夏、秋季的重要观花灌木，多作花篱、绿篱；常作庭园点缀及室内盆栽，墙边、水滨种植也适宜。对二氧化硫与氯化物等有害气体具有很强的抗性，还具有很强的滞尘功能，是有污染工厂的主要绿化树种。

梧桐科

梧桐

学名 *Firmiana simplex* (Linnaeus) W. Wight

俗名 青桐、桐麻。

科属 梧桐科梧桐属。

形态特征 落叶乔木，高达16 m；树皮青绿色，平滑。叶心形，掌状3~5裂，直径15~30 cm，裂片三角形，顶端渐尖，基部心形，两面均无毛或略被短柔毛，基生脉7条，叶柄与叶片等长。圆锥花序顶生，长20~50 cm，下部分枝长达12 cm，花淡黄绿色；萼5深裂几至基部，萼片条形，向外卷曲，长7~9 mm，外面被淡黄色短柔毛，内面仅在基部被柔毛；花梗与花几等长；雄花的雌雄蕊柄与萼等长，下半部较粗，无毛，花药15个不规则地聚集在雌雄蕊柄的顶端，退化子房梨形且甚小；雌花的子房圆球形，被毛。蓇葖果膜质，有柄，成熟前开裂成叶状，长6 ~11 cm、宽1.5~2.5 cm，外面被短茸毛或几无毛，每蓇葖果有种子2~4粒；种子圆球形，表面有皱纹，直径约7 mm。花期6月。

生长环境 喜光，喜温暖、湿润气候，耐寒性不强；喜肥沃、湿润、深厚而排水良好的土壤，在酸性、中性及钙质土上均能生长，不宜在积水洼地或盐碱地栽种，不耐草荒。积水易烂根，受涝可致死。通常在平原、丘陵及山沟生长较好。深根性，植根粗壮；萌芽力弱，一般不宜修剪。生长尚快，寿命较长，能活百年以上。发叶较晚，秋天落叶早。对多种有毒气体都有较强抗性。宜植于村边、宅旁、山坡、石灰岩山坡等处。

绿化用途 优美的观赏植物，点缀于庭园、宅前，也可作为行道树。叶掌状，裂缺如花。夏季开花，雌雄同株，花小，淡黄绿色，圆锥花序顶生，盛开时显得鲜艳而明亮。叶翠枝青，亭亭玉立。对二氧化硫和氟化氢抗性较强，是布置庭园和工厂绿化的良好树种，具有极高的药用、生态、观赏价值。

猕猴桃科

中华猕猴桃

学名 *Actinidia chinensis* Planch.

俗名 猕猴桃、藤梨、羊桃藤。

科属 猕猴桃科猕猴桃属。

形态特征 大型落叶藤本；幼枝或厚或薄地被有灰白色茸毛或褐色长硬毛或铁锈色硬毛状刺毛，老枝秃净或留有断损残毛；花枝短的4~5 cm，长的15~20 cm，直径4~6 mm；隔年枝完全秃净无毛，直径5~8 mm，皮孔长圆形，比较显著或不甚显著；髓白色至淡褐色，片层状。叶纸质，倒阔卵形至倒卵形或阔卵形至近圆形，长6~17 cm，宽7~15 cm，顶端截平形并中间凹入或具突尖、急尖至短渐尖，基部钝圆形、截平形至浅心形，边缘具脉出的直伸睫状小齿，腹面深绿色，无毛或中脉和侧脉上有少量软毛或散被短糙毛，背面苍绿色，密被灰白色或淡褐色星状茸毛，侧脉5~8对，常在中部以上分歧成叉状，横脉比较发达，易见，网状小脉不易见；叶柄长3~6 cm，被灰白色茸毛或黄褐色长硬毛或铁锈色硬毛状刺毛。聚伞花序1~3花，花序柄长7~15 mm，花柄长9~15 mm；苞片小，卵形或钻形，长约1 mm，均被灰白色丝状茸毛或黄褐色茸毛；花初放时白色，开放后变淡黄色，有香气，直径1.8~3.5 cm；萼片3~7片，通常5片，阔卵形至卵状长圆形，长6~10 mm，两面密被压紧的黄褐色茸毛；花瓣5片，有时少至3~4片或多至6~7片，阔倒卵形，有短距，长10~20 mm，宽6~17 mm；雄蕊极多，花丝狭条形，长5~10 mm，花药黄色，长圆形，长1.5~2 mm，基部叉开或不叉开；子房球形，径约5 mm，密被金黄色的压紧交织茸毛或不压紧不交织的刷毛状糙毛，花柱狭条形。果黄褐色，近球形、圆柱形、倒卵形或椭圆形，长4~6 cm，被茸毛、长硬毛或刺毛状长硬毛，成熟时秃净或不秃净，具小而多的淡褐色斑点；宿存萼片反折；种子纵径 2.5 mm。花枝一般长 4~5 cm，薄被灰白色茸毛，毛早落，容易秃净或较稠密地被粗糙茸毛；叶倒阔卵形，长 6~8 cm，宽 7~8 cm，顶端大多截平形并中间凹入；叶柄被灰白色茸毛。花直径 2.5 cm，子房被茸毛。果近球形，长 4~4.5 cm，被柔软的茸毛。花期 4 月中旬至 5 月中下旬，南部较早，北部较晚。

生长环境 不耐涝，长期积水会导致萎蔫枯死。喜土层深厚、肥沃、疏松的腐殖质土和冲积土。最忌黏性重、易渍水及瘠薄的土壤，对土壤的酸碱度要求不严格，在酸性及微酸性土壤上生长较好，在中性、偏碱性土壤上生长不良。喜光，怕暴晒。对光照条件的要求随树龄而异。成年树虽喜阴湿，要攀缘于树干高处，吸收阳光。

绿化用途 春季花期香气四溢，沁人心脾；夏、秋季绿叶浓荫，果实累累，是赏食兼用的攀缘藤本植物，营造田园风光的极好园林植物。生长旺盛，覆盖力强，叶形圆整，株形优美，宜栽植于花架、围墙、走廊、庭院。适宜庭院式装饰题材使用，在庭院、甬路、凉台等处的绿化美化，宜采用行列式种植。整枝方式与长廊式棚架相同，可作篱壁式栽培，也可作棚架栽培。

山茶科

油茶

学名 *Camellia oleifera* Abel.

俗名 茶子树、茶油树、白花茶。

科属 山茶科山茶属。

形态特征 灌木或中乔木；嫩枝有粗毛。叶革质，椭圆形，长圆形或倒卵形，先端尖而有钝头，有时渐尖或钝，基部楔形，长 5~7 cm，宽 2~4 cm，有时较长，上面深绿色，发亮，中脉有粗毛或柔毛，下面浅绿色，无毛或中脉有长毛，侧脉在上面可见，在下面不是很明显，边缘有细锯齿，有时具钝齿，叶柄长 4~8 mm，有粗毛。花顶生，近于无柄，苞片与萼片约 10 片，由外向内逐渐增大，阔卵形，长 3~12 mm，背面有贴紧柔毛或绢毛，花后脱落，花瓣白色，5~7 片，倒卵形，长 2.5~3 cm，宽 1~2 cm，有时较短或更长，先端凹入或 2 裂，基部狭窄，近于离生，背面有丝毛，至少在最外侧有丝毛；雄蕊长 1~1.5 cm，外侧雄蕊仅基部略连生，偶有花丝管长达 7 mm 的，无毛，花药黄色，背部着生；子房有黄长毛，3~5 室，花柱长约 1 cm，无毛，先端不同程度 3 裂。蒴果球形或卵圆形，直径 2~4 cm，3 室或 1 室，3 片或 2 片裂开，每室有种子 1 粒或 2 粒，果爿厚 3~5 mm，木质，中轴粗厚；苞片及萼片脱落后留下的果柄长 3~5 mm，粗大，有环状短节。花期冬春间。

生长环境 喜温暖，怕寒冷，要求年平均气温为16~18 ℃，花期平均气温为12~13 ℃。突然的低温或晚霜会造成落花、落果。要求有较充足的阳光，否则只长枝叶，结果少，含油率低。要求水分充足，年降水量一般在1 000 mm以上，花期连续降雨，影响授粉。适宜在坡度和缓、侵蚀作用弱的地方栽植，对土壤要求不甚严格，一般适宜土层深厚的酸性土，而不适于石块多和土质坚硬的地方。

绿化用途 优良的冬季蜜源植物，花期正值少花季节，10月上旬至12月，蜜粉极其丰富。在生物质能源中有很高的应用价值，为抗污染能力极强的树种，对二氧化硫抗性强，抗氟和吸氯能力也很强。

紫茎

学名 *Stewartia sinensis* Rehd. et Wils

俗名 天目紫茎、旃檀、马骝光。

科属 山茶科紫茎属。

形态特征 小乔木，树皮灰黄色，嫩枝无毛或有疏毛，冬芽苞约7片。叶纸质，椭圆形或卵状椭圆形，长6~10 cm，宽2~4 cm，先端渐尖，基部楔形，边缘有粗齿，侧脉7~10对，下面叶腋常有簇生毛丛，叶柄长1 cm。花单生，直径4~5 cm，花柄长4~8 mm；苞片长卵形，长2~2.5 cm，宽1~1.2 cm；萼片5枚，基部连生，长卵形，长1~2 cm，先端尖，基部有毛；花瓣阔卵形，长2.5~3 cm，基部连生，外面有绢毛；雄蕊有短的花丝管，被毛；子房有毛。蒴果卵圆形，先端尖，宽1.5~2 cm。种子长1 cm，有窄翅。花期6月。

生长环境 中生喜光的深根性树种，喜凉润气候，适宜生长在土层深厚和疏松肥沃的酸性红黄壤或黄壤上。

绿化用途 树干特别光滑，为优良观景树种。树皮片状脱裂，内皮棕黄光洁，斑驳奇丽。花白瓣黄蕊，清秀淡雅。宜与常绿树配植于庭院，或草坪一角，颇为悦目。

藤黄科

长柱金丝桃

学名 *Hypericum longistylum* Oliv.

俗名 红旱莲、金丝蝴蝶、黄海棠。

科属 藤黄科金丝桃属。

形态特征 灌木，高约1 m，直立，有极叉开的长枝和羽状排列的短枝。茎红色，幼时有2~4纵线棱并且两侧压扁，最后呈圆柱形；节间长1~3 cm，短于至长于叶；皮层暗灰色。叶对生，近无柄或具短柄，柄长达1 mm；叶片狭长圆形至椭圆形或近圆形，长1~3.1 cm，宽0.6~1.6 cm，先端圆形至略具小尖突，基部楔形至短渐狭，边缘平坦，坚纸质，上面绿色，下面多少密生白霜，主侧脉纤弱，约3对，中脉的分枝不可见或几不可见，无或稀有很纤弱的第三级脉网，无腹腺体，叶片腺体小点状至很小点状。花序有1朵花，在短侧枝上顶生；花梗长8~12 mm；苞片叶状，宿存。花直径2.5~4.5 cm，星状；花蕾狭卵珠形，先端锐尖。萼片离生或在基部合生，在花蕾及结果时开张或外弯，线形或稀为椭圆形，等大或近等大，长0.3~0.6 cm，边缘全缘，中脉多少明显，小脉不显著，腺体约4个，基部的线形，向顶端呈点状。花瓣金黄色至橙色，无红晕，开张，倒披针形，长1.5~2.2 cm，宽0.4~0.8 cm，长为萼片2.5~3.5倍，边缘全缘，无腺体，无或几无小尖突。雄蕊5束，每束约有雄蕊15~25枚。子房卵珠形，长3~4 mm，宽2~3 mm，通常略具柄；花柱长1~1.8 cm，长为子房3.5~6倍，合生几达顶端然后开张；柱头小。蒴果卵珠形，长0.6~1.2 cm，宽0.4~0.5 cm，通常略具柄。种子圆柱形，长约1.3 mm，淡棕褐色，有明显的龙骨状突起和细蜂窝纹。花期5~7月，果期8~9月。

生长环境 生长在海拔200~1 200 m的山坡阳处或沟边潮湿处。

绿化用途 花朵较大，花色鲜明，花期较长。为优良的宿根花卉。植株较高，适作花境背景。宜植于疏林、草坪边缘。也可作切花。株型矮壮，茎干挺直，秀叶翡翠革质光亮；花开时节金丝桃花清新馥郁，艳丽多姿，枝叶间散发出清幽的花香，具有较高的观赏价值；宜于花坛、花园、花境做背景栽培，也适于盆栽，置于阳台、平台、窗台、屋顶。

金丝桃

学名 *Hypericum monogynum* L.

俗名 土连翘。

科属 藤黄科金丝桃属。

形态特征 灌木，高0.5~1.3 m，丛状或通常有疏生的开张枝条。茎红色，幼时具2纵线棱及两侧压扁，很快为圆柱形；皮层橙褐色。叶对生，无柄或具短柄，柄长达1.5 mm；叶片倒披针形或椭圆形至长圆形，或较稀为披针形至卵状三角形或卵形，长2~11.2 cm，宽1~4.1 cm，先端锐尖至圆形，通常具细小尖突，基部楔形至圆形或上部有时截形至心形，边缘平坦，坚纸质，上面绿色，下面淡绿但不呈灰白色，主侧脉4~6对，分枝，常与中脉分枝不分明，第三级脉网密集，不明显，腹腺体无，叶片腺体小而点状。花序具1~15花，自茎端第1节生出，疏松的近伞房状，有时亦自茎端1~3节生出，稀有1~2对次生分枝；花梗长0.8~2.8 cm；苞片小，线状披针形，早落。花直径3~6.5 cm，星状；花蕾卵珠形，先端近锐尖至钝形。萼片宽或狭椭圆形或长圆形至披针形或倒披针形，先端锐尖至圆形，边缘全缘，中脉分明，细脉不明显，有或多或少的腺体，在基部的线形至条纹状，向顶端的点状。花瓣金黄色至柠檬黄色，无红晕，开张，三角状倒卵形，长2~3.4

cm，宽 1~2 cm，长为萼片的 2.5~4.5 倍，边缘全缘，无腺体，有侧生的小尖突，小尖突先端锐尖至圆形或消失。雄蕊 5 束，每束有雄蕊 25~35 枚，最长者达 1.8~3.2 cm，与花瓣几等长，花药黄至暗橙色。子房卵珠形或卵珠状圆锥形至近球形，长 2.5~5 mm，宽 2.5~3 mm；花柱长 1.2~2 cm，长为子房的 3.5~5 倍，合生几达顶端，然后向外弯或极偶有合生至全长之半；柱头小。蒴果宽卵珠形或稀为卵珠状圆锥形至近球形，长 6~10 mm，宽 4~7 mm。种子深红褐色，圆柱形，长约 2 mm，有狭的龙骨状突起，有浅的线状网纹至线状蜂窝纹。花期 5~8 月，果期 8~9 月。

生长环境 生长在海拔 150~1 500 m 的山坡、路旁或灌丛中。

绿化用途 花叶秀丽，花冠如桃花，雄蕊金黄色，细长如金丝，绚丽可爱，是庭院中常见的观赏花木。植于庭院假山旁及路旁，或点缀草坪。多盆栽观赏，花叶秀丽，可植于林荫树下，或者庭院角隅等。植物的果实为常用的鲜切花材料“红豆”，常用于制作胸花、腕花。

柽柳科

柽柳

学名 *Tamarix chinensis* Lour.

俗名 垂丝柳、西湖柳、红柳。

科属 柽柳科柽柳属。

形态特征 乔木或灌木，高 3~6 m；老枝直立，暗褐红色，光亮，幼枝稠密细弱，常开展而下垂，红紫色或暗紫红色，有光泽；嫩枝繁密纤细，悬垂。叶鲜绿色，从去年生木质化生长枝上生出的绿色营养枝上的叶长圆状披针形或长卵形，长 1.5~1.8 mm，稍开展，先端尖，基部背面有龙骨状隆起，常呈薄膜质；上部绿色营养枝上的叶钻形或卵状披针形，半贴生，先端渐尖而内弯，基部变窄，长 1~3 mm，背面有龙骨状突起。每年开花两三次。春季开花：总状花序侧生在去年生木质化的小枝上，长 3~6 cm，宽 5~7 mm，花大而少，较稀疏而纤弱点垂，小枝亦下倾；有短总花梗，或近无梗，梗生有少数苞叶或无；苞片线状长圆形，或长圆形，渐尖，与花梗等长或稍长；花梗纤细，较萼短；花 5 出；萼片 5，狭长卵形，具短尖头，略全缘，外面 2 片，背面具隆脊，长 0.75~1.25 mm，较花瓣略短；花瓣 5，粉红色，通常卵状椭圆形或椭圆状倒卵形，稀倒卵形，长约 2 mm，较花萼微长，果时宿存；花盘 5 裂，裂片先端圆或微凹，紫红色，肉质；雄蕊 5，长于或略长于花瓣，花丝着生在花盘裂片间，自其下方近边缘处生出；子房圆锥状瓶形，花柱 3，棍棒状，长约为子房之半。蒴果圆锥形。夏、秋季开花：总状花序长 3~5 cm，较春生者细，生于当年生幼枝顶端，组成顶生大圆锥花序，疏松而通常下弯；花 5 出，较春季者略小，密生；苞片绿色，革质，较春季花的苞片狭细，较花梗长，线形至线状锥形或狭三角形，渐尖，向下变狭，基部背面有隆起，全缘；花萼三角状卵形；花瓣粉红色，直而略外斜，远比花萼长；花盘5裂，或每一裂片再2裂成10裂片状；雄蕊5，长等于花瓣或为其2倍，花药钝，花丝着生在花盘主裂片间，自其边缘和略下方生出；花柱棍棒状，其长等于子房的2/5~3/4。花期4~9月。

生长环境 喜生于河流冲积平原，海滨、滩头、潮湿盐碱地和沙荒地。其耐高温和严寒；喜光树种，不耐遮阴。能耐烈日暴晒，耐干旱又耐水湿，抗风又耐碱土，能在含盐量1%的重盐碱地上生长。深根性，主侧根都极发达，主根往往伸到地下水层，最深可达10 m余，萌芽力强，耐修剪和刈割。

绿化用途 常被栽种为庭园观赏，枝条细柔，姿态婆娑，开花如红蓼，颇为美观。可作绿篱用，适于水滨、池畔、桥头、河岸、堤防，淡烟疏树，绿荫垂条，别具风格。

大风子科

山桐子

学名 *Idesia polycarpa* Maxim.

俗名 椅、水冬瓜、水冬桐、椅树。

科属 大风子科山桐子属。

形态特征 落叶乔木，高8~21 m；树皮淡灰色，不裂；小枝圆柱形，细而脆，黄棕色，有明显的皮孔，冬日呈侧枝长于顶枝状态，枝条平展，近轮生，树冠长圆形，当年生枝条紫绿色，有淡黄色的长毛；冬芽有淡褐色毛，有4~6片锥状鳞片。叶薄革质或厚纸质，卵形或心状卵形，或为宽心形，长13~16 cm，稀达20 cm，宽12~15 cm，先端渐尖或尾状，基部通常心形，边缘有粗的齿，齿尖有腺体，上面深绿色，光滑无毛，下面有白粉，沿脉有疏柔毛，脉腋有丛毛，基部脉腋更多，通常5基出脉，第二对脉斜升到叶片的3/5处；叶柄长6~12 cm，或更长，圆柱状，无毛，下部有2~4个紫色、扁平腺体，基部稍膨大。花单性，雌雄异株或杂性，黄绿色，有芳香，花瓣缺，排列成顶生下垂的圆锥花序，花序梗有疏柔毛，长10~20 cm；雄花比雌花稍大，直径约1.2 cm；萼片3~6片，通常6片，覆瓦状排列，长卵形，长约6 mm，宽约3 mm，有密毛；花丝丝状，被软毛，花药椭圆形，基部着生，侧裂，有退化子房；雌花比雄花稍小，直径约9 mm；萼片3~6片，通常6片，卵形，长约4 mm，宽约2.5 mm，外面有密毛，内面有疏毛；子房上位，圆球形，无毛，花柱5或6，向外平展，柱头倒卵圆形，退化雄蕊多数，花丝短或缺。浆果成熟期紫红色，扁圆形，长3~5 mm，直径5~7 mm，宽大于长，果梗细小，长0.6~2 cm；种子红棕色，圆形。花期4~5月，果熟期10~11月。

生长环境 喜光树种，不耐庇荫。在茂密森林中很少见到山桐子。常与木荷、薯豆、杜英、拟赤杨、青冈、松类等针、阔叶树混生。喜深厚、潮湿、肥沃、疏松土壤，而在干燥和瘠薄山地生长不良。在降水量 800~2 000 mm 地区的酸性、中性、微碱土壤上均能生长。能耐-15 ℃低温。

绿化用途 花多芳香，有蜜腺，为养蜂业的蜜源资源植物；树形优美，果实长序，结果累累，果色朱红，形似珍珠，风吹袅袅，为山地、园林的观赏树种。

毛叶山桐子

学名 *Idesia polycarpa* var. *vestita* Diels

俗名 秦岭山桐子。

科属 大风子科山桐子属。

形态特征 落叶乔木，高 8~21 m；树皮淡灰色，平滑，不裂；小枝圆柱形，细而脆，黄棕色，有明显的皮孔，冬日呈侧枝长于顶枝状态，枝条平展，近轮生，树冠长圆形，当年生枝条紫绿色，有淡黄色的长毛；冬芽有淡褐色毛，有 4~6 片锥状鳞片。叶薄革质或厚纸质，卵形或心状卵形，或为宽心形，长 13~16 cm，稀达 20 cm，宽 12~15 cm，先端渐尖或尾状，基部通常心形，边缘有粗的齿，齿尖有腺体，上面深绿色，光滑无毛，下面有密的柔毛，无白粉而为棕灰色；脉腋有丛毛，基部脉腋更多，通常 5 基出脉，第二对脉斜升到叶片的 3/5 处；叶柄长 6~12 cm，或更长，圆柱状，有短毛，下部有 2~4 个紫色扁平腺体，基部稍膨大。花单性，雌雄异株或杂性，黄绿色，有芳香，花瓣缺，排列成顶生下垂的圆锥花序，花序梗有疏柔毛，雄花比雌花稍大，直径约 1.2 cm；萼片 3~6 片，通常 6 片，覆瓦状排列，长卵形，长约 6 mm，宽约 3 mm，有密毛；花丝丝状，被软毛，花药椭圆形，基部着生，侧裂，有退化子房；雌花比雄花稍小，直径约 9 mm；萼片 3~6 片，通常 6 片，卵形，长约 4 mm，宽约 2.5 mm，外面有密毛，内面有疏毛；子房上位，圆球形，无毛，花柱 5 或 6，向外平展，柱头倒卵圆形，退化雄蕊多数，花丝短或缺。浆果成熟期血红色，果实长圆形至圆球状，高大于宽，果梗细小，长 0.6~2 cm；种子红棕色，圆形。花期 4~5 月，果期 10~11 月。

生长环境 阳性速生树种，对气候条件要求不严格，生长适应性强，耐旱、耐贫瘠、耐高温低寒，喜温暖气候和肥沃土壤，适宜的土壤 pH 为 6.15~7.15，在弱酸性、中性和弱碱性沙质土壤上均能正常生长，在地势向阳、土质疏松、排水良好的地方，通常在年降水量 800~2 000 mm，海拔 900~2 000 m 较快生长，海拔 900 m 以下少见。

绿化用途 树形优美，果实长序，结果累累，果色朱红，形似珍珠，风吹袅袅，为山地、园林的观赏树种。

旌节花科

中国旌节花

学名 *Stachyurus chinensis* Franch.

俗名 旌节花、萝卜药、水凉子。

科属 旌节花科旌节花属。

形态特征 落叶灌木，高2~4 m。树皮光滑，紫褐色或深褐色；小枝粗状，圆柱形，具淡色椭圆形皮孔。叶于花后发出，互生，纸质至膜质，卵形，长圆状卵形至长圆状椭圆形，长5~12 cm，宽3~7 cm，先端渐尖至短尾状渐尖，基部钝圆至近心形，边缘为圆齿状锯齿，侧脉5~6对，在两面均凸起，细脉网状，上面亮绿色，无毛，下面灰绿色，无毛或仅沿主脉和侧脉疏被短柔毛，后很快脱落；叶柄长1~2 cm，通常暗紫色。穗状花序腋生，先叶开放，长5~10 cm，无梗；花黄色，长约7 mm，近无梗或有短梗；苞片1枚，三角状卵形，顶端急尖，长约3 mm；小苞片2枚，卵形，长约2 cm；萼片4，黄绿色，卵形，长3~5 mm，顶端钝；花瓣4，卵形，长约6.5 mm，顶端圆形；雄蕊8，与花瓣等长，花药长圆形，纵裂，2室；子房瓶状，连花柱长约6 mm，被微柔毛，柱头头状，不裂。果实圆球形，直径6~7 cm，无毛，近无梗，基部具花被的残留物。花粉粒球形或近球形，赤道面观为近圆形或圆形，极面观为三裂圆形或近圆形，具三孔沟。花期3~4月，果期5~7月。

生长环境 生长在海拔1 500~2 900 m的山谷、沟边灌木丛中和林缘。

绿化用途 中国旌节花观叶效果好，是墙面立体布景的好材料。

瑞香科

芫花

学名 *Daphne genkwa* Sieb. et Zucc.

俗名 鱼毒、蜀黍、黄大戟。

科属 瑞香科瑞香属。

形态特征 落叶灌木，高0.3~1 m，多分枝；树皮褐色，无毛；小枝圆柱形，细瘦，干燥后多具皱纹，幼枝黄绿色或紫褐色，密被淡黄色丝状柔毛，老枝紫褐色或紫红色，无毛。叶对生，稀互生，纸质，卵形或卵状披针形至椭圆状长圆形，长 3~4 cm，宽 1~2 cm，先端急尖或短渐尖，基部宽楔形或钝圆形，边缘全缘，上面绿色，干燥后黑褐色，下面淡绿色，干燥后黄褐色，幼时密被绢状黄色柔毛，老时则仅叶脉基部散生绢状黄色柔毛，侧脉 5~7 对，在下面较上面显著；叶柄短或几无，长约 2 mm，具灰色柔毛。花比叶先开放，紫色或淡紫蓝色，无香味，常 3~6 朵簇生于叶腋或侧生，花梗短，具灰黄色柔毛；花萼筒细瘦，筒状，长 6~10 mm，外面具丝状柔毛，裂片 4，卵形或长圆形，长 5~6 mm，宽 4 mm，顶端圆形，外面疏生短柔毛；雄蕊 8，2 轮，分别着生于花萼筒的上部和中部，花丝短，长约 0.5 mm，花药黄色，卵状椭圆形，长约 1 mm，伸出喉部，顶端钝尖；花盘环状，不发达；子房长倒卵形，长 2 mm，密被淡黄色柔毛，花柱短或无，柱头头状，橘红色。果实肉质，白色，椭圆形，长约 4 mm，包藏于宿存的花萼筒下部，具 1 粒种子。花期 3~5 月，果期 6~7 月。

生长环境 生长在海拔 300~1 000 m。适宜温暖的气候，性耐旱怕涝，以肥沃、疏松的沙质土壤栽培为宜。

绿化用途 可用作观赏植物。

瑞香

学名 *Daphne odora* Thunb.

俗名 夺皮香、蓬莱紫、沈丁花、瑞兰。

科属 瑞香科瑞香属。

形态特征 常绿直立灌木；枝粗壮，通常二歧分枝，小枝近圆柱形，紫红色或紫褐色，无毛。叶互生，纸质，长圆形或倒卵状椭圆形，长 7~13 cm，宽 2.5~5 cm，先端钝尖，基部楔形，边缘全缘，上面绿色，下面淡绿色，两面无毛，侧脉 7~13 对，与中脉在两面均明显隆起；叶柄粗壮，长 4~10 mm，散生极少的微柔毛或无毛。花外面淡紫红色，内面肉红色，无毛，数朵至 12 朵组成顶生头状花序；苞片披针形或卵状披针形，长 5~8 mm，宽 2~3 mm，无毛，脉纹显著隆起；花萼筒管状，长 6~10 mm，无毛，裂片 4，心状卵形或卵状披针形，基部心形，与花萼筒等长或超过之；雄蕊 8，2 轮，下轮雄蕊着生于花萼筒中部以上，上轮雄蕊的花药 1/2 伸出花萼筒的喉部，花丝长 0.7 mm，花药长圆形，长 2 mm；子房长圆形，无毛，顶端钝形，花柱短，柱头头状。果实红色。花期 3~5 月，果期 7~8 月。

生长环境 喜散光，忌烈日，盛暑要蔽荫。喜疏松肥沃、排水良好的酸性土壤（pH 为 6~6.5），忌用碱性土，可用山泥或田园土掺入 40% 的泥炭土、腐叶土、松针土和适量的煤球灰、稻壳灰等为培养土。

绿化用途 早春开花，芳香而且常绿，为著名传统芳香花木，适合配植于建筑物、假山及岩石的阴面，林地、树丛的前缘，也用于盆栽观赏。

结香

学名 *Edgeworthia chrysantha* Lindl.

俗名 打结花、打结树、黄瑞香。

科属 瑞香科结香属。

形态特征 灌木，高 0.7~1.5 m，小枝粗壮，褐色，常作三叉分枝，幼枝常被短柔毛，韧皮极坚韧，叶痕大，直径约 5 mm。叶在花前凋落，长圆形，披针形至倒披针形，先端短尖，基部楔形或渐狭，长 8~20 cm，宽 2.5~5.5 cm，两面均被银灰色绢状毛，下面较多，侧脉纤细，弧形，每边 10~13 条，被柔毛。头状花序顶生或侧生，具花 30~50 朵成绒球状，外围以 10 枚左右被长毛而早落的总苞；花序梗长 1~2 cm，被灰白色长硬毛；花芳香，无梗，花萼长 1.3~2 cm，宽 4~5 mm，外面密被白色丝状毛，内面无毛，黄色，顶端 4 裂，裂片卵形，长约 3.5 mm，宽约 3 mm；雄蕊 8，2 列，上列 4 枚与花萼裂片对生，下列 4 枚与花萼裂片互生，花丝短，花药近卵形。长约 2 mm；子房卵形，长约 4 mm，直径约为 2 mm，顶端被丝状毛，花柱线形，长约 2 mm，无毛，柱头棒状，长约 3 mm，具乳突，花盘浅杯状，膜质，边缘不整齐。果椭圆形，绿色，长约 8 mm，直径约 3.5 m，顶端被毛。花期冬末春初，果期春夏间。

生长环境 喜生于阴湿肥沃地。喜半湿润，喜半阴，栽种或放置可在背靠北墙面向南之处，以盛夏可避烈日、冬季可晒太阳为最好。盆植从秋到春宜放在日照较好的地方，夏季放半阴处，过晒叶易发黄、花少，过阴则花的香味淡。喜温暖气候，能耐-20 ℃低温。

绿化用途 可栽培供观赏，树冠球形，枝叶美丽，宜栽在庭园或盆栽观赏。姿态优雅，适宜植于庭前、路旁、水边、石间、墙隅，多盆栽观赏。枝条柔软，弯之可打结而不断，常整成各种形状。

胡颓子科

木半夏

学名 *Elaeagnus multiflora* Thunb.

俗名 羊奶子、莓粒团、羊不来。

科属 胡颓子科胡颓子属。

形态特征 落叶直立灌木，高 2~3 m，通常无刺，稀老枝上具刺；幼枝细弱伸长，密被锈色或深褐色鳞片，稀具淡黄褐色鳞片，老枝粗壮，圆柱形，鳞片脱落，黑褐色或黑色，有光泽。叶膜质或纸质，椭圆形或卵形至倒卵状阔椭圆形，长 3~7 cm，宽 1.2~4 cm，顶端钝尖或骤渐尖，基部钝形，全缘，上面幼时具白色鳞片或鳞毛，成熟后脱落，干燥后黑褐色或淡绿色，下面灰白色，密被银白色和散生少数褐色鳞片，侧脉 5~7 对，两面均不甚明显；叶柄锈色，长 4~6 mm。花白色，被银白色和散生少数褐色鳞片，常单生新枝基部叶腋；花梗纤细，长 4~8 mm；萼筒圆筒形，长 5~6.5 mm，在裂片下面扩展，在子房上收缩，裂片宽卵形，长 4~5 mm，顶端圆形或钝形，内面具极少数白色星状短柔毛，包围子房的萼管卵形，深褐色，长约 1 mm；雄蕊着生花萼筒喉部稍下面，花丝极短，花药细小，矩圆形，长约 1 mm，花柱直立，微弯曲，无毛，稍伸出萼筒喉部，长不超雄蕊。果实椭圆形，长 12~14 mm，密被锈色鳞片，成熟时红色；果梗在花后伸长，长 15~49 mm。花期 5 月，果期 6~7 月。

生长环境 生长在向阳山坡、灌木丛中。喜光，略耐阴，耐干旱瘠薄，抗逆性强。

绿化用途 在春季开黄白色小花，有香味，常密集下垂；夏季结成下垂的果实，既可观赏也可食用，叶背面常密被银色鳞片，叶背具有银色，为双色叶观果树种，红果绿叶，极具观赏价值，可作绿化观赏树种，用作绿篱、盆栽。

胡颓子

学名 *Elaeagnus pungens* Thunb.

俗名 羊奶子、三月枣、柿模。

科属 胡颓子科胡颓子属。

形态特征 常绿直立灌木，高 3~4 m，具刺，刺顶生或腋生，长 20~40 mm，有时较短，深褐色；幼枝微扁棱形，密被锈色鳞片；老枝鳞片脱落，黑色，具光泽。叶革质，椭圆形或阔椭圆形，稀矩圆形，长 5~10 cm，宽 1.8~5 cm，两端钝形或基部圆形，边缘微反卷或皱波状，上面幼时具银白色和少数褐色鳞片，成熟后脱落，具光泽，干燥后褐绿色或褐色，下面密被银白色和少数褐色鳞片，侧脉 7~9 对，与中脉开展成 50°~60°的角，近边缘分叉而互相连接，上面显著凸起，下面不甚明显，网状脉在上面明显，下面不清晰；叶柄深褐色，长 5~8 mm。花白色或淡白色，下垂，密被鳞片，1~3 朵花生于叶腋锈色短小枝上；花梗长 3~5 mm；萼筒圆筒形或漏斗状圆筒形，长 5~7 mm，在子房上骤收缩，裂片三角形或矩圆状三角形，长 3 mm，顶端渐尖，内面疏生白色星状短柔毛；雄蕊的花丝极短，花药矩圆形，长 1.5 mm；花柱直立，无毛，上端微弯曲，超过雄蕊。果实椭圆形，长 12~14 mm，幼时被褐色鳞片，成熟时红色，果核内面具白色丝状棉毛；果梗长 4~6 mm。花期 9~12 月，果期第 2 年 4~6 月。

生长环境 生长在海拔 1 000 m 以下山地杂木林内和向阳沟谷旁；抗寒力比较强，能耐-8 ℃低温，生长适宜温度为 24~34 ℃，耐高温酷暑。耐阴性一般，喜高温、湿润气候，耐盐性、耐旱性和耐寒性佳，抗风能力强。在山坡上的疏林下面及阴湿山谷中生长，不怕阳光暴晒。对土壤要求不严格，在中性、酸性和石灰质土壤上均能生长，耐干旱和瘠薄，不耐水涝。

绿化用途 株形自然，红果下垂，适于草地丛植，也用于林缘、树群外围作自然式绿篱。

千屈菜科

紫薇

学名 *Lagerstroemia indica* L.

俗名 千日红、无皮树、百日红。

科属 千屈菜科紫薇属。

形态特征 落叶灌木或小乔木，高可达 7 m；树皮平滑，灰色或灰褐色；枝干多扭曲，小枝纤细，具 4 棱，略成翅状。叶互生或有时对生，纸质，椭圆形、阔矩圆形或倒卵形，长 2.5~7 cm，宽 1.5~4 cm，顶端短尖或钝形，有时微凹，基部阔楔形或近圆形，无毛或下面沿中脉有微柔毛，侧脉 3~7 对，小脉不明显；无柄或叶柄很短。花淡红色或紫色、白色，直径 3~4 cm，常组成 7~20 cm 的顶生圆锥花序；花梗长 3~15 mm，中轴及花梗均被柔毛；花萼长 7~10 mm，外面平滑无棱，但鲜时萼筒有微突起短棱，两面无毛，裂片 6，三角形，直立，无附属体；花瓣 6，皱缩，长 12~20 mm，具长爪；雄蕊 36~42，外面 6 枚着生于花萼上，比其余的长得多；子房 3~6 室，无毛。蒴果椭圆状球形或阔椭圆形，长 1~1.3 cm，幼时绿色至黄色，成熟时或干燥时呈紫黑色，室背开裂；种子有翅，长约 8 mm。花期 6~9 月，果期 9~12 月。

生长环境 喜暖湿气候，喜光，略耐阴，喜肥，尤喜深厚肥沃的沙质壤土，好生于略有湿气之地，亦耐干旱，忌涝，忌种在地下水位高的低湿地方，喜温暖，能抗寒，萌蘖性强。紫薇还具有较强的抗污染能力，对二氧化硫、氟化氢及氯气的抗性较强。半阴生，喜生于肥沃湿润的土壤，耐旱，在钙质土或酸性土上都生长良好。

绿化用途 花色鲜艳美丽，花期长，寿命长，已广泛栽培为庭园观赏树，有时亦作盆景。作为优秀的观花乔木，在园林绿化中，被广泛用于公园、庭院、道路、街区城市绿化等，可栽植于建筑物前、院落内、池畔、河边、草坪旁及公园中小径两旁，均很相宜，也是作盆景的好材料。

石榴科

石榴

学名 *Punica granatum* L.

俗名 若榴木、丹若、山力叶、安石榴。

科属 石榴科石榴属。

形态特征 落叶灌木或乔木，高通常 3~5 m，稀达 10 m，枝顶常成尖锐长刺，幼枝具棱角，无毛，老枝近圆柱形。叶通常对生，纸质，矩圆状披针形，长 2~9 cm，顶端短尖、钝尖或微凹，基部短尖至稍钝形，上面光亮，侧脉稍细密；叶柄短。花大，1~5 朵着生枝顶；萼筒长 2~3 cm，通常红色或淡黄色，裂片略外展，卵状三角形，长 8~13 mm，外面近顶端有 1 个黄绿色腺体，边缘有小乳突；花瓣通常大，红色、黄色或白色，长 1.5~3 cm，宽 1~2 cm，顶端圆形；花丝无毛，长达 13 mm；花柱长超过雄蕊。浆果近球形，直径 5~12 cm，通常为淡黄褐色或淡黄绿色，有时白色，稀暗紫色。种子多数，钝角形，红色至乳白色，肉质的外种皮供食用。

生长环境 生长在海拔 300~1 000 m 的山上。喜温暖向阳的环境，耐旱，耐寒，耐瘠薄，不耐涝和荫蔽。对土壤要求不严格，以排水良好的夹沙土栽培为宜。

绿化用途 树姿优美，枝叶秀丽，初春嫩叶抽绿，婀娜多姿；盛夏繁花似锦，色彩鲜艳；秋季累果悬挂，或孤植或丛植于庭院、游园之角，对植于门庭出处，列植于小道、溪旁、坡地、建筑物之旁，也宜做成各种桩景。

八角枫科

八角枫

学名 *Alangium chinense*（Lour.）Harms

俗名 枢木、华瓜木、豆腐柴。

科属 八角枫科八角枫属。

形态特征 落叶乔木或灌木，高 3~5 m，稀达 15 m，胸高直径 20 cm；小枝略呈"之"字形，幼枝紫绿色，无毛或有稀疏的柔毛，冬芽锥形，生于叶柄的基部内，鳞片细小。叶纸质，近圆形或椭圆形、卵形，顶端短锐尖或钝尖，基部两侧常不对称，一侧微向下扩张，另一侧向上倾斜，阔楔形、截形、稀近于心脏形，长 13~19 cm，宽 9~15 cm，不分裂或 3~7 裂，裂片短锐尖或钝尖，叶上面深绿色，无毛，下面淡绿色，除脉腋有丛状毛外，其余部分近无毛；基出脉 3~5，呈掌状，侧脉 3~5 对；叶柄长 2.5~3.5 cm，紫绿色或淡黄色，幼时有微柔毛，后无毛。聚伞花序腋生，长 3~4 cm，被稀疏微柔毛，有 7~30 朵花，花梗长 5~15 mm；小苞片线形或披针形，长 3 mm，常早落；总花梗长 1~1.5 cm，常分节；花冠圆筒形，长 1~1.5 cm，花萼长 2~3 mm，顶端分裂为 5~8 枚齿状萼片，长 0.5~1 mm，宽 2.5~3.5 mm；花瓣 6~8，线形，长 1~1.5 cm，宽 1 cm，基部黏合，上部开花后反卷，外面有微柔毛，初为白色，后变黄色；雄蕊和花瓣同数而近等长，花丝略扁，长 2~3 mm，有短柔毛，花药长 6~8 mm，药隔无毛，外面有时有褶皱；花盘近球形；子房2室，花柱无毛，疏生短柔毛，柱头头状，常2~4裂。核果卵圆形，长5~7 mm，直径5~8 mm，幼时绿色，成熟后黑色，顶端有宿存的萼齿和花盘，种子1粒。花期5~7月和9~10月，果期7~11月。

生长环境 阳性树，稍耐阴，对土壤要求不严格，喜肥沃、疏松、湿润的土壤，具一定耐寒性，萌芽力强，耐修剪，根系发达，适应性强。

绿化用途 株丛宽阔，根部发达，适宜于山坡地段造林，对涵养水源、防治水土流失有良好的作用。八叶片形状较美，花期较长，栽植在建筑物的四周，作为绿化树种也很好。

五加科

常春藤

学名 *Hedera nepalensis* var. *sinensis* (Tobl.) Rehd.

俗名 爬墙虎、爬树藤、中华常春藤。

科属 五加科常春藤属。

形态特征 常绿攀缘灌木；茎长3~20 m，灰棕色或黑棕色，有气生根；一年生枝疏生锈色鳞片，鳞片通常有10~20条辐射肋。叶片革质，在不育枝上通常为三角状卵形或三角状长圆形，稀三角形或箭形，长5~12 cm，宽3~10 cm，先端短渐尖，基部截形，稀心形，边缘全缘或3裂，花枝上的叶片通常为椭圆状卵形至椭圆状披针形，略歪斜而带菱形，稀卵形或披针形，极稀为阔卵形、圆卵形或箭形，长5~16 cm，宽1.5~10.5 cm，先端渐尖或长渐尖，基部楔形或阔楔形，稀圆形，全缘或有1~3浅裂，上面深绿色，有光泽，下面淡绿色或淡黄绿色，无毛或疏生鳞片，侧脉和网脉两面均明显；叶柄细长，长2~9 cm，有鳞片，无托叶。伞形花序单个顶生，或2~7个总状排列或伞房状排列成圆锥花序，直径1.5~2.5 cm，有花5~40朵；总花梗长1~3.5 cm，通常有鳞片；苞片小，三角形，长1~2 mm；花梗长0.4~1.2 cm；花淡黄白色或淡绿白色，芳香；萼密生棕色鳞片，长2 mm，边缘近全缘；花瓣5，三角状卵形，长3~3.5 mm，外面有鳞片；雄蕊5，花丝长2~3 mm，花药紫色；子房5室；花盘隆起，黄色；花柱全部合生成柱状。果实球形，红色或黄色，直径7~13 mm；宿存花柱长1~1.5 mm。花期9~11月，果期第2年3~5月。

生长环境 极耐阴，也能在光照充足之处生长。喜温暖、湿润环境，稍耐寒，能耐短暂的-5 ℃低温。对土壤要求不严，喜肥沃疏松的土壤。

绿化用途 枝蔓茂密青翠，姿态优雅，可用其气生根扎附于假山、墙垣上，让其枝叶悬垂，如同绿帘，也可种于树下，让其攀于树干上，另有一种趣味。

刺楸

学名 *Kalopanax septemlobus* (Thunb.) Koidz.

俗名 辣枫树、刺楸、云楸。

科属 五加科刺楸属。

形态特征 落叶乔木，高约 10 m，最高可达 30 m，胸径达 70 cm 以上，树皮暗灰棕色；小枝淡黄棕色或灰棕色，散生粗刺；刺基部宽阔扁平，通常长 5~6 mm，基部宽 6~7 mm，在茁壮枝上的长达 1 cm 以上，宽 1.5 cm 以上。叶片纸质，在长枝上互生，在短枝上簇生，圆形或近圆形，直径 9~25 cm，稀达 35 cm，掌状 5~7 浅裂，裂片阔三角状卵形至长圆状卵形，长不及全叶片的 1/2，茁壮枝上的叶片分裂较深，裂片长超过全叶片的 1/2，先端渐尖，基部心形，上面深绿色，无毛或几无毛，下面淡绿色，幼时疏生短柔毛，边缘有细锯齿，放射状主脉 5~7 条，两面均明显；叶柄细长，长 8~50 cm，无毛。圆锥花序大，长 15~25 cm，直径 20~30 cm；伞形花序直径 1~2.5 cm，有花多数；总花梗细长，长 2~3.5 cm，无毛；花梗细长，无关节，无毛或稍有短柔毛，长 5~12 mm；花白色或淡绿黄色；萼无毛，长约 1 mm，边缘有 5 小齿；花瓣 5，三角状卵形，长约 1.5 mm；雄蕊 5；花丝长 3~4 mm；子房 2 室，花盘隆起；花柱合生成柱状，柱头离生。果实球形，直径约 5 mm，蓝黑色；宿存花柱长 2 mm。花期 7~10 月，果期 9~12 月。

生长环境 适应性很强，喜阳光充足和湿润的环境，稍耐阴，耐寒冷，适宜在含腐殖质丰富、土层深厚、疏松且排水良好的中性或微酸性土壤上生长。

绿化用途 叶形美观，叶色浓绿，树干通直挺拔，满身的硬刺在诸多园林树木中独树一帜，既能体现出粗犷的野趣，又能防止人或动物攀爬破坏，适合作行道树或园林配植。

通脱木

学名 *Tetrapanax papyrifer* (Hook.) K. Koch

俗名 天麻子、木通树、通草。

科属 五加科通脱木属。

形态特征 常绿灌木或小乔木，高 1~3.5 m，基部直径 6~9 cm；树皮深棕色，略有皱裂；新枝淡棕色或淡黄棕色，有明显的叶痕和大形皮孔，幼时密生黄色星状厚茸毛，后毛渐脱落。叶大，集生茎顶；叶片纸质或薄革质，长 50~75 cm，宽 50~70 cm，掌状 5~11 裂，裂片通常为叶片全长的 1/3 或 1/2，稀至 2/3，倒卵状长圆形或卵状长圆形，通常再分裂为 2~3 小裂片，先端渐尖，上面深绿色，无毛，下面密生白色厚茸毛，边缘全缘或疏生粗齿，侧脉和网脉不明显；叶柄粗壮，长 30~50 cm，无毛；托叶和叶柄基部合生，锥形，长 7.5 cm，密生淡棕色或白色厚茸毛。圆锥花序长 50 cm 或更长；分枝多，长 15~25 cm；苞片披针形，长 1~3.5 cm，密生白色或淡棕色星状茸毛；伞形花序直径 1~1.5 cm，有花多数；总花梗长 1~1.5 cm，花梗长 3~5 mm，均密生白色星状茸毛；小苞片线形，长 2~6 mm；花淡黄白色；萼长 1 mm，边缘全缘或近全缘，密生白色星状茸毛；花瓣 4，稀 5，三角状卵形，长 2 mm，外面密生星状厚茸毛；雄蕊和花瓣同数，花丝长约 3 mm；子房 2 室；花柱 2，离生，先端反曲。果实直径约 4 mm，球形，紫黑色。花期 10~12 月，果期第 2 年 1~2 月。

生长环境 通常生于向阳、肥厚的土壤上，有时栽培于庭园中，海拔自数十米至 2 800 m。

绿化用途 宜在公路两旁、庭园边缘的大乔木下种植，可以起到压制杂草生长、减少土壤冲蚀的作用。叶片极大，果序也大，形态较为奇特，也可在庭园中少量配植。

山茱萸科

灯台树

学名 *Cornus controversa* Hemsley

俗名 女儿木、六角树、瑞木。

科属 山茱萸科灯台树属。

形态特征 落叶乔木，高 6~15 m，稀达 20 m；树皮光滑，暗灰色或带黄灰色；枝开展，圆柱形，无毛或疏生短柔毛，当年生枝紫红绿色，二年生枝淡绿色，有半月形的叶痕和圆形皮孔。冬芽顶生或腋生，卵圆形或圆锥形，长 3~8 mm，无毛。叶互生，纸质，阔卵形、阔椭圆状卵形或披针状椭圆形，长 6~13 cm，宽 3.5~9 cm，先端突尖，基部圆形或急尖，全缘，上面黄绿色，无毛，下面灰绿色，密被淡白色平贴短柔毛，中脉在上面微凹陷，下面凸出，微带紫红色，无毛，侧脉 6~7 对，弓形内弯，在上面明显，下面凸出，无毛；叶柄紫红绿色，长 2~6.5 cm，无毛，上面有浅沟，下面圆形。伞房状聚伞花序，顶生，宽 7~13 cm，稀生浅褐色平贴短柔毛；总花梗淡黄绿色，长 1.5~3 cm；花小，白色，直径 8 mm，花萼裂片 4，三角形，长约 0.5 mm，长于花盘，外侧被短柔毛；花瓣 4，长圆披针形，长 4~4.5 mm，宽 1~1.6 mm，先端钝尖，外侧疏生平贴短柔毛；雄蕊 4，着生于花盘外侧，与花瓣互生，长 4~5 mm，稍伸出花外，花丝线形，白色，无毛，长 3~4 mm，花药椭圆形，淡黄色，长约 1.8 mm，2 室，“丁”字形着生；花盘垫状，无毛，厚约 0.3 mm；花柱圆柱形，长 2~3 mm，无毛，柱头小，头状，淡黄绿色；子房下位，花托椭圆形，长 1.5 mm，直径 1 mm，淡绿色，密被灰白色贴生短柔毛；花梗淡绿色，长 3~6 mm，疏被贴生短柔毛。核果球形，直径 6~7 mm，成熟时紫红色至蓝黑色；核骨质，球形，直径 5~6 mm，略有 8 条肋纹，顶端有一个方形孔穴；果梗长 2.5~4.5 mm，无毛。花期 5~6 月，果期 7~8 月。

生长环境 生长在海拔 250~2 600 m 的常绿阔叶林或针阔叶混交林中。喜温暖气候及半阴环境，适应性强，耐寒、耐热，生长快。宜在肥沃、湿润及疏松、排水良好的土壤上生长。

绿化用途 树冠形状美观，夏季花序明显，可以作为行道树种。树形整齐，大侧枝呈层状生长，宛若灯台，形成美丽树姿；花白色，花期5~6月。以树姿优美奇特、叶形秀丽、白花素雅，被称之为园林绿化珍品。

梾木

学名 *Cornus macrophylla* Wallich

俗名 椋子木、高山梾木。

科属 山茱萸科梾木属。

形态特征 乔木，高3~15 m，稀达20~25 m；树皮灰褐色或灰黑色；幼枝粗壮，灰绿色，有棱角，微被灰色贴生短柔毛，不久变为无毛，老枝圆柱形，疏生灰白色椭圆形皮孔及半环形叶痕。冬芽顶生或腋生，狭长圆锥形，长4~10 mm，密被黄褐色的短柔毛。叶对生，纸质，阔卵形或卵状长圆形，稀近于椭圆形，长9~16 cm，宽3.5~8.8 cm，先端锐尖或短渐尖，基部圆形，稀宽楔形，有时稍不对称，边缘略有波状小齿，上面深绿色，幼时疏被平贴小柔毛，后即近于无毛，下面灰绿色，密被或有时疏被白色平贴短柔毛，沿叶脉有淡褐色平贴小柔毛，中脉在上面明显，下面凸出，侧脉5~8对，弓形内弯，在上面明显，下面稍凸起；叶柄长1.5~3 cm，淡黄绿色，老后变为无毛，上面有浅沟，下面圆形，基部稍宽，略呈鞘状。伞房状聚伞花序顶生，宽8~12 cm，疏被短柔毛；总花梗红色，长2.4~4 cm；花白色，有香味，直径8~10 mm；花萼裂片4，宽三角形，稍长于花盘，外侧疏被灰色短柔毛，长0.4~0.5 mm；花瓣4，质地稍厚，舌状长圆形或卵状长圆形，长3~5 mm，宽0.9~1.8 mm，先端钝尖或短渐尖，上面无毛，背面被贴生小柔毛；雄蕊4，与花瓣等长或稍伸出花外，花丝略粗，线形，长2.5~5 mm，花药倒卵状长圆形，2室，长1.3~2 mm，“丁”字形着生；花盘垫状，无毛，边缘波状，厚0.3~0.4 mm；花柱圆柱形，长2~4 mm，略被贴生小柔毛，顶端粗壮而略呈棍棒形，柱头扁平，略有浅裂，子房下位，花托倒卵形或倒圆锥形，直径约1.2 mm，密被灰白色的平贴短柔毛；花梗圆柱形，长0.3~4 mm，疏被灰褐色短柔毛。核果近于球形，直径4.5~6 mm，成熟时黑色，近于无毛；核骨质，扁球形，直径3~4 mm，两侧各有1条浅沟及6条脉纹。花期6~7月，果期8~9月。

生长环境 生长在海拔72~3 000 m的山谷森林中。生态适应性极强。喜温暖湿润气候和深厚肥沃土壤。能耐寒冷，耐干旱和瘠薄土壤，在分布区也常散生于向阳山坡的中上部，陡坡、岩石缝隙等土壤干瘠之处。

绿化用途 树干笔直、挺拔，树冠圆满，枝叶茂密，聚伞花序硕大，花洁白亮丽，是优良的园林绿化树种。

小梾木

学名 *Cornus quinquenervis* Franchet

俗名 乌金草、酸皮条、火烫药。

科属 山茱萸科梾木属。

形态特征 落叶灌木，高 1~3 m，稀达 4 m；树皮灰黑色，光滑；幼枝对生，绿色或带紫红色，略具 4 棱，被灰色短柔毛，老枝褐色，无毛。冬芽顶生及腋生，圆锥形至狭长形，长 2.5~8 mm，被疏生短柔毛。叶对生，纸质，椭圆状披针形、披针形，稀长圆卵形，长 4~9 cm，稀达 10 cm，宽 1~2.3 cm，先端钝尖或渐尖，基部楔形，全缘，上面深绿色，散生平贴短柔毛；下面淡绿色，被较少灰白色的平贴短柔毛或近于无毛，中脉在上面稍凹陷，下面凸出，被平贴短柔毛，侧脉通常 3 对，稀 2 对或 4 对，平行斜伸或在近边缘处弓形内弯，在上面明显，下面稍凸起；叶柄长 5~15 mm，黄绿色，被贴生灰色短柔毛，上面有浅沟，下面圆形。伞房状聚伞花序顶生，被灰白色贴生短柔毛，宽 3.5~8 cm；总花梗圆柱形，长 1.5~4 cm，略有棱角，密被贴生灰白色短柔毛；花小，白色至淡黄白色，直径 9~10 mm；花萼裂片 4，披针状三角形至尖三角形，长 1 mm，长于花盘，淡绿色，外侧被紧贴的短柔毛；花瓣 4，狭卵形至披针形，长 6 mm，宽 1.8 mm，先端急尖，质地稍厚，上面无毛，下面有贴生短柔毛；雄蕊 4，长 5 mm，花丝淡白色，长 4 mm，无毛，花药长圆卵形，2 室，淡黄白色，长 2.4 mm，“丁”字形着生；花盘垫状，略有浅裂，厚约 0.2 mm；子房下位，花托倒卵形，长 2 mm，直径 1.6 mm，密被灰白色平贴短柔毛，花柱棍棒形，长 3.5 mm，淡黄白色，近于无毛，柱头小，截形，略有 3 个小突起；花梗细，圆柱形，长 2~9 mm，被灰色及少数褐色贴生短柔毛。核果圆球形，直径 5 mm，成熟时黑色；核近于球形，骨质，直径约 4 mm，有 6 条不明显的肋纹。花期 6~7 月，果期 10~11 月。

生长环境 生于 50~2 500 m 河岸或溪边灌木丛中。耐瘠薄，常在河岸边块石生境中与卡开芦形成复合群落。

绿化用途 枝繁叶琏，叶片翠绿，白色小花呈伞房状聚生枝头，有独特的观赏韵味。其根系发达，枝条具超强的生根能力，可片植于溪边、河岸带固土，也可丛植于草坪、建筑物前和常绿树间作花灌木，亦可栽植作绿篱。

毛梾

学名 *Cornus walteri* Wangerin

俗名 小六谷、车梁木。

科属 山茱萸科梾木属。

形态特征 落叶乔木，高 6~15 m；树皮厚，黑褐色，纵裂而又横裂成块状；幼枝对生，绿色，略有棱角，密被贴生灰白色短柔毛，老后黄绿色，无毛。冬芽腋生，扁圆锥形，长约 1.5 mm，被灰白色短柔毛。叶对生，纸质，椭圆形、长圆椭圆形或阔卵形，长4~12 cm，宽 1.7~5.3 cm，先端渐尖，基部楔形，有时稍不对称，上面深绿色，稀被贴生短柔毛，下面淡绿色，密被灰白色贴生短柔毛，中脉在上面明显，下面凸出，侧脉 4 对，弓形内弯，在上面稍明显，下面凸起；叶柄长 0.8~3.5 cm，幼时被有短柔毛，后渐无毛，上面平坦，下面圆形。伞房状聚伞花序顶生，花密，宽 7~9 cm，被灰白色短柔毛；总花梗长 1.2~2 cm；花白色，有香味，直径 9.5 mm；花萼裂片 4，绿色，齿状三角形，长约 0.4 mm，与花盘近于等长，外侧被有黄白色短柔毛；花瓣 4，长圆披针形，长 4.5~5 mm，宽 1.2~1.5 mm，上面无毛，下面有贴生短柔毛；雄蕊 4，无毛，长 4.8~5 mm，花丝线形，微扁，长 4 mm，花药淡黄色，长圆卵形，2 室，长 1.5~2 mm，“丁”字形着生；花盘明显，垫状或腺体状，无毛；花柱棍棒形，长 3.5 mm，被有稀疏的贴生短柔毛，柱头小，头状，子房下位，花托倒卵形，长 1.2~1.5 mm，直径 1~1.1 mm，密被灰白色贴生短柔毛；花梗细圆柱形，长 0.8~2.7 mm，有稀疏短柔毛。核果球形，直径 6~7 mm，成熟时黑色，近于无毛；核骨质，扁圆球形，直径 5 mm，高 4 mm，有不明显的肋纹。花期 5 月，果期 9 月。

生长环境 较喜光树种，喜生于半阳坡、半阴坡，生长在峡谷和荫蔽密林中的，由于光照条件差，树冠发育不良，虽主枝较高大，结实很少，甚至只开花不结实。深根性树种，根系扩展，须根发达，萌芽力强，对土壤一般要求不严格，能在比较瘠薄的山地、沟坡、河滩及地堰、石缝里生长。土壤 pH 为 6.3~7.5，生长发育正常。

绿化用途 在园林绿化中有两种用途，一种是行道树，一种是景观树或者庭荫树。

红瑞木

学名 *Cornus alba* Linnaeus

俗名 凉子木、红瑞山茱萸。

科属 山茱萸科梾木属。

形态特征 灌木，高达 3 m；树皮紫红色；幼枝有淡白色短柔毛，后即秃净而被蜡状白粉；老枝红白色，散生灰白色圆形皮孔及略为突起的环形叶痕。冬芽卵状披针形，长3~6 mm，被灰白色或淡褐色短柔毛。叶对生，纸质，椭圆形，稀卵圆形，长 5~8.5 cm，宽 1.8~5.5 cm，先端突尖，基部楔形或阔楔形，边缘全缘或波状反卷，上面暗绿色，有极少的白色平贴短柔毛，下面粉绿色，被白色贴生短柔毛，有时脉腋有浅褐色髯毛，中脉在上面微凹陷，下面凸起，侧脉 5 对，弓形内弯，在上面微凹下，下面凸出，细脉在两面微显明。伞房状聚伞花序顶生，较密，宽 3 cm，被白色短柔毛；总花梗圆柱形，长 1.1~2.2 cm，被淡白色短柔毛；花小，白色或淡黄白色，长 5~6 mm，直径 6~8.2 mm，花萼裂片 4，尖三角形，长 0.1~0.2 mm，短于花盘，外侧有疏生短柔毛；花瓣 4，卵状椭圆形，长 3~3.8 mm，宽 1.1~1.8 mm，先端急尖或短渐尖，上面无毛，下面疏生贴生短柔毛；雄蕊 4，长 5~5.5 mm，着生于花盘外侧，花丝线形，微扁，长 4~4.3 mm，无毛，花药淡黄色，2 室，卵状椭圆形，长 1.1~1.3 mm，“丁”字形着生；花盘垫状，高 0.2~

0.25 mm；花柱圆柱形，长 2.1~2.5 mm，近于无毛，柱头盘状，宽于花柱，子房下位，花托倒卵形，长 1.2 mm，直径 1 mm，被贴生灰白色短柔毛；花梗纤细，长 2~6.5 mm，被淡白色短柔毛，与子房交接处有关节。核果长圆形，微扁，长约 8 mm，直径 5.5~6 mm，成熟时乳白色或蓝白色，花柱宿存；核棱形，侧扁，两端稍尖呈喙状，长 5 mm，宽 3 mm，每侧有脉纹 3 条；果梗细圆柱形，长 3~6 mm，有疏生短柔毛。花期 6~7 月，果期 8~10 月。

生长环境 生长在海拔 600~1 700 m 的杂木林或针阔叶混交林中。喜欢潮湿温暖的环境，适宜的生长温度为 22~30 ℃，光照充足。喜肥，在排水通畅、养分充足的环境生长速度快。夏季注意排水，冬季低温容易遭受冻害。

绿化用途 园林绿化中多丛植于草坪上或与常绿乔木相间种植，得红绿相映的效果。枝干全年红色，是园林造景的异色树种。秋叶鲜红，小果洁白，落叶后枝干红艳如珊瑚，是少有的观茎植物，也是良好的切枝材料。

四照花

学名 *Cornus kousa* subsp. *chinensis*（Osborn）Q. Y. Xiang

俗名 石枣、羊梅、山荔枝。

科属 山茱萸科四照花属。

形态特征 落叶小乔木，高 5~9 m。单叶对生，厚纸质，卵形或卵状椭圆形，长 6~12 cm，宽 3~6.5 cm，叶柄长 5~10 mm，叶端渐尖，叶基圆形或广楔形，弧形侧脉 3~4 对，脉腋具黄褐色毛或白色毛。刺楸均可采用种子繁殖和根蘖繁殖。头状花序近球形，生于小枝顶端，具 20~30 朵花；花序总苞片 4 枚，长达 5 cm，花瓣状，卵形或卵状披针形，乳白色。花萼筒状；花盘垫状。雄蕊 4，子房 2 室。果球形，紫红色；总果柄纤细，长 5.5~6.5 cm，果实直径 1.5~2.5 cm。花期 5~6 月，果期 8~10 月。

生长环境 生长在海拔 600~2 200 m 的森林中。喜温暖气候和阴湿环境，喜光，生于半阴半阳的地方，可见于林内及阴湿山沟溪边。适生于肥沃而排水良好的土壤。适应性强，耐热，能耐一定程度的寒、旱、瘠薄。

绿化用途 树形整齐，初夏开花，总苞片色白如蝶，花朵华达、白色艳丽，供观赏，盛开时如满树的蝴蝶在上下飞舞；核果聚生成球形，红艳可爱。

青荚叶

学名 *Helwingia japonica*（Thunb.）Dietr.

俗名 叶上珠。

科属 山茱萸科青荚叶属。

形态特征 落叶灌木，高 1~2 m；幼枝绿色，无毛，叶痕显著。叶纸质，卵形、卵圆形，稀椭圆形，长 3.5~9 cm，宽 2~6 cm，先端渐尖，极稀尾状渐尖，基部阔楔形或近于圆形，边缘具刺状细锯齿；叶上面亮绿色，下面淡绿色；中脉及侧脉在上面微凹陷，下面微突出；叶柄长 1~5 cm；托叶线状分裂。花淡绿色，3~5 数，花萼小，花瓣长 1~2 mm，镊合状排列；雄花 4~12，呈伞形或密伞花序，常着生于叶上面中脉的 1/2~1/3 处，稀着生于幼枝上部；花梗长 1~2.5 mm；雄蕊 3~5，生于花盘内侧；雌花 1~3 枚，着生于叶上面中脉的 1/2~1/3 处；花梗长 1~5 mm；子房卵圆形或球形，柱头 3~5 裂。浆果幼时绿色，成熟后黑色，分核 3~5 枚。花期 4~5 月，果期 8~9 月。

生长环境 常生长在海拔 3 300 m 以下的林中，喜阴湿及肥沃的土壤。生长期喜阴湿凉爽环境，要求腐殖质含量高的森林土，忌高温、干燥气候。

绿化用途 春天开花季节，朵朵小花在叶面上开放，到了 6 月初，叶面上已开始结出 1~3 个绿色的小果，秋季果实成熟时，将转变成黑色，宛如一颗颗亮黑色的宝石，镶嵌在翠绿色的叶面上。

山茱萸

学名 *Cornus officinalis* Sieb. et Zucc.

俗名 山萸肉、肉枣、鸡足。

科属 山茱萸科山茱萸属。

形态特征 落叶乔木或灌木，高 4~10 m；树皮灰褐色；小枝细圆柱形，无毛或稀被贴生短柔毛，冬芽顶生及腋生，卵形至披针形，被黄褐色短柔毛。叶对生，纸质，卵状披针形或卵状椭圆形，长 5.5~10 cm，宽 2.5~4.5 cm，先端渐尖，基部宽楔形或近于圆形，全缘，上面绿色，无毛，下面浅绿色，稀被白色贴生短柔毛，脉腋密生淡褐色丛毛，中脉在上面明显，下面凸起，近于无毛，侧脉 6~7 对，弓形内弯；叶柄细圆柱形，长 0.6~1.2 cm，上面有浅沟，下面圆形，稍被贴生疏柔毛。伞形花序生于枝侧，有总苞片 4，卵形，厚纸质至革质，长约 8 mm，带紫色，两侧略被短柔毛，开花后脱落；总花梗粗壮，长约 2 mm，微被灰色短柔毛；花小，两性，先叶开放；花萼裂片 4，阔三角形，与花盘等长或稍长，长约 0.6 mm，无毛；花瓣 4，舌状披针形，长 3.3 mm，黄色，向外反卷；雄蕊 4，与花瓣互生，长 1.8 mm，花丝钻形，花药椭圆形，2 室；花盘垫状，无毛；子房下位，花托倒卵形，长约 1 mm，密被贴生疏柔毛，花柱圆柱形，长 1.5 mm，柱头截形；花梗纤细，长 0.5~1 cm，密被疏柔毛。核果长椭圆形，长 1.2~1.7 cm，直径 5~7 mm，红色至紫红色；核骨质，狭椭圆形，长约 12 mm，有几条不整齐的肋纹。花期 3~4 月，果期 9~10 月。

生长环境 生长在海拔 400~1 500 m，高达 2 100 m 的林缘或森林中。为暖温带阳性树种，生长适宜温度为 20~30 ℃，超过 35 ℃则生长不良。抗寒性强，较耐阴又喜充足的光照，通常在山坡中下部地段、阴坡、阳坡、谷地以及河两岸等地均生长良好，分布在海拔 400~1 800 m 的区域，宜栽于排水良好、富含有机质、肥沃的沙壤土上。

绿化用途 山茱萸先开花后萌叶，秋季红果累累，绯红欲滴，艳丽悦目，为秋冬季观果佳品，应用于园林绿化很受欢迎，可在庭园、花坛内单植或片植，景观效果十分美丽，观果可达 3 个月之久。

杜鹃花科

照山白

学名 *Rhododendron micranthum* Turcz.

俗名 照白杜鹃、达里、万斤。

科属 杜鹃花科杜鹃属。

形态特征 常绿灌木，高可达2.5 m，茎灰棕褐色；枝条细瘦。幼枝被鳞片及细柔毛。叶近革质，倒披针形、长圆状椭圆形至披针形，长3~4 cm，宽0.4~1.2 cm，顶端钝，急尖或圆，具小突尖，基部狭楔形，上面深绿色，有光泽，常被疏鳞片，下面黄绿色，被淡或深棕色有宽边的鳞片，鳞片相互重叠、邻接或相距为其直径的角状披针形或披针状线形，外面被鳞片，被缘毛；花冠钟状，长4~8 mm，外面被鳞片，内面无毛，花裂片5，较花管稍长；雄蕊10，花丝无毛；子房长1~3 mm，5~6室，密被鳞片，花柱与雄蕊等长或较短，无鳞片。蒴果长圆形，长5~6 mm，被疏鳞片。花期5~6月，果期8~11月。

生长环境 生长在海拔1 000~3 000 m的山坡灌丛、山谷、峭壁及石岩上。

绿化用途 枝条较细，且花小色白，惹人喜爱，植于庭院、公园观赏。

杜鹃

学名 *Rhododendron simsii* Planch.

俗名 映山红、山石榴。

科属 杜鹃花科杜鹃属。

形态特征 落叶灌木，高2 m；分枝多而纤细，密被亮棕褐色扁平糙伏毛。叶革质，常集生枝端，卵形、椭圆状卵形或倒卵形或倒卵形至倒披针形，长1.5~5 cm，宽0.5~3 cm，先端短渐尖，基部楔形或宽楔形，边缘微反卷，具细齿，上面深绿色，疏被糙伏毛，下面淡白色，密被褐色糙伏毛，中脉在上面凹陷，下面凸出；叶柄长2~6 mm，密被亮棕褐色扁平糙伏毛。花芽卵球形，鳞片外面中部以上被糙伏毛，边缘具睫毛。花2~3朵簇生枝顶；花梗长8 mm，密被亮棕褐色糙伏毛；花萼5深裂，裂片三角状长卵形，长5 mm，被糙伏毛，边缘具睫毛；花冠阔漏斗形，玫瑰色、鲜红色或暗红色，长3.5~4 cm，宽1.5~2 cm，裂片5，倒卵形，长2.5~3 cm，上部裂片具深红色斑点；雄蕊10，长约与花冠相等，花丝线状，中部以下被微柔毛；子房卵球形，10室，密被亮棕褐色糙伏毛，花柱伸出花冠外，无毛。蒴果卵球形，长达1 cm，密被糙伏毛；花萼宿存。花期4~5月，果期6~8月。

生长环境 生长在海拔500~1 200 m的山地疏灌丛或松林下，喜欢酸性土壤，在钙质土上生长得不好，甚至不生长。因此，土壤学家常常把杜鹃作为酸性土壤的指示作物。杜鹃喜凉爽、湿润、通风的半阴环境，既怕酷热又怕严寒，生长适宜温度为12~25 ℃，夏季气温超过35 ℃，则新梢、新叶生长缓慢，处于半休眠状态。夏季要防晒遮阴，冬季应注意保暖防寒。忌烈日暴晒，光照过强，嫩叶易被灼伤，新叶老叶焦边，严重时会导致植株死亡。

绿化用途 枝繁叶茂，绮丽多姿，萌发力强，耐修剪，根桩奇特，是优良的盆景材料。宜在林缘、溪边、池畔及岩石旁成丛成片栽植，也可于疏林下散植。在花季中绽放时给人热闹而喧腾的感觉，而不是花季时，也很适合栽种在庭园中作为矮墙或屏障。

秀雅杜鹃

学名 *Rhododendron concinnum* Hemsley

科属 杜鹃花科杜鹃花属。

形态特征 灌木，高1.5~3 m。幼枝被鳞片。叶长圆形、椭圆形、卵形、长圆状披针形或卵状披针形，长2.5~7.5 cm，宽1.5~3.5 cm，顶端锐尖、钝尖或短渐尖，明显有短尖头，基部钝圆或宽楔形，上面或多或少被鳞片，有时沿中脉被微柔毛，下面粉绿或褐色，密被鳞片，鳞片略不等大，中等大小或大，扁平，有明显的边缘，相距为其直径之半或邻接，极少相距为其直径；叶柄长0.5~1.3 cm，密被鳞片。花序顶生或同时枝顶腋生，2~5朵花，伞形着生；花梗长0.4~1.8 cm，密被鳞片；花萼小，5裂，裂片长0.8~1.5 mm，圆形、三角形或长圆形，有时花萼不发育呈环状，无缘毛或有缘毛；花冠宽漏斗状，略两侧对称，长1.5~3.2 cm，紫红色、淡紫或深紫色，内面有或无褐红色斑点，外面或多或少被鳞片或无鳞片，无毛或至基部疏被短柔毛；雄蕊不等长，近与花冠等长，花丝下部被疏柔毛；子房5室，密被鳞片，花柱细长，洁净，稀基部有微毛，略伸出花冠。蒴果长圆形，长1~1.5 cm。花期4~6月，果期9~10月。

生长环境 生长在海拔2 300~3 000 m的山坡灌丛、冷杉林带杜鹃林，产于高海拔地区，喜凉爽湿润的气候，恶酷热干燥。要求富含腐殖质、疏松、湿润及pH在5.5~6.5的酸性土壤。部分品种及园林品种的适应性较强，耐干旱瘠薄，土壤pH在7~8也能生长。在黏重或通透性差的土壤上生长不良。对光有一定要求，不耐暴晒，夏秋应有落叶乔木或荫棚遮挡烈日，并经常以水喷洒地面。

绿化用途 枝繁叶茂，绮丽多姿，萌发力强，耐修剪，根桩奇特，是优良的盆景材料。园林绿化中最宜在林缘、溪边、池畔及岩石旁成丛成片栽植，也可于疏林下散植。在花季中绽放时给人热闹而喧腾的感觉，而不是花季时，深绿色的叶片也很适合栽种在庭园中作为矮墙或屏障。

满山红

学名 *Rhododendron mariesii* Hemsl. et Wils.

俗名 山石榴、守城满山红。

科属 杜鹃花科杜鹃属。

形态特征 落叶灌木，高1~4 m；枝轮生，幼时被淡黄棕色柔毛，成长时无毛。叶厚纸质或近于革质，常2~3集生枝顶，椭圆形，卵状披针形或三角状卵形，长4~7.5 cm，宽2~4 cm，先端锐尖，具短尖头，基部钝或近于圆形，边缘微反卷，初时具细钝齿，后不明显，上面深绿色，下面淡绿色，幼时两面均被淡黄棕色长柔毛，后无毛或近于无毛，叶脉在上面凹陷，下面凸出，细脉与中脉或侧脉间的夹角近于90°；叶柄长5~7 mm，近于无毛。花芽卵球形，鳞片阔卵形，顶端钝尖，外面沿中脊以上被淡黄棕色绢状柔毛，边缘具睫毛。花通常2朵顶生，先花后叶，出自于同一顶生花芽；花梗直立，常为芽鳞所包，长7~10 mm，密被黄褐色柔毛；花萼环状，5浅裂，密被黄褐色柔毛；花冠漏斗形，淡紫红色或紫红色，长3~3.5 cm，花冠管长约1 cm，基部径4 mm，裂片5，深裂，长圆形，先端钝圆，上方裂片具紫红色斑点，两面无毛；雄蕊8~10，不等长，比花冠短或与花冠等长，花丝扁平，无毛，花药紫红色；子房卵球形，密被淡黄棕色长柔毛，花柱比雄蕊长，无毛。蒴果椭圆状卵球形，长6~9 mm，稀达1.8 cm，密被亮棕褐色长柔毛。花期4~5月，果期6~11月。

生长环境 生长于高海拔地区，喜凉爽湿润的气候，恶酷热干燥。适宜富含腐殖质、疏松、湿润及pH在5.5~6.5的酸性土壤。部分种及园林品种的适应性较强，耐干旱瘠薄，土壤pH在7~8也能生长。黏重或通透性差的土壤生长不良。

绿化用途 枝繁叶茂，绮丽多姿，萌发力强，耐修剪，根桩奇特，是优良的盆景材料。园林绿化中最宜在林缘、溪边、池畔及岩石旁成丛成片栽植，也可于疏林下散植。在花季中绽放时给人热闹而喧腾的感觉，而不是花季时，深绿色的叶片也很适合栽种在庭园中作为矮墙或屏障。

南烛

学名 *Vaccinium bracteatum* Thunb.

俗名 乌饭树、米饭花、苞越桔、米碎子木。

科属 杜鹃花科越橘属。

形态特征 常绿灌木或小乔木，高2~6 m；分枝多，幼枝被短柔毛或无毛，老枝紫褐色，无毛。叶片薄革质，椭圆形、菱状椭圆形、披针状椭圆形至披针形，长4~9 cm，宽2~4 cm，顶端锐尖、渐尖，稀长渐尖，基部楔形、宽楔形，稀钝圆，边缘有细锯齿，表面平坦有光泽，两面无毛，侧脉5~7对，斜伸至边缘以内网结，与中脉、网脉在表面和背面均稍微突起；叶柄长2~8 mm，通常无毛或被微毛。总状花序顶生和腋生，长4~10

cm，有多数花，序轴密被短柔毛，稀无毛；苞片叶状，披针形，长0.5~2 cm，两面沿脉被微毛或两面近无毛，边缘有锯齿，宿存或脱落，小苞片2，线形或卵形，长1~3 mm，密被微毛或无毛；花梗短，长1~4 mm，密被短毛或近无毛；萼筒密被短柔毛或茸毛，稀近无毛，萼齿短小，三角形，长1 mm左右，密被短毛或无毛；花冠白色，筒状，有时略呈坛状，长5~7 mm，外面密被短柔毛，稀近无毛，内面有疏柔毛，口部裂片短小，三角形，外折；雄蕊内藏，长4~5 mm，花丝细长，长2~2.5 mm，密被疏柔毛，药室背部无距，药管长为药室的2~2.5倍；花盘密生短柔毛。浆果直径5~8 mm，熟时紫黑色，外面通常被短柔毛，稀无毛。花期6~7月，果期8~10月。

生长环境 喜光、耐旱、耐寒、耐瘠薄，适生范围较广，大部分地区均可种植。

绿化用途 树姿优美，秋后紫红色果实串挂枝头，煞是美观，是良好的园林观果绿化树种，与海桐、金叶女贞、含笑等树种相间配植，点缀于假山、绿地之中，相互映衬，别有情趣，可为城市环境绿化渲染出浓浓的秋收壮美景观，提高城市绿化的品位与档次。是制作盆景、盆栽的优良材料。

紫金牛科

紫金牛

学名 *Ardisia japonica* (Thunberg) Blume

俗名 小青、矮茶、不出林。

科属 紫金牛科紫金牛属。

形态特征 小灌木或亚灌木，近蔓生，具匍匐生根的根茎；直立茎长达30 cm，稀达40 cm，不分枝，幼时被细微柔毛，以后无毛。叶对生或近轮生，叶片坚纸质或近革质，椭圆形至椭圆状倒卵形，顶端急尖，基部楔形，长4~7 cm，宽1.5~4 cm，边缘具细锯齿，多少具腺点，两面无毛或有时背面仅中脉被细微柔毛，侧脉5~8对，细脉网状；叶柄长6~10 mm，被微柔毛。亚伞形花序，腋生或生于近茎顶端的叶腋，总梗长约5 mm，有花3~5朵；花梗长7~10 mm，常下弯，二者均被微柔毛；花长4~5 mm，有时6数，花萼基部连合，萼片卵形，顶端急尖或钝，长约1.5 mm或略短，两面无毛，具缘毛，有时具腺点；花瓣粉红色或白色，广卵形，长4~5 mm，无毛，具密腺点；雄蕊较花瓣略短，花药披针状卵形或卵形，背部具腺点；雌蕊与花瓣等长，子房卵珠形，无毛；胚珠15枚，3轮。果球形，直径5~6 mm，鲜红色转黑色，多少具腺点。花期5~6月，果期11~12月。

生长环境 习见于海拔约1 200 m以下的山间林下或竹林下阴湿的地方。喜温暖、湿润环境，喜荫蔽，忌阳光直射。适宜生长在富含腐殖质、排水良好的土壤上。

绿化用途 枝叶常青，入秋后果色鲜艳，经久不凋，能在郁密的林下生长，是优良的地被植物，也可作盆栽观赏，亦可与岩石相配作小盆景用，也可种植在高层建筑群的绿化带下层以及立交桥下。

柿科

君迁子

学名 *Diospyros lotus* L.

俗名 牛奶柿、黑枣、软枣。

科属 柿科柿属。

形态特征 落叶乔木，高可达 30 m，胸高直径可达 1. 3 m；树冠近球形或扁球形；树皮灰黑色或灰褐色，深裂或不规则的厚块状剥落；小枝褐色或棕色，有纵裂的皮孔；嫩枝通常淡灰色，有时带紫色，平滑或有时有黄灰色短柔毛。冬芽狭卵形，带棕色，先端急尖。叶近膜质，椭圆形至长椭圆形，长 5~13 cm，宽 2. 5~6 cm，先端渐尖或急尖，基部钝，宽楔形以至近圆形，上面深绿色，有光泽，初时有柔毛，后渐脱落，下面绿色或粉绿色，有柔毛，且在脉上较多，或无毛，中脉在下面平坦或下陷，有微柔毛，在下面凸起，侧脉纤细，每边 7~10 条，上面稍下陷，下面略凸起，小脉很纤细，连接成不规则的网状；叶柄长 7~15 mm，有时有短柔毛，上面有沟。雄花 1~3 朵腋生，簇生，近无梗，长约 6 mm；花萼钟形，4 裂，偶有 5 裂，裂片卵形，先端急尖，内面有绢毛，边缘有睫毛；花冠壶形，带红色或淡黄色，长约 4 mm，无毛或近无毛，4 裂，裂片近圆形，边缘有睫毛；雄蕊 16 枚，每 2 枚连生成对，腹面 1 枚较短，无毛；花药披针形，长约 3 mm，先端渐尖；药隔两面都有长毛；子房退化；雌花单生，几无梗，淡绿色或带红色；花萼 4 裂，深裂至中部，外面下部有粗伏毛，内面基部有棕色绢毛，裂片卵形，长约 4 mm，先端急尖，边缘有睫毛；花冠壶形，长约 6 mm，4 裂，偶有 5 裂，裂片近圆形，长约 3 mm，反曲；退化雄蕊 8 枚，着生花冠基部，长约 2 mm，有白色粗毛；子房除顶端外无毛，8 室；花柱 4，有时基部有白色长粗毛。果近球形或椭圆形，直径 1~2 cm，初熟时为淡黄色，后则变为蓝黑色，常被有白色薄蜡层，8 室；种子长圆形，长约 1 cm，宽约 6 mm，褐色，侧扁，背面较厚；宿存萼 4 裂，深裂至中部，裂片卵形，长约 6 mm，先端钝圆。花期 5~6 月，果期 10~11 月。

生长环境 生长在海拔 1 500 m 以下的沿溪涧河滩、阴湿山坡地的林中、山地、山坡、山谷的灌丛中，或在林缘。

绿化用途 树干挺直，树冠圆整，广泛栽植作庭园树或行道树。

山矾科

白檀

学名 *Symplocos paniculata*（Thunb.）Miq.

俗名 乌子树、碎米子树。

科属 山矾科山矾属。

形态特征 落叶灌木或小乔木；嫩枝有灰白色柔毛，老枝无毛。叶膜质或薄纸质，阔倒卵形、椭圆状倒卵形或卵形，长 3~11 cm，宽 2~4 cm，先端急尖或渐尖，基部阔楔形或近圆形，边缘有细尖锯齿，叶面无毛或有柔毛，叶背通常有柔毛或仅脉上有柔毛；中脉在叶面凹下，侧脉在叶面平坦或微凸起，每边 4~8 条；叶柄长 3~5 mm。圆锥花序长 5~8 cm，通常有柔毛；苞片早落，通常条形，有褐色腺点；花萼长 2~3 mm，萼筒褐色，无毛或有疏柔毛，裂片半圆形或卵形，稍长于萼筒，淡黄色，有纵脉纹，边缘有毛；花冠白色，长 4~5 mm，5 深裂几达基部；雄蕊 40~60 枚，子房 2 室，花盘具 5 凸起的腺点。核果熟时蓝色，卵状球形，稍偏斜，长 5~8 mm，顶端宿萼裂片直立。

生长环境 生长在海拔 760~2 500 m 的山坡、路边、疏林或密林中。喜温暖湿润的气候和深厚肥沃的沙质壤土，喜光也稍耐阴。深根性树种，适应性强，耐寒，抗干旱、耐瘠薄，以河溪两岸、村边地头生长最为良好。

绿化用途 树形优美，枝叶秀丽，春日白花，秋结蓝果，是良好的园林绿化点缀树种。开花繁茂，白花蓝果，甚是好看，尤其是早春飘散着阵阵花香，不是桂花胜似桂花，是极具开发前景的园林栽培观赏树种。作花篱或植于林缘、路边均宜。

木樨科

流苏树

学名 *Chionanthus retusus* Lindl. et Paxt.

俗名 萝卜丝花、牛筋子、乌金子。

科属 木樨科流苏树属。

形态特征 落叶灌木或乔木，高可达 20 m。小枝灰褐色或黑灰色，圆柱形，开展，无毛，幼枝淡黄色或褐色，疏被或密被短柔毛。叶片革质或薄革质，长圆形、椭圆形或圆形，有时卵形或倒卵形至倒卵状披针形，长 3~12 cm，宽 2~6.5 cm，先端圆钝，有时凹入或锐尖，基部圆或宽楔形至楔形，稀浅心形，全缘或有小锯齿，叶缘稍反卷，幼时上面沿脉被长柔毛，下面密被或疏被长柔毛，叶缘具睫毛，老时上面沿脉被柔毛，下面沿脉密被长柔毛，稀被疏柔毛，其余部分疏被长柔毛或近无毛，中脉在上面凹入，下面凸起，侧脉3~5对，两面微凸起或上面微凹入，细脉在两面常明显微凸起；叶柄长0.5~2 cm，密被黄色卷曲柔毛。聚伞状圆锥花序，长3~12 cm，顶生于枝端，近无毛；苞片线形，长2~10 mm，疏被或密被柔毛，花长1.2~2.5 cm，单性而雌雄异株或为两性花；花梗长0.5~2 cm，纤细，无毛；花萼长1~3 mm，4深裂，裂片尖三角形或披针形，长0.5~2.5 mm；花冠白色，4深裂，裂片线状倒披针形，长1.5~2.5 cm，宽0.5~3.5 mm，花冠管短，长1.5~4 mm；雄蕊藏于管内或稍伸出，花丝长在0.5 mm之下，花药长卵形，长1.5~2 mm，药隔突出；子房卵形，长1.5~2 mm，柱头球形，稍2裂。果椭圆形，被白粉，长1~1.5 cm，径6~10 mm，呈蓝黑色或黑色。花期3~6月，果期6~11月。

生长环境 喜光，不耐荫蔽，耐寒，耐旱，忌积水，生长速度较慢，寿命长，耐瘠薄，对土壤要求不严格，以在肥沃、通透性好的沙壤土上生长最好，有一定的耐盐碱能力，在pH8.7、含盐量0.2%的轻度盐碱土上能正常生长，未见任何不良反应。喜光，也较耐阴，喜温暖气候。喜欢中性及微酸性土壤，耐干旱瘠薄，不耐水涝。生长在海拔3 000 m以下的稀疏混交林中或灌丛中，或山坡、河边。

绿化用途 适应性强，寿命长，成年树植株高大优美、枝叶繁茂，花期如雪压树，且花形纤细，秀丽可爱，气味芳香，是优良的园林观赏树种，不论点缀、群植、列植均具很好的观赏效果。既可于草坪中数株丛植，也宜于路旁、林缘、水畔、建筑物周围散植。生长缓慢，尺度宜人，培养成单干苗，作小路的行道树，效果也不错；适合以常绿树作背景衬托，效果更好。还可以进行盆栽，制作盆景。

金钟花

学名 *Forsythia viridissima* Lindl.

俗名 连翘、黄金条。

科属 木樨科连翘属。

形态特征 落叶灌木，高可达3 m，全株除花萼裂片边缘具睫毛外，其余均无毛。枝棕褐色或红棕色，直立，小枝绿色或黄绿色，呈四棱形，皮孔明显，具片状髓。叶片长椭圆形至披针形，或倒卵状长椭圆形，长3.5~15 cm，宽1~4 cm，先端锐尖，基部楔形，通常上半部具不规则锐锯齿或粗锯齿，稀近全缘，上面深绿色，下面淡绿色，两面无毛，中脉和侧脉在上面凹入，下面凸起；叶柄长6~12 mm。花1~3朵着生于叶腋，先于叶开放；花梗长3~7 mm；花萼长3.5~5 mm，裂片绿色，卵形、宽卵形或宽长圆形，长2~4 mm，具睫毛；花冠深黄色，长1.1~2.5 cm，花冠管长5~6 mm，裂片狭长圆形至长圆形，长0.6~1.8 cm，宽3~8 mm，内面基部具橘黄色条纹，反卷；在雄蕊长3.5~5 mm的花中，雌蕊长5.5~7 mm，在雄蕊长6~7 mm的花中，雌蕊长约3 mm。果卵形或宽卵形，长1~1.5 cm，宽0.6~1 cm，基部稍圆，先端喙状渐尖，具皮孔；果梗长3~7 mm。花期3~4月，果期8~11月。

生长环境 金钟花多生长在海拔500~1 000 m的沟谷、林缘与灌木丛中。喜光照，又耐半阴，还耐热，耐寒，耐旱，耐湿；在温暖湿润、背风面阳处生长良好。

绿化用途 枝条拱形展开，早春先花后叶，满枝金黄，艳丽可爱，宜植于草坪、角隅、岩石假山下，或在路边、阶前作基础栽培。先花后叶，花繁争艳，是早春观赏花木，可与多种花卉及灌木搭配栽植，也可孤植、丛植，或作花篱。对氧化硫、氟化氢气体有较强抗性，并可吸收有害气体。

白蜡树

学名 *Fraxinus chinensis* Roxb.

俗名 青榔木、白荆树、梣。

科属 木樨科梣属。

形态特征 落叶乔木，高10~12 m；树皮灰褐色，纵裂。芽阔卵形或圆锥形，被棕色柔毛或腺毛。小枝黄褐色，粗糙，无毛或疏被长柔毛，旋即秃净，皮孔小，不明显。羽状复叶长15~25 cm；叶柄长4~6 cm，基部不增厚；叶轴挺直，上面具浅沟，初时疏被柔毛，旋即秃净；小叶5~7枚，硬纸质，卵形、倒卵状长圆形至披针形，长3~10 cm，宽2~4 cm，顶生小叶与侧生小叶近等大或稍大，先端锐尖至渐尖，基部钝圆或楔形，叶缘具整齐锯齿，上面无毛，下面无毛或有时沿中脉两侧被白色长柔毛，中脉在上面平坦，侧脉8~10对，下面凸起，细脉在两面凸起，明显网结；小叶柄长3~5 mm。圆锥花序顶生或腋生枝梢，长8~10 cm；花序梗长2~4 cm，无毛或被细柔毛，光滑，无皮孔；花雌雄异株；雄花密集，花萼小，钟状，长约1 mm，无花冠，花药与花丝近等长；雌花疏离，花萼大，桶状，长2~3 mm，4浅裂，花柱细长，柱头2裂。翅果匙形，长3~4 cm，宽4~6 mm，上中部最宽，先端锐尖，常呈犁头状，基部渐狭，翅平展，下延至坚果中部，坚果圆柱形，长约1.5 cm；宿存萼紧贴于坚果基部，常在一侧开口深裂。花期4~5月，果期7~9月。

生长环境 生长在海拔800~1 600 m的山地杂木林中。阳性树种，喜光，对土壤的适应性较强，在酸性土、中性土及钙质土上均能生长，耐轻度盐碱，喜湿润、肥沃的沙质和沙壤质土壤。

绿化用途 树枝茂密，绿荫盖地，气质庄重典雅，又可以净化空气，是公园、风景区、城区街道等地最理想的绿化、美化、净化树种。盆景被誉为“活化石”或“盆景之王”，树形优美，盘根错节，苍劲挺秀，观赏价值极高，经常被摆放在客厅，凸显文人之气，增加自然装饰之美。

水曲柳

学名 *Fraxinus mandschurica* Rupr.

俗名 大叶梣、东北梣、白栓。

科属　木樨科梣属。

形态特征　落叶大乔木，高达30 m以上，胸径达2 m；树皮厚，灰褐色，纵裂。冬芽大，圆锥形，黑褐色，芽鳞外侧平滑，无毛，在边缘和内侧被褐色曲柔毛。小枝粗壮，黄褐色至灰褐色，四棱形，节膨大，光滑无毛，散生圆形明显凸起的小皮孔；叶痕节状隆起，半圆形。羽状复叶长25~35 cm；叶柄长6~8 cm，近基部膨大，干后变黑褐色；叶轴上面具平坦的阔沟，沟棱有时呈窄翅状，小叶着生处具关节，节上簇生黄褐色曲柔毛或秃净；小叶7~11枚，纸质，长圆形至卵状长圆形，长5~20 cm，宽2~5 cm，先端渐尖或尾尖，基部楔形至钝圆，稍歪斜，叶缘具细锯齿，上面暗绿色，无毛或疏被白色硬毛，下面黄绿色，沿脉被黄色曲柔毛，至少在中脉基部簇生密集的曲柔毛，中脉在上面凹入，下面凸起，侧脉10~15对，细脉甚细，在下面明显网结；小叶近无柄。圆锥花序生于去年生枝上，先叶开放，长15~20 cm；花序梗与分枝具窄翅状锐棱；雄花与两性花异株，既无花冠也无花萼；雄花序紧密，花梗细而短，长3~5 mm，雄蕊2枚，花药椭圆形，花丝甚短，开花时迅速伸长；两性花序稍松散，花梗细而长，两侧常着生2枚雄蕊，子房扁而宽，花柱短，柱头2裂。翅果大而扁，长圆形至倒卵状披针形，长3~3.5 cm，宽6~9 mm，中部最宽，先端钝圆、截形或微凹，翅下延至坚果基部，明显扭曲，脉棱凸起。花期4月，果期8~9月。

生长环境　生长在海拔700~2 100 m的山坡疏林中或河谷平缓山地。

绿化用途　树形圆阔、高大挺拔，适应性强，具有耐严寒、抗干旱、抗烟尘和病虫害能力，是优良的绿化和观赏树种。

大叶白蜡

学名　*Fraxinus rhynchophylla*

俗名　花曲柳、大叶梣。

科属　木樨科白蜡树属。

形态特征　落叶乔木。高8~15 m。树皮褐灰色，一年生枝条褐绿色，后变灰褐色，光滑，老时浅裂。芽广卵形，密被黄褐色茸毛或无毛。叶对生，奇数羽状复叶，小叶3~7，多为5，大型，广卵形、长卵形或椭圆状倒卵形；长5~15 cm；顶端中央小叶特大，基部楔形或阔楔形，先端尖或钝尖，边缘有浅而粗的钝锯齿，下面脉上有褐毛，叶基下延，微呈翅状或与小叶柄结合。圆锥花序顶生于当年枝先端或叶腋；萼钟状或杯状；无花冠。翅果倒披针状，多变化，先端钝或凹，或有小尖。花期5月，果期8~9月。

生长环境　喜光，耐寒。对土壤要求不严格。以肥沃、疏松、排水好的土壤为佳。

绿化用途　果形独特美观，可用作庭荫树、行道树或风景林。

探春花

学名　*Jasminum floridum* Bunge

俗名 迎夏、鸡蛋黄、牛虱子。

科属 木樨科素馨属。

形态特征 直立或攀缘灌木，高0.4~3 m。小枝褐色或黄绿色，当年生枝草绿色，扭曲，四棱，无毛。叶互生，复叶，小叶3枚或5枚，稀7枚，小枝基部常有单叶；叶柄长2~10 mm；叶片和小叶片上面光亮，干时常具横皱纹，两面无毛，稀沿中脉被微柔毛；小叶片卵形、卵状椭圆形至椭圆形，稀倒卵形或近圆形，长0.7~3.5 cm，宽0.5~2 cm，先端急尖，具小尖头，稀钝或圆形，基部楔形或圆形，中脉在上面凹入，下面凸起，侧脉不明显；顶生小叶片常稍大，具小叶柄，长0.2~1.2 cm，侧生小叶片近无柄；单叶通常为宽卵形、椭圆形或近圆形，长1~2.5 cm，宽0.5~2 cm。聚伞花序或伞状聚伞花序顶生，有花3~25朵；苞片锥形，长3~7 mm；花梗缺或长达2 cm；花萼具5条突起的肋，无毛，萼管长1~2 mm，裂片锥状线形，长1~3 mm；花冠黄色，近漏斗状，花冠管长0.9~1.5 cm，裂片卵形或长圆形，长4~8 mm，宽3~5 mm，先端锐尖，稀圆钝，边缘具纤毛。果长圆形或球形，长5~10 mm，宽5~10 mm，成熟时黑色。花期5~9月，果期9~10月。

生长环境 生长在海拔2 000 m以下的坡地、山谷或林中。喜温暖、湿润，喜阳光充足，较耐热，不耐寒，对土壤适应性较广，以肥沃、疏松、排水良好的土壤环境为佳。

绿化用途 株态优美，叶丛翠绿，4~5月开花，花色金黄，清香四溢，适用于造景布置和盆栽，瓶插水养可生根，花期可持续月余，也是盆景的理想材料。

迎春花

学名 *Jasminum nudiflorum* Lindl.

俗名 小黄花、金腰带、黄梅。

科属 木樨科素馨属。

形态特征 落叶灌木，直立或匍匐，高0.3~5 m，枝条下垂。枝稍扭曲，光滑无毛，小枝四棱形，棱上多少具狭翼。叶对生，三出复叶，小枝基部常具单叶；叶轴具狭翼，叶柄长3~10 mm，无毛；叶片和小叶片幼时两面稍被毛，老时仅叶缘具睫毛；小叶片卵形、长卵形或椭圆形、狭椭圆形，稀倒卵形，先端锐尖或钝，具短尖头，基部楔形，叶缘反卷，中脉在上面微凹入，下面凸起，侧脉不明显；顶生小叶片较大，长1~3 cm，宽0.3~1.1 cm，无柄或基部延伸成短柄，侧生小叶片长0.6~2.3 cm，宽0.2~11 cm，无柄；单叶为卵形或椭圆形，有时近圆形，长0.7~2.2 cm，宽0.4~1.3 cm。花单生于去年生小枝的叶腋，稀生于小枝顶端；苞片小叶状，披针形、卵形或椭圆形，长3~8 mm，宽1.5~4 mm；花梗长2~3 mm；花萼绿色，裂片5~6枚，窄披针形，长4~6 mm，宽1.5~2.5 mm，先端锐尖；花冠黄色，径2~2.5 cm，花冠管长0.8~2 cm，基部直径1.5~2 mm，向上渐扩大，裂片5~6枚，长圆形或椭圆形，长0.8~1.3 cm，宽3~6 mm，先端锐尖或圆钝。花期6月。

生长环境 生长在海拔800~2 000 m的山坡灌丛中，喜光，稍耐阴，略耐寒，怕涝，可露地越冬，适宜温暖而湿润的气候，疏松肥沃和排水良好的沙质土，在酸性土上的生长旺盛，在碱性土上生长不良。根部萌发力强。

绿化用途 枝条披垂，冬末至早春先花后叶，花色金黄，叶丛翠绿。配植在湖边、溪畔、桥头、墙隅，或在草坪、坡地、房屋周围也可栽植，可作早春观花。绿化效果突出，体现速度快，栽植当年即有良好的绿化效果。

女贞

学名 *Ligustrum lucidum* Ait.

俗名 大叶女贞、冬青。

科属 木樨科女贞属。

形态特征 灌木或乔木，高可达 25 m；树皮灰褐色。枝黄褐色、灰色或紫红色，圆柱形，疏生圆形或长圆形皮孔。叶片常绿，革质，卵形、长卵形或椭圆形至宽椭圆形，长 6~17 cm，宽 3~8 cm，先端锐尖至渐尖或钝，基部圆形或近圆形，有时宽楔形或渐狭，叶缘平坦，上面光亮，两面无毛，中脉在上面凹入，下面凸起，侧脉 4~9 对，两面稍凸起或有时不明显；叶柄长 1~3 cm，上面具沟，无毛。圆锥花序顶生，长 8~20 cm，宽 8~25 cm；花序梗长 0~3 cm；花序轴及分枝轴无毛，紫色或黄棕色，果时具棱；花序基部苞片常与叶同型，小苞片披针形或线形，长 0. 5~6 cm，宽 0. 2~1. 5 cm，凋落；花无梗或近无梗，长不超过 1 mm；花萼无毛，长 1. 5~2 mm，齿不明显或近截形；花冠长 4~5 mm，花冠管长 1. 5~3 mm，裂片长 2~2. 5 mm，反折；花丝长 1. 5~3 mm，花药长圆形，长 1~1. 5 mm；花柱长 1. 5~2 mm，柱头棒状。果肾形或近肾形，长 7~10 mm，径 4~6 mm，深蓝黑色，成熟时呈红黑色，被白粉；果梗长 0~5 mm。花期 5~7 月，果期 7 月至第 2 年 5 月。

生长环境 生长在海拔 2 900 m 以下的疏密林中。耐寒性好，耐水湿，喜温暖湿润气候，喜光、耐阴。为深根性树种，须根发达，生长快，萌芽力强，耐修剪，不耐瘠薄。对大气污染的抗性较强，对二氧化硫、氯气、氟化氢均有较强抗性，也能忍受粉尘、烟尘污染。对土壤要求不严格，以沙质壤土或黏质壤土栽培为宜，在红、黄壤土上也能生长。

绿化用途 四季婆娑，枝干扶疏，枝叶茂密，树形整齐，是园林绿化中常用的观赏树种，可于庭院孤植或丛植，亦可作为行道树。适应性强，生长快又耐修剪，也用作绿篱，一般经过 3~4 年即可成形，达到隔离效果。还可作为砧木，嫁接繁殖桂花、丁香、金叶女贞。

水蜡

学名 *Ligustrum obtusifolium* Sieb. et Zucc.

俗名 钝叶女贞、钝叶水蜡树。

科属 木樨科女贞属。

形态特征 落叶多分枝灌木，高 2~3 m；树皮暗灰色。小枝淡棕色或棕色，圆柱形，被较密微柔毛或短柔毛。叶片纸质，披针状长椭圆形、长椭圆形、长圆形或倒卵状长椭圆形，长 1.5~6 cm，宽 0.5~2.2 cm，先端钝或锐尖，有时微凹而具微尖头，萌发枝上叶较大，长圆状披针形，先端渐尖，基部均为楔形或宽楔形，两面无毛，稀疏被短柔毛或仅沿下面中脉疏被短柔毛，侧脉 4~7 对，在上面微凹入，下面略凸起，近叶缘处不明显网结；叶柄长 1~2 mm，无毛或被短柔毛。圆锥花序着生于小枝顶端，长 1.5~4 cm，宽 1.5~2.5 cm；花序轴、花梗、花萼均被微柔毛或短柔毛；花梗长 0~2 mm；花萼长 1.5~2 mm，截形或萼齿呈浅三角形；花冠管长 3.5~6 mm，裂片狭卵形至披针形，长 2~4 mm；花药披针形，长约 2.5 mm，短于花冠裂片或达裂片的 1/2 处；花柱长 2~3 mm。果近球形或宽椭圆形，长 5~8 mm，径 4~6 mm。花期 5~6 月，果期 8~10 月。

生长环境 生长在海拔 60~600 m 的山坡、山沟石缝、山涧林下和田边、水沟旁。喜光，稍耐阴，较耐寒。对土壤要求不严格，喜肥沃湿润土壤。

绿化用途 落叶灌木，耐修剪，易整理，其抗性较强，能吸收有害气体，是行道树、园林树及盆景的优良树种，又是优良的绿篱和塑形树种。是北方地区公园、街道、学校、机关单位等园林绿化优良树种，广泛栽植观赏。

小叶女贞

学名 *Ligustrum quihoui* Carr.

俗名 小叶冬青、小白蜡、小叶水蜡。

科属 木樨科女贞属。

形态特征 落叶灌木，高 1~3 m。小枝淡棕色，圆柱形，密被微柔毛，后脱落。叶片薄革质，形状和大小变异较大，披针形、长圆状椭圆形、椭圆形、倒卵状长圆形至倒披针形或倒卵形，长 1~4 cm，宽 0.5~2 cm，先端锐尖、钝或微凹，基部狭楔形至楔形，叶缘反卷，上面深绿色，下面淡绿色，常具腺点，两面无毛，稀沿中脉被微柔毛，中脉在上面凹入，下面凸起，侧脉 2~6 对，不明显，在上面微凹入，下面略凸起，近叶缘处网结不明显；叶柄长 0~5 mm，无毛或被微柔毛。圆锥花序顶生，近圆柱形，长 4~15 cm，宽 2~4 cm，分枝处常有 1 对叶状苞片；小苞片卵形，具睫毛；花萼无毛，长 1.5~2 mm，萼齿宽卵形或钝三角形；花冠长 4~5 mm，花冠管长 2.5~3 mm，裂片卵形或椭圆形，长 1.5~3 mm，先端钝；雄蕊伸出裂片外，花丝与花冠裂片近等长或稍长。果倒卵形、宽椭圆形或近球形，长 5~9 mm，径 4~7 mm，呈紫黑色。花期 5~7 月，果期 8~11 月。

生长环境 喜光照，稍耐阴，较耐寒，华北地区可露地栽培；对二氧化硫、氯气等有毒气体有较好的抗性。性强健，耐修剪，萌发力强。生长在海拔 100~2 500 m 的沟边、路旁或河边灌丛中，或山坡。

绿化用途 主要作绿篱栽植，其枝叶紧密、圆整，庭院中常栽植观赏；抗多种有毒气体，是优良的抗污染树种。为园林绿化中重要的绿篱材料，亦可作桂花、丁香等树的砧木。

小蜡

学名 *Ligustrum sinense* Lour.

俗名 山指甲、小蜡树、小叶女贞。

科属 木樨科女贞属。

形态特征 落叶灌木或小乔木，高 2~4 m。小枝圆柱形，幼时被淡黄色短柔毛或柔毛，老时近无毛。叶片纸质或薄革质，卵形、椭圆状卵形、长圆形、长圆状椭圆形至披针形，或近圆形，长 2~7 cm，宽 1~3 cm，先端锐尖、短渐尖至渐尖，或钝而微凹，基部宽楔形至近圆形，或为楔形，上面深绿色，疏被短柔毛或无毛，或仅沿中脉被短柔毛，下面淡绿色，疏被短柔毛或无毛，常沿中脉被短柔毛，侧脉 4~8 对，上面微凹入，下面略凸起；叶柄长 28 mm，被短柔毛。圆锥花序顶生或腋生，塔形，长 4~11 cm，宽 3~8 cm；花序轴被较密淡黄色短柔毛或柔毛以至近无毛；花梗长 1~3 mm，被短柔毛或无毛；花萼无毛，长 1~1.5 mm，先端呈截形或呈浅波状齿；花冠长 3.5~5.5 mm，花冠管长 1.5~2.5 mm，裂片长圆状椭圆形或卵状椭圆形，长 2~4 mm；花丝与裂片近等长或长于裂片，花药长圆形，长约 1 mm。果近球形，径 5~8 mm。花期 3~6 月，果期 9~12 月。

生长环境 生长在海拔 200~2 600 m 的山坡、山谷、溪边、河旁、路边的密林、疏林或混交林中。喜光，喜温暖或高温湿润气候，生活力强，生长地全日照或半日照均能正常生长，耐寒，较耐瘠薄，耐修剪，不耐水湿，土质以肥沃的沙质壤土为佳。

绿化用途 树冠分枝茂密，盛花期，花开满树，如皑皑白雪，是优美的木本花卉和园林风景树。枝叶稠密，耐修剪整形，适宜作绿篱、绿墙和隐蔽遮挡作绿屏。配植在树丛、林缘、溪边、池畔，在山石小品中作衬托树种，老干古根，虬曲多姿，常为树桩盆景制作者喜爱。

桂花

学名 *Osmanthus fragrans*（Thunb.）Loureiro

俗名 岩桂、木樨、九里香。

科属 木樨科木樨属。

形态特征 常绿，高 3~5 m，最高可达 18 m；树皮灰褐色。小枝黄褐色，无毛。叶片革质，椭圆形、长椭圆形或椭圆状披针形，长 7~14.5 cm，宽 2.6~4.5 cm，先端渐尖，基部渐狭呈楔形或宽楔形，全缘或通常上半部具细锯齿，两面无毛，腺点在两面连成小水泡状突起，中脉在上面凹入，下面凸起，侧脉 6~8 对，多达 10 对，在上面凹入，下面凸起；叶柄长 0.8~1.2 cm，最长可达 15 cm，无毛。聚伞花序簇生于叶腋，或近于帚状，每腋内有花多朵；苞片宽卵形，质厚，长 2~4 mm，具小尖头，无毛；花梗细弱，长 4~10 mm，无毛；花极芳香；花萼长约 1 mm，裂片稍不整齐；花冠黄白色、淡黄色、黄色或橘红色，长 3~4 mm，花冠管仅长 0.5~1 mm；雄蕊着生于花冠管中部，花丝极短，长约

0.5 mm，花药长约 1 mm，药隔在花药先端稍延伸呈不明显的小尖头；雌蕊长约 1.5 mm，花柱长约 0.5 mm。果歪斜，椭圆形，长 1~1.5 cm，呈紫黑色。花期 9 月至 10 月上旬，果期第 2 年 3 月。有生长势强、枝干粗壮、叶形较大、叶表粗糙、叶色墨绿、花色橙红的丹桂；有长势中等、叶表光滑、叶缘具锯齿、花呈乳白色的银桂，且花朵茂密，香味甜郁；有生长势较强、叶表光滑、叶缘稀疏锯齿或全缘、花呈淡黄色，花朵稀疏、淡香，除秋季 9~10 月与上列品种同时开花外，还可每 2 个月或 3 个月又开一次。丹桂和四季桂果实为紫黑色核果，俗称桂子。桂花实生苗有明显的主根，根系发达深长。幼根浅黄褐色，老根黄褐色。

生长环境　喜温暖湿润气候，抗逆性强，耐高温，较耐寒。性好湿润，忌积水，也有一定的耐干旱能力。对土壤的要求不太严，除碱性土和低洼地或过于黏重、排水不畅的土壤外，一般均可生长，以土层深厚、疏松肥沃、排水良好的微酸性沙质壤土最为适宜。对氯气、二氧化硫、氟化氢等有害气体都有一定的抗性，有较强的吸滞粉尘的能力，常用于城市及工矿区。

绿化用途　终年常绿，枝繁叶茂，秋季开花，芳香四溢，可谓“独占三秋压群芳”。在园林绿化中应用普遍，孤植、对植，也有成丛成林栽种。在园林绿化中，桂花常与建筑物、山石相配，以丛生灌木型的植株植于亭台楼阁附近。旧式庭园常用对植，古称“双桂当庭”或“双桂留芳”。

小叶巧玲花

学名　*Syringa pubescens* subsp. *microphylla*（Diels）M. C. Chang & X. L. Chen

俗名　小叶丁香、四季丁香、菘萝茶。

科属　木樨科丁香属。

形态特征　落叶灌木。高约 2.5 m。小枝、花序轴近圆柱形，连同花梗、花萼呈紫色，被微柔毛或短柔毛，稀密被短柔毛或近无毛；叶片卵形、椭圆状卵形至披针形或近圆形、倒卵形，下面疏被或密被短柔毛、柔毛或近无毛。花冠紫红色，盛开时外面呈淡紫红色，内带白色，长 0.8~1.7 cm，花冠管近圆柱形，长 0.6~1.3 cm，裂片长 2~4 mm；花药紫色或紫黑色，着生于距花冠管喉部 0~3 mm 处。花期 5~6 月，栽培的每年开花 2 次，第一次春季，第二次 8~9 月，故称“四季丁香”，果期 7~9 月。

生长环境　生长在海拔 500~3 400 m 的山坡灌丛或疏林中，山谷林下、林缘或河边，山顶草地或石缝间。

绿化用途　花序较大，花开繁茂，花色淡雅，清香怡人，是园林绿化的优选树种，尤其是绿篱绿化，被广泛使用。

紫丁香

学名　*Syringa oblata* Lindl.

俗名　丁香、百结、龙梢子。

科属　木樨科丁香属。

形态特征　灌木或小乔木，高可达 5 m；树皮灰褐色或灰色。小枝、花序轴、花梗、苞片、花萼、幼叶两面以及叶柄均无毛而密被腺毛。小枝较粗，疏生皮孔。叶片革质或厚纸质，卵圆形至肾形，宽常大于长，长 2~14 cm，宽 2~15 cm，先端短凸尖至长渐尖或锐尖，基部心形、截形至近圆形，或宽楔形，上面深绿色，下面淡绿色；萌枝上叶片常呈长卵形，先端渐尖，基部截形至宽楔形；叶柄长 1~3 cm。圆锥花序直立，由侧芽抽生，近球形或长圆形，长 4~16 cm，宽 3~7 cm；花梗长 0. 5~3 mm；花萼长约 3 mm，萼齿渐尖、锐尖或钝；花冠紫色，长 1. 1~2 cm，花冠管圆柱形，长 0. 8~1. 7 cm，裂片呈直角开展，卵圆形、椭圆形至倒卵圆形，长 3~6 mm，宽 3~5 mm，先端内弯略呈兜状或不内弯；花药黄色，位于距花冠管喉部 0~4 mm 处。果倒卵状椭圆形、卵形至长椭圆形，长 1~1. 5 cm，宽 4~8 mm，先端长渐尖，光滑。花期 4~5 月，果期 6~10 月。

生长环境　生长在海拔 300~2 400 m 的山坡丛林、山沟溪边、山谷路旁及滩地水边。庭园普遍栽培。喜温暖、湿润及阳光充足，很多种类也具有一定耐寒力。落叶后萌动前裸根移植，选土壤肥沃、排水良好的向阳处种植。喜光，稍耐阴，阴处或半阴处生长衰弱，开花稀少。喜温暖、湿润，有一定的耐寒性和较强的耐旱力。对土壤的要求不严格，耐瘠薄，喜肥沃、排水良好的土壤，忌在低洼地种植。

绿化用途　花芬芳袭人，为著名的观赏花木之一。园林绿化中广为栽植，占有重要位置。可植于建筑物的南向窗前，开花时，清香入室，沁人肺腑。植株丰满秀丽，枝叶茂密，广泛栽植于庭园、机关、厂矿、居民区等地，散植于园路两旁、草坪之中，也可盆栽，促成栽培、切花等用。

茉莉花

学名　*Jasminum sambac*（L.）Aiton

俗名　茉莉。

科属　木樨科素馨属。

形态特征　直立或攀缘灌木，高达 3 m。小枝圆柱形或稍压扁状，有时中空，疏被柔毛。叶对生，单叶，叶片纸质，圆形、椭圆形、卵状椭圆形或倒卵形，长 4~12. 5 cm，宽 2~7. 5 cm，两端圆或钝，基部有时微心形，侧脉 4~6 对，在上面稍凹入或凹起，下面凸起，细脉在两面常明显，微凸起，除下面脉腋间常具簇毛外，其余无毛；叶柄长 2~6 mm，被短柔毛，具关节。聚伞花序顶生，通常有花 3 朵，有时单花或多达 5 朵；花序梗长 1~4. 5 cm，被短柔毛；苞片微小，锥形，长 4~8 mm；花梗长 0. 3~2 cm；花极芳香；花萼无毛或疏被短柔毛，裂片线形，长 5~7 mm；花冠白色，花冠管长 0. 7~1. 5 cm，裂片长圆形至近圆形，宽 5~9 mm，先端圆或钝。果球形，径约 1 cm，呈紫黑色。花期 5~8 月，果期 7~9 月。

生长环境　喜温暖湿润，在通风良好、半阴的环境生长最好。土壤以含有大量腐殖质的微酸性沙质土壤为最适合。

绿化用途 花叶色翠绿，花色洁白，香味浓厚，为常见庭园及盆栽观赏芳香花卉。多用盆栽，点缀室容，清雅宜人，还可加工成花环等装饰品。

连翘

学名 *Forsythia suspensa*（Thunb.）Vahl

俗名 黄花杆、黄寿丹。

科属 木樨科连翘属。

形态特征 落叶灌木。枝开展或下垂，棕色、棕褐色或淡黄褐色，小枝土黄色或灰褐色，略呈四棱形，疏生皮孔，节间中空，节部具实心髓。叶通常为单叶，或3裂至3出复叶，叶片卵形、宽卵形或椭圆状卵形至椭圆形，长2~10 cm，宽1.5~5 cm，先端锐尖，基部圆形、宽楔形至楔形，叶缘除基部外具锐锯齿或粗锯齿，上面深绿色，下面淡黄绿色，两面无毛；叶柄长0.8~1.5 cm，无毛。花通常单生或2朵至数朵着生于叶腋，先于叶开放；花梗长5~6 mm；花萼绿色，裂片长圆形或长圆状椭圆形，长6~7 mm，先端钝或锐尖，边缘具睫毛，与花冠管近等长；花冠黄色，裂片倒卵状长圆形或长圆形，长1.2~2 cm，宽6~10 mm；在雌蕊长5~7 mm的花中，雄蕊长3~5 mm，在雄蕊长6~7 mm的花中，雌蕊长约3 mm。果卵球形、卵状椭圆形或长椭圆形，长1.2~2.5 cm，宽0.6~1.2 cm，先端喙状渐尖，表面疏生皮孔；果梗长0.7~1.5 cm。花期3~4月，果期7~9月。

生长环境 喜光，有一定程度的耐阴性；喜温暖、湿润气候，也很耐寒；耐干旱瘠薄，怕涝；不择土壤，在中性、微酸性或碱性土壤上均能正常生长。在干旱阳坡或有土的石缝，甚至在基岩或紫色砂页岩的风化母质上都能生长。连翘根系发达，虽主根不太显著，其侧根都较粗而长，须根众多，广泛伸展于主根周围，大大增强了吸收和固土能力。

绿化用途 树姿优美、生长旺盛。早春先叶开花，花期长、花量多，盛开时满枝金黄，芬芳四溢，令人赏心悦目，是早春优良的观花灌木，可以做成花篱、花丛、花坛等，在绿化方面应用广泛，是园林绿化优良树种。

玄参科

大叶醉鱼草

学名 *Buddleja davidii* Franch.

俗名 紫花醉鱼草、大蒙花、酒药花。

科属 玄参科醉鱼草属。

形态特征 灌木，高1~5 m。小枝外展而下弯，略呈四棱形；幼枝、叶片下面、叶柄和花序均密被灰白色星状短茸毛。叶对生，叶片膜质至薄纸质，狭卵形、狭椭圆形至卵状披针形，稀宽卵形，长1~20 cm，宽0.3~7.5 cm，顶端渐尖，基部宽楔形至钝，有时下延至叶柄基部，边缘具细锯齿，上面深绿色，被疏星状短柔毛，后变无毛；侧脉每边9~14条，上面扁平，下面微凸起；叶柄长1~5 mm；叶柄间具有2枚卵形或半圆形的托叶，有时托叶早落。总状或圆锥状聚伞花序，顶生，长4~30 cm，宽2~5 mm；花梗长0.5~5 mm；小苞片线状披针形，长2~5 mm；花萼钟状，长2~3 mm，外面被星状短茸毛，后变无毛，内面无毛，花萼裂片披针形，长1~2 mm，膜质；花冠淡紫色，后变黄白色至白色，喉部橙黄色，芳香，长7.5~14 mm，外面被疏星状毛及鳞片，后变光滑无毛，花冠管细长，长6~11 mm，直径1~1.5 mm，内面被星状短柔毛，花冠裂片近圆形，长和宽1.5~3 mm，内面无毛，边缘全缘或具不整齐的齿；雄蕊着生于花冠管内壁中部，花丝短，花药长圆形，长0.8~1.2 mm，基部心形；子房卵形，长1.5~2 mm，直径约1 mm，无毛，花柱圆柱形，长0.5~1.5 mm，无毛，柱头棍棒状，长约1 mm。蒴果狭椭圆形或狭卵形，长5~9 mm，直径1.5~2 mm，2瓣裂，淡褐色，无毛，基部有宿存花萼；种子长椭圆形，长2~4 mm，直径约0.5 mm，两端具尖翅。花期5~10月，果期9~12月。

生长环境 喜光，耐旱、耐瘠薄，耐半阴，忌水涝，深根性，耐粗放管理。喜温暖湿润气候且排水良好的肥沃土壤，植株萌发力及萌蘖力强，极耐修剪。有一定的耐盐碱性，在土壤含盐量0.25%、pH 9的条件下仍能正常生长。抗寒性强，在-20 ℃不受冻害。

绿化用途 叶茂花繁，花序大，花色丰富，花期长，芳香，枝拱曲而细长。可丛植于路旁、墙隅及草坪边缘。夏季开花，花色丰富，是稀有的夏季开花植物。

兰考泡桐

学名 *Paulownia elongata* S. Y. Hu

科属 玄参科泡桐属。

形态特征 乔木，高达10 m以上，树冠宽圆锥形，全体具星状茸毛；小枝褐色，有凸起的皮孔。叶片通常卵状心形，有时具不规则的角，长达34 cm，顶端渐狭长而锐头，基部心形或近圆形，上面毛不久脱落，下面密被无柄的树枝状毛。花序枝的侧枝不发达，故花序呈金字塔形或狭圆锥形，长约30 cm，小聚伞花序的总花梗长8~20 mm，几与花梗等长，有花3~5朵，稀有单花；萼倒圆锥形，长16~20 mm，基部渐狭，分裂至1/3左右成5枚卵状三角形的齿，管部的毛易脱落；花冠漏斗状钟形，紫色至粉白色，长7~9.5 cm，管在基部以上稍弓曲，外面有腺毛和星状毛，内面无毛而有紫色细小斑点，檐部略作2唇形，直径4~5 cm；雄蕊长达25 mm；子房和花柱有腺，花柱长30~35 mm。蒴果卵形，稀卵状椭圆形，长3.5~5 cm，有星状茸毛，宿萼碟状，顶端具长4~5 mm的喙，果皮厚1~2.5 mm；种子连翅长4~5 mm。花期4~5月，果期秋季。

生长环境 喜光、喜肥、怕旱、怕淹。

绿化用途 在花落之后长出叶，叶子密而大，形成的树荫具有很好的隔光效果，是优良的绿化和行道树木。

楸叶泡桐

学名 *Paulownia catalpifolia* Gong Tong

俗名 小叶泡桐、无籽泡桐、山东泡桐。

科属 玄参科泡桐属。

形态特征 大乔木，树冠为高大圆锥形，树干通直。叶片通常长卵状心形，长约为宽的 2 倍，顶端长渐尖，全缘或波状而有角，上面无毛，下面密被星状茸毛。花序枝的侧枝不发达，花序金字塔形或狭圆锥形，长一般在 35 cm 以下，小聚伞花序有明显的总花梗，与花梗近等长；萼浅钟形，在开花后逐渐脱毛，浅裂达 1/3~2/5 处，萼齿三角形或卵圆形；花冠浅紫色，长 7~8 cm，较细，管状漏斗形，内部常密布紫色细斑点，顶端直径不超过 3.5 cm，喉部直径 1.5 cm，基部向前弓曲，檐部 2 唇形。蒴果椭圆形，幼时被星状茸毛，长 4.5~5.5 cm，果皮厚达 3 mm。花期 4 月，果期 7~8 月。

生长环境 耐干旱瘠薄的土壤，适宜山地丘陵或较干旱寒冷地区生长。在深厚、肥沃、湿润而且通气良好的壤土上生长良好。在干燥瘠薄和黏重的土壤上生长不良，且怕水淹。

绿化用途 树态优美，花色彩绚丽鲜艳，叶片可净化空气，有较强的净化空气和抗大气污染的能力，是城市和工矿区绿化的好树种，在植物保护方面也有一定作用。

白花泡桐

学名 *Paulownia fortunei* (Seem.) Hemsl.

俗名 白花桐、泡桐、大果泡桐。

科属 玄参科泡桐属。

形态特征 乔木，高达 30 m，树冠圆锥形，主干直，胸径可达 2 m，树皮灰褐色；幼枝、叶、花序各部和幼果均被黄褐色星状茸毛，但叶柄、叶片上面和花梗渐变无毛。叶片长卵状心形，有时为卵状心形，长达 20 cm，顶端长渐尖或锐尖头，其凸尖长达 2 cm，新枝上的叶有时 2 裂，下面有星毛及腺，成熟叶片下面密被茸毛，有时毛很稀疏至近无毛；叶柄长达 12 cm。花序枝几无或仅有短侧枝，故花序狭长几成圆柱形，长约 25 cm，小聚伞花序有花 3~8 朵，总花梗几与花梗等长，或下部者长于花梗，上部者略短于花梗；萼倒圆锥形，长 2~2.5 cm，花后逐渐脱毛，分裂至 1/4 或 1/3 处，萼齿卵圆形至三角状卵圆形，至果期变为狭三角形；花冠管状漏斗形，白色仅背面稍带紫色或浅紫色，长 8~12 cm，管部在基部以上不突然膨大，而逐渐向上扩大，稍稍向前曲，外面有星状毛，腹部无明显纵褶，内部密布紫色细斑块；雄蕊长 3~3.5 cm，有疏腺；子房有腺，有时具星毛，花柱长约 5.5 cm。蒴果长圆形或长圆状椭圆形，长 6~10 cm，顶端之喙长达 6 mm，宿萼开展或漏斗状，果皮木质，厚 3~6 mm；种子连翅长 6~10 mm。花期 3~4 月，果期 7~

8月。

生长环境 喜光，较耐阴，喜温暖气候，耐寒性不强，对瘠薄土壤有较强的适应性。幼年生长极快，是速生树种。对大气干旱的适应能力较强，对土壤肥力、土层厚度和疏松程度也有较高要求，在黏重的土壤上生长不良。生长在低海拔的山坡、林中、山谷及荒地。

绿化用途 主干端直，冠大荫浓，春天繁花似锦，夏天绿树成荫。适于庭园、公园、街道作庭荫树或行道树。叶大无毛，能吸附尘烟，抗有毒气体，净化空气，适于厂矿绿化。为平原地区粮桐间作和“四旁”绿化的理想树种。

毛泡桐

学名 *Paulownia tomentosa* (Thunb.) Steud.

俗名 紫花桐、冈桐、日本泡桐。

科属 玄参科泡桐属。

形态特征 乔木，高达20 m，树冠宽大伞形，树皮褐灰色；小枝有明显皮孔，幼时常具黏质短腺毛。叶片心形，长达40 cm，顶端锐尖头，全缘或波状浅裂，上面毛稀疏，下面毛密或较疏，老叶下面的灰褐色树枝状毛常具柄和3~12条细长丝状分枝，新枝上的叶较大，其毛常不分枝，有时具黏质腺毛；叶柄常有黏质短腺毛。花序枝的侧枝不发达，长约为中央主枝之半或稍短，故花序为金字塔形或狭圆锥形，长一般在50 cm以下，少有更长，小聚伞花序的总花梗长1~2 cm，几与花梗等长，具花3~5朵；萼浅钟形，长约1.5 cm，外面茸毛不脱落，分裂至中部或裂过中部，萼齿卵状长圆形，在花中锐头或稍钝头至果中钝头；花冠紫色，漏斗状钟形，长5~7.5 cm，在离管基部约5 mm处弓曲，向上突然膨大，外面有腺毛，内面几无毛，檐部2唇形，直径约小5 cm；雄蕊长达2.5 cm；子房卵圆形，有腺毛，花柱短于雄蕊。蒴果卵圆形，幼时密生黏质腺毛，长3~4.5 cm，宿萼不反卷，果皮厚约1 mm；种子连翅长2.5~4 mm。花期4~5月，果期8~9月。

生长环境 生长在海拔1 800 m的地带。较耐干旱与瘠薄，适宜寒冷和干旱地区，主干低矮，生长速度较慢。

绿化用途 速生、轻质用材，可以用于农田林网防护和“四旁”绿化。

醉鱼草

学名 *Buddleja lindleyana* Fortune.

科属 玄参科醉鱼草属。

形态特征 灌木，高1~3 m。茎皮褐色；小枝具四棱，棱上略有窄翅；幼枝、叶片下面、叶柄、花序、苞片及小苞片均密被星状短茸毛和腺毛。叶对生，萌芽枝条上的叶为互生或近轮生，叶片膜质，卵形、椭圆形至长圆状披针形，长3~11 cm，宽1~5 cm，顶端渐尖，基部宽楔形至圆形，边缘全缘或具有波状齿，上面深绿色，幼时被星状短柔毛，后变无毛，下面灰黄绿色；侧脉每边 6~8 条，上面扁平，干后凹陷，下面略凸起；叶柄长 2~15 mm。穗状聚伞花序顶生，长 4~40 cm，宽 2~4 cm；苞片线形，长达 10 mm；小苞片线状披针形，长 2~3.5 mm；花紫色，芳香；花萼钟状，长约 4 mm，外面与花冠外面同被星状毛和小鳞片，内面无毛，花萼裂片宽三角形，长和宽约 1 mm；花冠长 13~20 mm，内面被柔毛，花冠管弯曲，长 11~17 mm，上部直径 2.5~4 mm，下部直径 1~1.5 mm，花冠裂片阔卵形或近圆形，长约 3.5 mm，宽约 3 mm；雄蕊着生于花冠管下部或近基部，花丝极短，花药卵形，顶端具尖头，基部耳状；子房卵形，长 1.5~2.2 mm，直径 1~1.5 mm，无毛，花柱长 0.5~1 mm，柱头卵圆形，长约 1.5 mm。果序穗状；蒴果长圆状或椭圆状，长 5~6 mm，直径 1.5~2 mm，无毛，有鳞片，基部常有宿存花萼；种子淡褐色，小，无翅。花期 4~10 月，果期 8 月至第 2 年 4 月。

生长环境 海拔 200~2 700 m 的山地路旁、河边灌木丛中或林缘。

绿化用途 用于高速公路和城市道路绿化，植株不高，耐修剪，观赏效果好，而且滞尘能力强，适合道路绿化。与林业生态建设相结合，营造大面积生态园林景观。生态适应性强，生长快，观赏价值高，可快速形成优美的生态园林景观。

夹竹桃科

夹竹桃

学名 *Nerium oleander* L.

俗名 红花夹竹桃、柳叶桃树、洋桃。

科属 夹竹桃科夹竹桃属。

形态特征 常绿直立大灌木，高达 5 m，枝条灰绿色，含水液；嫩枝条具棱，被微毛，老时毛脱落。叶 3~4 枚轮生，下枝为对生，窄披针形，顶端急尖，基部楔形，叶缘反卷，长 11~15 cm，宽 2~2.5 cm，叶面深绿，无毛，叶背浅绿色，有多数洼点，幼时被疏微毛，老时毛渐脱落；中脉在叶面陷入，在叶背凸起，侧脉两面扁平，纤细，密生而平行，每边达 120 条，直达叶缘；叶柄扁平，基部稍宽，长 5~8 mm，幼时被微毛，老时毛脱落；叶柄内具腺体。聚伞花序顶生，着花数朵；总花梗长约 3 cm，被微毛；花梗长 7~10 mm；苞片披针形，长 7 mm，宽 1.5 mm；花芳香；花萼 5 深裂，红色，披针形，长 3~4 mm，宽 1.5~2 mm，外面无毛，内面基部具腺体；花冠深红色或粉红色，栽培演变有白色或黄色，花冠为单瓣呈 5 裂时，其花冠为漏斗状，长和直径约 3 cm，其花冠筒圆筒形，上部扩大呈钟形，长 1.6~2 cm，花冠筒内面被长柔毛，花冠喉部具 5 片宽鳞片状副花冠，每片其顶端撕裂，并伸出花冠喉部之外，花冠裂片倒卵形，顶端圆形，长 1.5 cm，宽 1 cm；花冠为重瓣呈 15~18 枚时，裂片组成 3 轮，内轮为漏斗状，外面 2 轮为辐状，分裂至基部或每2~3片基部连合，裂片长2~3.5 cm，宽1~2 cm，每花冠裂片基部具长圆形而顶端撕裂的鳞片；雄蕊着生在花冠筒中部以上，花丝短，被长柔毛，花药箭头状，内藏，与柱头连生，基部具耳，顶端渐尖，药隔延长呈丝状，被柔毛；无花盘；心皮2，离生，被柔毛，花柱丝状，长7~8 mm，柱头近球圆形，顶端凸尖；每心皮有胚珠多颗。蓇葖2，离生，平行或并连，长圆形，两端较窄，长10~23 cm，直径6~10 mm，绿色，无毛，具细纵条纹；种子长圆形，基部较窄，顶端钝、褐色，种皮被锈色短柔毛，顶端具黄褐色绢质种毛；种毛长约1 cm。花期几乎全年，夏秋为最盛；果期一般在冬春季，栽培很少结果。花为白色。花期几乎全年。

生长环境 喜温暖、湿润的气候，耐寒力不强，白花品种比红花品种耐寒力稍强；不耐水湿，宜选择高燥和排水良好的地方栽植，喜光好肥，也能适应较阴的环境，庇荫处栽植花少色淡。萌蘖力强，树体受害后容易恢复。

绿化用途 叶片红花灼灼，胜似桃花，花冠粉红至深红色或白色，有特殊香气，花期为6~10月，是有名的观赏花卉。花有香气，花集中长在枝条的顶端，聚集在一起好似一把张开的伞。花形状像漏斗，花瓣相互重叠，有红色、黄色和白色三种，其中，红色是自然的色彩，白色、黄色是人工长期培育造就的新品种。

络石

学名 *Trachelospermum jasminoides* (Lindl.) Lem.

俗名 石龙藤、万字花、万字茉莉。

科属 夹竹桃科络石属。

形态特征 常绿木质藤本，长达10 m，具乳汁；茎赤褐色，圆柱形，有皮孔；小枝被黄色柔毛，老时渐无毛。叶革质或近革质，椭圆形至卵状椭圆形或宽倒卵形，长2~10 cm，宽1~4.5 cm，顶端锐尖至渐尖或钝，有时微凹或有小凸尖，基部渐狭至钝，叶面无毛，叶背被疏短柔毛，老渐无毛；叶面中脉微凹，侧脉扁平，叶背中脉凸起，侧脉每边6~12条，扁平或稍凸起；叶柄短，被短柔毛，老渐无毛；叶柄内和叶腋外腺体钻形，长约1 mm。二歧聚伞花序腋生或顶生，花多朵组成圆锥状，与叶等长或较长；花白色，芳香；总花梗长2~5 cm，被柔毛，老时渐无毛；苞片及小苞片狭披针形，长1~2 mm；花萼5深裂，裂片线状披针形，顶部反卷，长2~5 mm，外面被有长柔毛及缘毛，内面无毛，基部具10枚鳞片状腺体；花蕾顶端钝，花冠筒圆筒形，中部膨大，外面无毛，内面在喉部及雄蕊着生处被短柔毛，长5~10 mm，花冠裂片长5~10 mm，无毛；雄蕊着生在花冠筒中部，腹部黏生在柱头上，花药箭头状，基部具耳，隐藏在花喉内；花盘环状5裂，与子房等长；子房由2个离生心皮组成，无毛，花柱圆柱状，柱头卵圆形，顶端全缘；每心皮有胚珠多颗，着生于2个并生的侧膜胎座上。蓇葖双生，叉开，无毛，线状披针形，向先端渐尖，长10~20 cm，宽3~10 mm；种子多粒，褐色，线形，长1.5~2 cm，直径约2 mm，顶端具白色绢质种毛；种毛长1.5~3 cm。花期3~7月，果期7~12月。

生长环境 生于山野、溪边、路旁、林缘或杂木林中，常缠绕于树上或攀缘于墙壁、岩石上。对气候的适应性强，耐寒冷，亦耐暑热，忌严寒。喜湿润环境，忌干风吹袭。喜弱光，亦耐烈日高温。攀附墙壁，对土壤的要求不苛，一般肥力中等的黏土及沙壤土均宜，酸性土及碱性土均可生长，较耐干旱，忌水湿，盆栽润湿即可。

绿化用途　在园林绿化中多作地被，或盆栽观赏，芳香花卉，供观赏。喜阳，耐践踏，耐旱，耐热，耐水淹，具有一定的耐寒力。匍匐性、攀爬性较强，可搭配作色带、色块绿化用。

萝藦科

娃儿藤

学名　*Tylophora ovata* (Lindl.) Hook. ex Steud.

俗名　白龙须、藤细辛、落土香。

科属　萝藦科娃儿藤属。

形态特征　攀缘灌木；须根丛生；茎上部缠绕；茎、叶柄、叶的两面、花序梗、花梗及花萼外面均被锈黄色柔毛。叶卵形，长 2.5~6 cm，宽 2~5.5 cm，顶端急尖，具细尖头，基部浅心形；侧脉明显，每边约 4 条。聚伞花序伞房状，丛生于叶腋，通常不规则两歧，着花多朵；花小，淡黄色或黄绿色，直径 5 mm；花萼裂片卵形，有缘毛，内面基部无腺体；花冠辐状，裂片长圆状披针形，两面被微毛；副花冠裂片卵形，贴生于合蕊冠上，背部肉质隆肿，顶端高达花药一半；花药顶端有圆形薄膜片，内弯向柱头；花粉块每室 1 个，圆球状，平展；子房由 2 枚离生心皮组成，无毛；柱头五角状，顶端扁平。蓇葖双生，圆柱状披针形，长 4~7 cm，径 0.7~1.2 cm，无毛；种子卵形，长 7 mm，顶端截形，具白色绢质种毛；种毛长 3 cm。花期 4~8 月，果期 8~12 月。

生长环境　生长在海拔 900 m 以下的山地灌木丛中及山谷或向阳疏密杂树林中。喜温暖和阳光照射，耐阴，也较耐寒。适宜在疏松、肥沃、排水性良好的沙质土上生长。

绿化用途　茎干藤状，节间长，秀叶对生。茎干柔质，具有攀缘缠绕的特性，依物而立，能爬很高。花色美丽，花期特别长，可从春季开到秋季，生长非常旺盛；在自然条件下，可作园林绿化、美化栽培，是垂直绿化的较好植物。

杠柳

学名　*Periploca sepium* Bunge

俗名　羊奶条、山五加皮、香加皮。

科属　萝藦科杠柳属。

形态特征　落叶蔓性灌木，长可达 1.5 m。主根圆柱状，外皮灰棕色，内皮浅黄色。

具乳汁，除花外，全株无毛；茎皮灰褐色；小枝通常对生，有细条纹，具皮孔。叶卵状长圆形，长 5~9 cm，宽 1. 5~2. 5 cm，顶端渐尖，基部楔形，叶面深绿色，叶背淡绿色；中脉在叶面扁平，在叶背微凸起，侧脉纤细，两面扁平，每边 20~25 条；叶柄长约 3 mm。聚伞花序腋生，着花数朵；花序梗和花梗柔弱；花萼裂片卵圆形，长 3 mm，宽 2 mm，顶端钝，花萼内面基部有 10 个小腺体；花冠紫红色，辐状，张开直径 1. 5 cm，花冠筒短，约长 3 mm，裂片长圆状披针形，长 8 mm，宽 4 mm，中间加厚呈纺锤形，反折，内面被长柔毛，外面无毛；副花冠环状，10 裂，其中 5 裂延伸丝状被短柔毛，顶端向内弯；雄蕊着生在副花冠内面，并与其合生，花药彼此黏连并包围着柱头，背面被长柔毛；心皮离生，无毛，每心皮有胚珠多个，柱头盘状凸起；花粉器匙形，四合花粉藏在载粉器内，黏盘黏连在柱头上。蓇葖 2，圆柱状，长 7~12 cm，直径约 5 mm，无毛，具有纵条纹；种子长圆形，长约 7 mm，宽约 1 mm，黑褐色，顶端具白色绢质种毛；种毛长 3 cm。花期 5~6 月，果期 7~9 月。

生长环境 生长在干旱山坡、沟边、沙地、灌丛中，阳性，喜光，耐寒，耐旱，耐瘠薄，耐阴。对土壤适应性强，具有较强的抗风蚀、抗沙埋的能力。

绿化用途 根系发达，具有较强的无性繁殖能力，具有较强的抗旱性，是极好的固沙植物。在防风、固沙、调节林内地表温度等方面作用显著。受到强烈风蚀后，并不因根系裸露而枯死，能继续顽强生长，具有防治水土流失的作用。

紫草科

粗糠树

学名 *Ehretia dicksonii* Hance

俗名 破布子。

科属 紫草科厚壳属。

形态特征 落叶乔木，高约 15 m，胸高直径 20 cm；树皮灰褐色，纵裂；枝条褐色，小枝淡褐色，均被柔毛。叶宽椭圆形、椭圆形、卵形或倒卵形，长 8~25 cm，宽 5~15 cm，先端尖，基部宽楔形或近圆形，边缘具开展的锯齿，上面密生具基盘的短硬毛，极粗糙，下面密生短柔毛；叶柄长 1~4 cm，被柔毛。聚伞花序顶生，呈伞房状或圆锥状，宽 6~9 cm，具苞片或无；花无梗或近无梗；苞片线形，长约 5 mm，被柔毛；花萼长 3. 5~4. 5 mm，裂至近中部，裂片卵形或长圆形，具柔毛；花冠筒状钟形，白色至淡黄色，芳香，长 8~10 mm，基部直径 2 mm，喉部直径 6~7 mm，裂片长圆形，长 3~4 mm，比筒部短；雄蕊伸出花冠外，花药长 1. 5~2 mm，花丝长 3~4. 5 mm，着生花冠筒基部以上 3. 5~5. 5 mm 处；花柱长 6~9 mm，无毛或稀具伏毛，分枝长 1~1. 5 mm。核果黄色，近球形，直径10~15 mm，内果皮成熟时分裂为2个具2粒种子的分核。花期3~5月，果期6~7月。

生长环境 生长在海拔125~2 300 m的山坡疏林及土质肥沃的山脚阴湿处。

绿化用途 叶片上面密被糙伏毛，下面被短柔毛，具有较强的吸附灰尘作用，一些地方已将其纳入城市绿化的优良树种。果实为核果，黄色，近球形，直径2 cm左右，果实成熟时，一串串黄澄澄的小球果挂满枝头，又形成了另一道美丽的景象，蔚为壮观。可栽培供观赏。

厚壳树

学名 *Ehretia acuminata* R. Brown

俗名 大岗茶、松杨。

科属 紫草科厚壳树属。

形态特征 落叶乔木，高达15 m，具条裂的黑灰色树皮；枝淡褐色，平滑，小枝褐色，无毛，有明显的皮孔；腋芽椭圆形，扁平，通常单一。叶椭圆形、倒卵形或长圆状倒卵形，长5~13 cm，宽4~5 cm，先端尖，基部宽楔形，稀圆形，边缘有整齐的锯齿，齿端向上而内弯，无毛或被稀疏柔毛；叶柄长1.5~2.5 cm，无毛。聚伞花序圆锥状，长8~15 cm，宽5~8 cm，被短毛或近无毛；花多数，密集，小形，芳香；花萼长1.5~2 mm，裂片卵形，具缘毛；花冠钟状，白色，长3~4 mm，裂片长圆形，开展，长2~2.5 mm，较筒部长；雄蕊伸出花冠外，花药卵形，长约1 mm，花丝长2~3 mm，着生花冠筒基部以上0.5~1 mm处；花柱长1.5~2.5 mm，分枝长约0.5 mm。核果黄色或橘黄色，直径3~4 mm；核具皱折，成熟时分裂为2个具2粒种子的分核。

生长环境 属于亚热带及温带树种，喜光也稍耐阴，喜温暖、湿润的气候和深厚、肥沃的土壤，耐寒，较耐瘠薄，根系发达，萌蘖性好，耐修剪。

绿化用途 树冠紧凑圆满，枝叶繁茂，春季白花满枝，秋季红果遍树，是美丽的乔木树种。可观花、观果，也可观叶、观树姿，可作行道树和庭院栽植，也可群植和单植。

马鞭草科

紫珠

学名 *Callicarpa bodinieri* Levl.

俗名 爆竹紫、白木姜、大叶鸦鹊饭。

科属 马鞭草科紫珠属。

形态特征 灌木，高约2 m；小枝、叶柄和花序均被粗糠状星状毛。叶片卵状长椭圆形至椭圆形，长 7~18 cm，宽 4~7 cm，顶端长渐尖至短尖，基部楔形，边缘有细锯齿，表面干后暗棕褐色，有短柔毛，背面灰棕色，密被星状柔毛，两面密生暗红色或红色细粒状腺点；叶柄长 0.5~1 cm。聚伞花序宽 3~4.5 cm，4~5 次分歧，花序梗长不超过 1 cm；苞片细小，线形；花柄长约 1 mm；花萼长约 1 mm，外被星状毛和暗红色腺点，萼齿钝三角形；花冠紫色，长约 3 mm，被星状柔毛和暗红色腺点；雄蕊长约 6 mm，花药椭圆形，细小，长约 1 mm，药隔有暗红色腺点，药室纵裂；子房有毛。果实球形，熟时紫色，无毛，径约 2 mm。花期 6~7 月，果期 8~11 月。

生长环境 生长在海拔 200~2 300 m 的林中、林缘及灌丛中。喜温，喜湿，怕风，怕旱，适宜气候条件为年平均温度 15~25 ℃，年降水量 1 000~1 800 mm，土壤以红黄壤为好，在阴凉的环境生长较好。常与马尾松、油茶、毛竹、山竹、映山红、尖叶山茶、山苍子、芭茅、枫香等混生。

绿化用途 株形秀丽，花色绚丽，果实色彩鲜艳，珠圆玉润，犹如一颗颗紫色的珍珠，是既可观花又能赏果的优良花卉品种，常用于园林绿化或庭院栽种，也可盆栽观赏。其果穗还可剪下瓶插或作切花材料。

窄叶紫珠

学名 *Callicarpa membranacea* Chang

科属 马鞭草科紫珠属。

形态特征 灌木，高约 2 m；小枝圆柱形，无毛。叶片质地较薄，倒披针形或披针形，绿色或略带紫色，长 6~10 cm，宽 2~3 cm，两面常无毛，有不明显的腺点，侧脉 6~8 对，边缘中部以上有锯齿；叶柄长不超过 0.5 cm。聚伞花序宽约 1.5 cm，花序梗长约 6 mm；萼齿不显著，花冠长约 3.5 mm，花丝与花冠约等长，花药长圆形，药室孔裂。2~3 次分歧，花序梗长 6~10 mm；花萼杯状，无毛，萼齿钝三角形；花冠白色或淡紫色，长约 3 mm，无毛；果实径约 3 mm。花期 5~6 月，果期 7~10 月。

生长环境 生长在海拔 1 300 m 以下的山坡、溪旁林中或灌丛中。

绿化用途 果实多，亮紫色，观果期长，观赏价值较高，播种与扦插繁殖方法简单，可作为园林观赏树种。

臭牡丹

学名 *Clerodendrum bungei* Steud.

俗名 臭八宝、臭梧桐、矮桐子。

科属 马鞭草科大青属。

形态特征 灌木，高 1~2 m，植株有臭味；花序轴、叶柄密被褐色、黄褐色或紫色脱落性的柔毛；小枝近圆形，皮孔显著。叶片纸质，宽卵形或卵形，长 8~20 cm，宽 5~15 cm，顶端尖或渐尖，基部宽楔形、截形或心形，边缘具粗或细锯齿，侧脉 4~6 对，表面散生短柔毛，背面疏生短柔毛和散生腺点或无毛，基部脉腋有数个盘状腺体；叶柄长4~17 cm。伞房状聚伞花序顶生，密集；苞片叶状，披针形或卵状披针形，长约3 cm，早落或花时不落，早落后在花序梗上残留凸起的痕迹，小苞片披针形，长约1.8 cm；花萼钟状，长2~6 mm，被短柔毛及少数盘状腺体，萼齿三角形或狭三角形，长1~3 mm；花冠淡红色、红色或紫红色，花冠管长2~3 cm，裂片倒卵形，长5~8 mm；雄蕊及花柱均突出花冠外；花柱短于、等于或稍长于雄蕊；柱头2裂，子房4室。核果近球形，径0.6~1.2 cm，成熟时蓝黑色。花果期5~11月。

生长环境 生长在海拔2 500 m以下的山坡、林缘、沟谷、路旁、灌丛湿润处。臭牡丹适应性较强，喜阳耐阴，喜欢温暖湿润和阳光充足的环境，耐湿，耐旱，耐寒。不择土壤，以肥沃疏松的夹沙土栽培较好，即使在轻度至中度的盐碱地上也可生长，在堆积过生活垃圾或堆积物较多的地方，生长表现也特别良好。

绿化用途 叶大色绿，花序稠密鲜艳，花期较长，既适合在园林和庭院中种植，也可作地被植物及绿篱栽培，花枝可用来插花。

黄荆

学名 *Vitex negundo* L.

俗名 五指柑、五指风、布荆。

科属 马鞭草科牡荆属。

形态特征 灌木或小乔木；小枝四棱形，密生灰白色茸毛。掌状复叶，小叶5枚，少有3枚；小叶片长圆状披针形至披针形，顶端渐尖，基部楔形，全缘或每边有少数粗锯齿，表面绿色，背面密生灰白色茸毛；中间小叶长4~13 cm，宽1~4 cm，两侧小叶依次递小，若具5枚小叶时，中间3枚小叶有柄，最外侧的2枚小叶无柄或近于无柄。聚伞花序排成圆锥花序式，顶生，长10~27 cm，花序梗密生灰白色茸毛；花萼钟状，顶端有5裂齿，外有灰白色茸毛；花冠淡紫色，外有微柔毛，顶端5裂，二唇形；雄蕊伸出花冠管外；子房近无毛。核果近球形，径约2 mm；宿萼接近果实的长度。花期4~6月，果期7~10月。

生长环境 生于山坡路旁或灌木丛中。耐干旱瘠薄土壤，萌芽能力强，适应性强，多用于荒山绿化。常见于荒山、荒坡和田边地头。

绿化用途 常作园林盆景栽培，管理比较粗放，也很适合家庭盆栽观赏。绿化方面，可用作绿篱。

牡荆

学名 *Vitex negundo* L. var. *cannabifolia* (Sieb. et Zucc.) Hand. - Mazz.

俗名 牡荆、五指风、五指柑。

科属 马鞭草科牡荆属。

形态特征 落叶灌木或小乔木；小枝四棱形，密生灰白色茸毛。掌状复叶，叶对生，掌状复叶，小叶5枚，少有3枚；小叶片披针形或椭圆状披针形，顶端渐尖，基部楔形，边缘有粗锯齿，表面绿色，背面淡绿色，通常被柔毛。圆锥花序顶生，长10~20 cm；花序梗密生灰白色茸毛；花萼钟状，顶端有5裂齿，外有灰白色茸毛；花冠淡紫色，外有微柔毛，顶端5裂，二唇形；雄蕊伸出花冠管外；子房近无毛。果实近球形，黑色。花期6~7月，果期8~11月。

生长环境 生长在山坡路边灌丛中。牡荆喜光，耐寒，耐旱，耐瘠薄土壤，适应性强，多生于低山山坡灌木丛中、山脚、路旁及村舍附近向阳干燥的地方。

绿化用途 树姿优美，老桩苍古奇特，是树桩盆景的优良材料。

荆条

学名 *Vitex negundo* var. *heterophylla*（Franch.）Rehd.

俗名 荆棵、黄荆条。

科属 马鞭草科牡荆属。

形态特征 落叶灌木或小乔木，高可达2~8 m，地径7~8 cm，树皮灰褐色，幼枝方形有四棱，老枝圆柱形，灰白色，被柔毛；掌状复叶对生或轮生，小叶5枚或3枚，中间小叶最大且有明显短柄，两侧较小，长2~6 cm，叶缘呈大锯齿状或羽状深裂，上面深绿色具细毛，下面灰白色，密被柔毛。花序顶生或腋生，先由聚伞花序集成圆锥花序，长10~25 cm，花冠紫色或淡紫色，萼片宿存形成果苞，核果球形，果径2~5 mm，黑褐色，外被宿萼。花期6~8月，果期9~10月。

生长环境 抗旱，耐寒，多生长在山地阳坡及林缘，为中旱生灌丛的优势种。阳性树种，喜光，耐荫蔽，在阳坡灌丛中多占优势，生长良好。对土壤要求不严格，在褐土、红黏土、石质土、石灰岩山地的钙质土以及棕壤土上都能生长。

绿化用途 老根株形状奇特多姿，耐雕刻加工，是理想的盆景制作材料。叶形美观，花色蔚蓝，香气四溢，雅致宜人，也是优良的庭园绿化观赏树种。

海州常山

学名 *Clerodendrum trichotomum* Thunb.

俗名 臭桐、八角梧桐。

科属 马鞭草科大青属。

形态特征 灌木或小乔木，高1.5~10 m；幼枝、叶柄、花序轴等多少被黄褐色柔毛或近于无毛，老枝灰白色，具皮孔，髓白色，有淡黄色薄片状横隔。叶片纸质，卵形、卵状椭圆形或三角状卵形，长5~16 cm，宽2~13 cm，顶端渐尖，基部宽楔形至截形，偶有心形，表面深绿色，背面淡绿色，两面幼时被白色短柔毛，老时表面光滑无毛，背面仍被短柔毛或无毛，或沿脉毛较密，侧脉3~5对，全缘或有时边缘具波状齿；叶柄长2~8

cm。伞房状聚伞花序顶生或腋生，通常二歧分枝，疏散，末次分枝着花 3 朵，花序长 8~18 cm，花序梗长 3~6 cm，多少被黄褐色柔毛或无毛；苞片叶状，椭圆形，早落；花萼蕾时绿白色，后紫红色，基部合生，中部略膨大，有 5 棱脊，顶端 5 深裂，裂片三角状披针形或卵形，顶端尖；花香，花冠白色或带粉红色，花冠管细，长约 2 cm，顶端 5 裂，裂片长椭圆形，长 5~10 mm，宽 3~5 mm；雄蕊 4，花丝与花柱同伸出花冠外；花柱较雄蕊短，柱头 2 裂。核果近球形，径 6~8 mm，包藏于增大的宿萼内，成熟时外果皮蓝紫色。花果期 6~11 月。

生长环境 生长在海拔 2 400 m 以下的山坡灌丛中。喜阳光，稍耐阴，耐旱，有一定的耐寒性。对土壤要求不严格，喜湿润土壤，能耐瘠薄土壤，不耐积水。适应性好，有一定的耐盐碱性，在温暖湿润气候、水肥条件好的沙壤土上生长旺盛。

绿化用途 花序大，花果美丽，一株树上花果共存，白、红、蓝色泽亮丽，花果期长，植株繁茂，为良好的观花、观果植物。株形开展，可孤植于阳光充足的地方，若在空旷处栽植一株，几年后便可自行繁殖一片。也可与其他树木配植于庭院、山坡、溪边、堤岸、悬崖、石隙及林下。

茄科

枸杞

学名 *Lycium chinense* Miller

俗名 狗奶子、狗牙根、狗牙子。

科属 茄科枸杞属。

形态特征 多分枝灌木，高 0.5~1 m，栽培时可达 2 m 多；枝条细弱，弓状弯曲或俯垂，淡灰色，有纵条纹，棘刺长 0.5~2 cm，生叶和花的棘刺较长，小枝顶端锐尖呈棘刺状。叶纸质或栽培者质稍厚，单叶互生或 2~4 枚簇生，卵形、卵状菱形、长椭圆形、卵状披针形，顶端急尖，基部楔形，长 1.5~5 cm，宽 0.5~2.5 cm，栽培者较大，可长达 10 cm 以上，宽达 4 cm；叶柄长 0.4~1 cm。花在长枝上单生或双生于叶腋，在短枝上则同叶簇生；花梗长 1~2 cm，向顶端渐增粗。花萼长 3~4 mm，通常 3 中裂或 4~5 齿裂，裂片多少有缘毛；花冠漏斗状，长 9~12 mm，淡紫色，筒部向上骤然扩大，稍短于或近等于檐部裂片，5 深裂，裂片卵形，顶端圆钝，平展或稍向外反曲，边缘有缘毛，基部耳显著；雄蕊较花冠稍短，或因花冠裂片外展而伸出花冠，花丝在近基部处密生一圈茸毛并交织成椭圆状的毛丛，与毛丛等高处的花冠筒内壁亦密生一环茸毛；花柱稍伸出雄蕊，上端弓弯，柱头绿色。浆果红色，卵状，栽培者可成长矩圆状或长椭圆状，顶端尖或钝，长 7~15 mm，栽培者长可达 2.2 cm，直径 5~8 mm。种子扁肾脏形，长 2.5~3 mm，黄色。

花果期6~11月。

生长环境 冷凉气候，耐寒力很强。当气温稳定通过7 ℃左右时，种子即可萌发，幼苗可抵抗-3 ℃低温。春季气温在6 ℃以上时，春芽开始萌动。在-25 ℃越冬无冻害。根系发达，抗旱能力强，在干旱荒漠地仍能生长。多生长在碱性土和沙质壤土上，最适合在土层深厚、肥沃的壤土上栽培。

绿化用途 树形婀娜，叶翠绿，花淡紫，果实鲜红，是很好的盆景观赏植物，已有部分观赏栽培。

紫葳科

凌霄

学名 *Campsis grandiflora*（Thunb.）Schum.

俗名 紫葳、五爪龙、上树龙。

科属 紫葳科凌霄属。

形态特征 攀缘藤本；茎木质，表皮脱落，枯褐色，以气生根攀附于他物之上。叶对生，为奇数羽状复叶；小叶7~9枚，卵形至卵状披针形，顶端尾状渐尖，基部阔楔形，两侧不等大，长3~6 cm，宽1.5~3 cm，侧脉6~7对，两面无毛，边缘有粗锯齿；叶轴长4~13 cm；小叶柄长5~10 mm。顶生疏散的短圆锥花序，花序轴长15~20 cm。花萼钟状，长3 cm，分裂至中部，裂片披针形，长约1.5 cm。花冠内面鲜红色，外面橙黄色，长约5 cm，裂片半圆形。雄蕊着生于花冠筒近基部，花丝线形，细长，长2~2.5 cm，花药黄色，“个”字形着生。花柱线形，长约3 cm，柱头扁平，2裂。蒴果顶端钝。花期5~8月。

生长环境 喜光，宜温暖，幼苗耐寒力较差。适宜肥沃、深厚、排水良好的沙质土壤。

绿化用途 著名的园林花卉之一。其花朵漏斗形，大红或金黄，色彩鲜艳。花开时枝梢仍然继续蔓延生长，且新梢次第开花，花期较长。喜攀缘，是庭院中绿化的优良植物，用细竹支架可以编成各种图案，非常实用美观。也可制成悬垂盆景，或供装饰窗台、晾台等用。

灰楸

学名 *Catalpa fargesii* Bur.

俗名 川楸、法氏楸、线楸。

科属 紫葳科乔木梓属。

形态特征　乔木，高达 25 m；幼枝、花序、叶柄均有分枝毛。叶厚纸质，卵形或三角状心形，长 13~20 cm，宽 10~13 cm，顶端渐尖，基部截形或微心形，侧脉 4~5 对，基部有 3 出脉，叶幼时表面微有分枝毛，背面较密，以后变无毛；叶柄长 3~10 cm。顶生伞房状总状花序，有花 7~15 朵。花萼 2 裂近基部，裂片卵圆形。花冠淡红色至淡紫色，内面具紫色斑点，钟状，长约 3.2 cm。雄蕊 2，内藏，退化雄蕊 3 枚，花丝着生于花冠基部，花药广歧，长 3~4 mm。花柱丝形，细长，长约 2.5 cm，柱头 2 裂；子房 2 室，胚珠多数。蒴果细圆柱形，下垂，长 55~80 cm，果爿革质，2 裂。种子椭圆状线形，薄膜质，两端具丝状种毛，连毛长 5~6 cm。花期 3~5 月，果期 6~11 月。

生长环境　生长在海拔 700~1 300 m 的村庄边或山谷中。喜深厚、肥沃、湿润土壤，耐干旱瘠薄，性能较楸树强。主根明显，在干燥瘠薄土壤中，侧根水平伸展范围广，具有耐旱、耐寒特性，在−25 ℃的地方亦能生长。

绿化用途　常栽培作庭园观赏树、行道树。

楸树

学名　*Catalpa bungei* C. A. Mey

俗名　楸、金丝楸。

科属　紫葳科梓属。

形态特征　小乔木，高 8~12 m。叶三角状卵形或卵状长圆形，长 6~15 cm，宽达 8 cm，顶端长渐尖，基部截形、阔楔形或心形，有时基部具有 1~2 牙齿，叶面深绿色，叶背无毛；叶柄长 2~8 cm。顶生伞房状总状花序，有花 2~12 朵。花萼蕾时圆球形，2 唇开裂，顶端有 2 尖齿。花冠淡红色，内面具有 2 黄色条纹及暗紫色斑点，长 3~3.5 cm。蒴果线形，长 25~45 cm，宽约 6 mm。种子狭长椭圆形，长约 1 cm，宽约 2 cm，两端生长毛。花期 5~6 月，果期 6~10 月。

生长环境　喜光树种，喜温暖湿润气候，不耐寒冷，适生于年平均气温 10~15 ℃、年降水量 700~1 200 mm 的地区。根蘖和萌芽能力都很强。在深厚、湿润、肥沃、疏松的中性土、微酸性土和钙质土上生长迅速，在轻盐碱土上也能正常生长，在干燥瘠薄的砾质土和黏土上生长不良，呈“小老树”的病态。对土壤水分很敏感，不耐干旱，也不耐水湿，在积水低洼和地下水位过高的地方不能生长。对二氧化硫、氯气等有毒气体抗性较强。幼苗生长缓慢。

绿化用途　树形优美、花大色艳，可作园林观赏；或叶被密毛、皮糙枝密，有利于隔音、减声、防噪、滞尘，在叶、花、枝、果、树皮、冠形方面独具风姿，具有较高的观赏价值和绿化效果。对二氧化硫、氯气等有毒气体抗性较强，能净化空气，是城市绿化改善环境的优良树种。

梓树

学名 *Catalpa ovata* G. Don

俗名 梓、楸、花楸、水桐。

科属 紫葳科梓属。

形态特征 乔木，高达 15 m；树冠伞形，主干通直，嫩枝具稀疏柔毛。叶对生或近于对生，有时轮生，阔卵形，长宽近相等，长约 25 cm，顶端渐尖，基部心形，全缘或浅波状，常 3 浅裂，叶片上面及下面均粗糙，微被柔毛或近于无毛，侧脉 4~6 对，基部掌状脉 5~7 条；叶柄长 6~18 cm。顶生圆锥花序；花序梗微被疏毛，长 12~28 cm。花萼蕾时圆球形，2 唇开裂，长 6~8 mm。花冠钟状，淡黄色，内面具 2 黄色条纹及紫色斑点，长约 2.5 cm，直径约 2 cm。能育雄蕊 2，花丝插生于花冠筒上，花药叉开；退化雄蕊 3。子房上位，棒状。花柱丝形，柱头 2 裂。蒴果线形，下垂，长 20~30 cm，粗 5~7 mm。种子长椭圆形，长 6~8 mm，宽约 3 mm，两端具有平展的长毛。

生长环境 适应性较强，喜温暖，耐寒。土壤以深厚、湿润、肥沃的夹沙土较好。不耐干旱瘠薄。抗污染能力强，生长较快。生长在海拔 500~2 500 m 的低山、河谷，湿润土壤，多栽培于村庄附近及公路两旁。

绿化用途 速生树种，可作行道树、庭荫树及工厂绿化树种。树体端正，冠幅开展，叶大荫浓，春夏满树白花，秋冬荚果悬挂，具有一定观赏价值。

茜草科

水杨梅

学名 *Adina rubella* Hance

俗名 细叶水团花、水杨柳。

科属 茜草科水团花属。

形态特征 落叶小灌木，高 1~3 m；小枝延长，具赤褐色微毛，后无毛；顶芽不明显，被开展的托叶包裹。叶对生，近无柄，薄革质，卵状披针形或卵状椭圆形，全缘，长 2.5~4 cm，宽 8~12 mm，顶端渐尖或短尖，基部阔楔形或近圆形；侧脉 5~7 对，被稀疏或稠密短柔毛；托叶小，早落。头状花序，不计花冠直径 4~5 mm，单生，顶生或兼有腋生，总花梗略被柔毛；小苞片线形或线状棒形；花萼管疏被短柔毛，萼裂片匙形或匙状棒形；花冠管长 2~3 mm，5 裂，花冠裂片三角状，紫红色。果序直径 8~12 mm；小蒴果长卵状楔形，长 3 mm。花、果期 5~12 月。

生长环境 喜温暖湿润和阳光充足环境，较耐寒，不耐高温和干旱，耐水淹，萌发力强，枝条密集。在河谷滨水区域分布最多，且生长最旺盛。适宜疏松、排水良好、微酸性沙质壤土，土壤含水率 19%左右。

绿化用途 枝条披散，婀娜多姿，紫红球花满吐长蕊，秀丽夺目，适用于低洼地、池畔和塘边布置，也可作花径绿篱。

香果树

学名 *Emmenopterys henryi* Oliv.

俗名 茄子树、水冬瓜、大叶水桐子。

科属 茜草科香果树属。

形态特征 落叶大乔木，高达 30 m，胸径达 1 m；树皮灰褐色，鳞片状；小枝有皮孔，粗壮，扩展。叶纸质或革质，阔椭圆形、阔卵形或卵状椭圆形，长 6～30 cm，宽 3.5～14.5 cm，顶端短尖或骤然渐尖，稀钝，基部短尖或阔楔形，全缘，上面无毛或疏被糙伏毛，下面较苍白，被柔毛或仅沿脉上被柔毛，或无毛而脉腋内常有簇毛；侧脉 5～9 对，在下面凸起；叶柄长 2～8 cm，无毛或有柔毛；托叶大，三角状卵形，早落。圆锥状聚伞花序顶生；花芳香，花梗长约 4 mm；萼管长约 4 mm，裂片近圆形，具缘毛，脱落，变态的叶状萼裂片白色、淡红色或淡黄色，纸质或革质，匙状卵形或广椭圆形，长 1.5～8 cm，宽 1～6 cm，有纵平行脉数条，有长 1～3 cm 的柄；花冠漏斗形，白色或黄色，长 2～3 cm，被黄白色茸毛，裂片近圆形，长约 7 mm，宽约 6 mm；花丝被茸毛。蒴果长圆状卵形或近纺锤形，长 3～5 cm，径 1～1.5 cm，无毛或有短柔毛，有纵细棱；种子多数，小而有阔翅。花期 6～8 月，果期 8～11 月。

生长环境 喜温和或凉爽的气候和湿润肥沃的土壤。分布区内年平均温度 18～22 ℃，耐极端最低温度-15 ℃，年降水量为 1 000～2 000 mm，相对湿度为 70%～85%。土壤为山地黄壤或沙质黄棕壤，pH 5～6。通常散生在以壳斗科为主的常绿阔叶林中，或生长在常绿、落叶阔叶混交林内。

绿化用途 树干高耸，花美丽，可作庭园观赏树。

六月雪

学名 *Serissa japonica*（Thunb.）Thunb. Nov. Gen.

俗名 满天星、白马骨、碎叶冬青。

科属 茜草科六月雪属。

形态特征 小灌木，高 60～90 cm，有臭气。叶革质，卵形至倒披针形，长 6～22 mm，宽 3～6 mm，顶端短尖至长尖，边全缘，无毛；叶柄短。花单生或数朵丛生于小枝顶部或腋生，有被毛、边缘浅波状的苞片；萼檐裂片细小，锥形，被毛；花冠淡红色或白色，长 6～12 mm，裂片扩展，顶端 3 裂；雄蕊突出冠管喉部外；花柱长突出，柱头 2，略分开。花期 5～7 月。

生长环境 畏强光，喜温暖气候，也稍能耐寒，耐旱。喜排水良好、肥沃和湿润、疏松的土壤，对环境要求不高，生长力较强。生于河溪边或丘陵的杂木林内。

绿化用途 枝叶密集，白花盛开，宛如雪花满树，雅洁可爱，是可观叶又可观花的优良观赏植物，是盆景中的主要树种之一，叶细小，根系发达，尤其适宜制作微型或提根式盆景。盆景布置于客厅的茶几、书桌或窗台上，显得非常雅致，是室内美化点缀的佳品。地栽时适宜作花坛境界、花篱和下木，或配植在山石、岩缝间。

白马骨

学名 *Serissa serissoides* (DC.) Druce

俗名 六月雪、路边姜、路边荆。

科属 茜草科白马骨属。

形态特征 常绿小灌木，通常高达 1 m；枝粗壮，灰色，被短毛，后毛脱落变无毛，嫩枝被微柔毛。叶通常丛生，薄纸质，倒卵形或倒披针形，长 1.5~4 cm，宽 0.7~1.3 cm，顶端短尖或近短尖，基部收狭成一短柄，除下面被疏毛外，其余无毛；侧脉每边 2~3 条，上举，在叶片两面均突起，小脉疏散不明显；托叶具锥形裂片，长 2 mm，基部阔，膜质，被疏毛。花无梗，生于小枝顶部，有苞片；苞片膜质，斜方状椭圆形，长渐尖，长约 6 mm，具疏散小缘毛；花托无毛；萼檐裂片 5，坚挺延伸呈披针状锥形，极尖锐，长 4 mm，具缘毛；花冠管长 4 mm，外面无毛，喉部被毛，裂片 5，长圆状披针形，长 2.5 mm；花药内藏，长 1.3 mm；花柱柔弱，长约 7 mm，2 裂，裂片长 1.5 mm。花期 4~6 月。

生长环境 性喜阳光，也较耐阴，耐旱力强，对土壤的要求不高。生于山坡、路边、溪旁、灌木丛中。喜温暖湿润气候，能耐旱。在丘陵和平原排水良好的夹沙土上栽培较好。

绿化用途 枝条纤细，成株分枝浓密。花小而密，树形美观秀丽，适于盆栽或盆景。花白色，漏斗形，花期夏季，盛开时如同雪花撒落，故名“六月雪”。

栀子

学名 *Gardenia jasminoides* Ellis

俗名 黄栀子、栀子花、山栀子。

科属 茜草科栀子属。

形态特征 灌木，高 0.3~3 m；嫩枝常被短毛，枝圆柱形，灰色。叶对生，革质，稀为纸质，少为 3 枚轮生，叶形多样，通常为长圆状披针形、倒卵状长圆形、倒卵形或椭圆形，长 3~25 cm，宽 1.5~8 cm，顶端渐尖、骤然长渐尖或短尖而钝，基部楔形或短尖，两面常无毛，上面亮绿，下面色较暗；侧脉 8~15 对，在下面凸起，在上面平；叶柄长 0.2~1 cm；托叶膜质。花芳香，通常单朵生于枝顶，花梗长 3~5 mm；萼管倒圆锥形或卵形，长 8~25 mm，有纵棱，萼檐管形，膨大，顶部 5~8 裂，通常 6 裂，裂片披针形或线状披针形，长 10~30 mm，宽 1~4 mm，结果时增长，宿存；花冠白色或乳黄色，高脚碟状，喉部有疏柔毛，冠管狭圆筒形，长 3~5 cm，宽 4~6 mm，顶部 5~8 裂，通常 6 裂，裂片广展，倒卵形或倒卵状长圆形，长 1.5~4 cm，宽 0.6~2.8 cm；花丝极短，花药线形，长 1.5~2.2 cm，伸出；花柱粗厚，长约 4.5 cm，柱头纺锤形，伸出，长 1~1.5 cm，宽 3~7 mm，子房直径约 3 mm，黄色，平滑。果卵形、近球形、椭圆形或长圆形，黄色或橙红色，长 1.5~7 cm，直径 1.2~2 cm，有翅状纵棱 5~9 条，顶部的宿存萼片长达 4 cm，宽达 6 mm；种子多数，扁，近圆形而稍有棱角，长约 3.5 mm，宽约 3 mm。花期 3~7 月，果期 5 月至第 2 年 2 月。

生长环境　喜温暖湿润气候，好阳光但又不能经受强烈阳光照射，适宜生长在疏松、肥沃、排水好的轻黏性酸性土壤中，抗有害气体能力强，萌芽力强，耐修剪。是典型的酸性花卉。

绿化用途　树形美观，四季常青，风姿清雅。阳春三月，嫩芽吐绿，青翠欲滴；春夏之交，白花绽放，洁白如玉；秋日，硕果累累，如挂金钟；寒冬之时，浓绿如墨，郁郁葱葱。或栽田野山坡，或植路边村旁，绿叶随风摇曳，赏心悦目，花香四溢，醉人心脾。

参考文献

[1] 郑万钧，傅立国. 中国植物志 第七卷 [M]. 北京：科学出版社，1978.
[2] 罗献瑞. 中国植物志 第七十一卷 [M]. 北京：科学出版社，1999.
[3] 王战，方振富. 中国植物志 第二十卷 [M]. 北京：科学出版社，1984.
[4] 匡可任，李沛琼. 中国植物志 第二十一卷 [M]. 北京：科学出版社，1979.
[5] 陈焕镛，黄成就. 中国植物志 第二十二卷 [M]. 北京：科学出版社，1998.
[6] 张秀实，吴征镒. 中国植物志 第二十三卷 [M]. 北京：科学出版社，1998.
[7] 丘华兴，林有润. 中国植物志 第二十四卷 [M]. 北京：科学出版社，1988.
[8] 关可俭. 中国植物志 第二十七卷 [M]. 北京：科学出版社，1979.
[9] 应俊生. 中国植物志 第二十九卷 [M]. 北京：科学出版社，2001.
[10] 刘玉壶. 中国植物志 第三十卷 [M]. 北京：科学出版社，1996.
[11] 曾建飞，霍春雁. 中国植物志 第一卷 [M]. 北京：科学出版社，2004.
[12] 李锡文. 中国植物志 第三十一卷 [M]. 北京：科学出版社，1982.
[13] 张宏达. 中国植物志 第三十五卷 [M]. 北京：科学出版社，1979.
[14] 俞德俊. 中国植物志 第三十六卷 [M]. 北京：科学出版社，1974.
[15] 陈德昭. 中国植物志 第三十九卷 [M]. 北京：科学出版社，1988.
[16] 黄成就. 中国植物志 第四十三卷 [M]. 北京：科学出版社，1998.
[17] 李秉滔. 中国植物志 第四十四卷 [M]. 北京：科学出版社，1994.
[18] 郑勉，闵禄. 中国植物志 第四十五卷 [M]. 北京：科学出版社，1980.
[19] 方文培. 中国植物志 第四十六卷 [M]. 北京：科学出版社，1981.
[20] 刘玉壶，罗献瑞. 中国植物志 第四十七卷 [M]. 北京：科学出版社，1985.
[21] 陈艺林. 中国植物志 第四十八卷 [M]. 北京：科学出版社，1982.
[22] 张宏达. 中国植物志 第四十九卷 [M]. 北京：科学出版社，1989.
[23] 谷碎芝. 中国植物志 第五十二卷 [M]. 北京：科学出版社，1999.
[24] 何景，曾沧江. 中国植物志 第五十四卷 [M]. 北京：科学出版社，1978.
[25] 方文培，胡文光. 中国植物志 第五十六卷 [M]. 北京：科学出版社，1990.
[26] 方瑞征. 中国植物志 第五十七卷 [M]. 北京：科学出版社，1999.
[27] 陈介. 中国植物志 第五十八卷 [M]. 北京：科学出版社，1979.
[28] 李树刚. 中国植物志 第六十卷 [M]. 北京：科学出版社，1987.
[29] 张美珍，邱莲卿. 中国植物志 第六十一卷 [M]. 北京：科学出版社，1992.
[30] 蒋英，李秉滔. 中国植物志 第六十三卷 [M]. 北京：科学出版社，1977.
[31] 吴征镒. 中国植物志 第六十四卷 [M]. 北京：科学出版社，1989.
[32] 钟补求. 中国植物志 第六十七卷 [M]. 北京：科学出版社，1979.
[33] 王文采. 中国植物志 第六十九卷 [M]. 北京：科学出版社，1990.
[34] 徐柄声. 中国植物志 第七十二卷 [M]. 北京：科学出版社，1988.
[35] 王遂义. 河南树木志 [M]. 郑州：河南科学技术出版社，1991.